本书系国家社会科学基金重大项目：我国区域港口群的优化整合与环境协调策略研究（20&ZD129）的阶段性成果

鲁　渤◎著

区域港口群与环境协调发展的评价与治理

The Sustainable Development of Port Group
-Evaluation and Eanagement

中国财经出版传媒集团
经济科学出版社
Economic Science Press
·北　京·

图书在版编目（CIP）数据

区域港口群与环境协调发展的评价与治理/鲁渤著
. --北京：经济科学出版社，2023.12
（大连理工大学管理论丛）
ISBN 978-7-5218-5468-8

Ⅰ.①区… Ⅱ.①鲁… Ⅲ.①港口-生态环境-环境保护-研究 Ⅳ.①X55

中国国家版本馆 CIP 数据核字（2023）第 252713 号

责任编辑：刘　莎
责任校对：蒋子明
责任印制：邱　天

区域港口群与环境协调发展的评价与治理
鲁　渤　著
经济科学出版社出版、发行　新华书店经销
社址：北京市海淀区阜成路甲 28 号　邮编：100142
总编部电话：010-88191217　发行部电话：010-88191522
网址：www.esp.com.cn
电子邮箱：esp@esp.com.cn
天猫网店：经济科学出版社旗舰店
网址：http：//jjkxcbs.tmall.com
固安华明印业有限公司印装
710×1000　16 开　18.5 印张　340000 字
2023 年 12 月第 1 版　2023 年 12 月第 1 次印刷
ISBN 978-7-5218-5468-8　定价：83.00 元
（图书出现印装问题，本社负责调换。电话：010-88191545）

前言

专著主题为“区域港口群与环境协调发展的评价与治理”，秉承了习总书记关于“国家建设海洋强国是实现中华民族伟大复兴的重大战略任务”的重要指示，以此为使命担当，紧密围绕国家建设世界一流港口的重大需求，深入探讨区域港口群与环境协调发展的关键议题，致力于寻求创新性的评价方法和治理策略，以推动我国海洋经济发展战略的全面实施，为实现海洋强国战略目标贡献智慧与力量。

基于此，如何有效平衡区域港口群的经济效益和环境发展，在实现经济效益最大化的同时，减少对环境的负面影响，成为当前研究的核心问题。本书围绕这一核心问题，利用现有的理论研究成果，通过对区域港口群发展现状的深入分析，构建低碳港口的多维多层次的驱动力和影响因素集，揭示港口群与环境的协调发展路径，探究各因素之间的线性和非线性关系，并通过比较分析和案例研究，探索出有效的治理机制和策略，以促进港口群与环境的协调发展。具体而言：第 1 章，科学界定区域港口群与环境协调发展的内涵，明确区域港口群与环境协调发展相关要求；第 2 章，基于区域港口群与环境协调发展的相关理论，探究区域港口群与环境协调发展的影响因素；第 3 章，基于港口群绿色技术相关理论，研究港口对港区生态环境的影响；第 4 章，构建区域港口群大气污染物排放模型，预测港口与船舶大气污染物排放；第 5 章，探究低碳港口形成驱动因素，构建低碳港口形成机理拟合模型；第 6 章，构建港口区域环境承载力系统动力学模型，评价区域港口环境承载能力；第 7 章，完善港口群环境协调发展指标体系，促进区域港口群与环境协调发展；第 8 章，分析船舶岸电技术经济性，建设多港区综合能源系统架构；第 9 章，分析港口腹地集装箱运输网络优化决策的影响，提出绿色运作的港口群与环境协调治理策略；第 10 章，引用国内外港口群环境协调发展案例，提炼港口群与环境协调发展的经验教训；第 11 章，从港口群资源配置、港口群减排机制、港口群能源转化等角度，为促进港口群与环境协调发展提出相应的政策建议。受国内外多方因素影响，未来港口产业发展存在不确定性，以及区域港口群整合本身的复杂性，本书所研究的问题值得持续关注。

本书引用多位学者的研究成果，谨对他们对港口管理发展的理论研究贡献表示诚挚的感谢。此外，本书难免存在不足之处，诚恳邀请各位同仁、专家以及读者朋友不吝赐教，提出宝贵的建议，使之日臻完善。

目录

第1章　区域港口群与环境协调发展的内涵

1.1　港口群在经济社会发展中的作用

伴随港口经济的不断发展，区域内各港口资源相似、腹地重合导致港口间无序扩张、恶性竞争的问题日益突出，这些问题一方面造成了港口经营效益低下，另一方面也束缚了区域经济的快速发展。因此，港口群的优化整合可以缓解港口之间对资源、货源的竞争，促进资源在区域内的合理流动，优化港口的投资建设活动。在港口群优化整合的过程中，区域供应链和运输网络也在进行优化和整合，推动着港口与区域的协调发展，是促进区域经济发展、保持港口业的可持续发展的必然选择。为此，近年来我国积极推动区域港口群整合，特别是在优化资源配置和港口功能方面，以提高港口竞争力和港口规模效益。

区域港口群的资源配置有利于港口企业提高经营效益和市场竞争力。港口资源配置的市场化使港口企业无法垄断地建设和经营港口资源，从而促使港口企业只能通过提高自身的经营效益，才能争取到更多的港口资源和发展空间。港口企业都处在市场化运作的平台上，港口企业的经营效益成为企业发展的最根本目标。港口资源优化配置实质是将过去港口政企不分的管理体制下的港口规划、建设和经营一体化的计划经济体制改变成在国家港口布局规划下市场化配置港。资源和技术在市场化配置机制下，必然会向有发展潜力的港口汇集，推动港口的建设和发展，从而推动港口业的结构调整和优化。因此，港口资源供需关系在市场化配置机制下得到了很好的协调。港口布局、港口功能和港口服务也由于对资源配置的市场竞争而得到优化、完善和提高，进而提升了港口群的核心竞争力，促进了经济社会的发展。

区域港口群会引导资金准确投向港口核心技术，提高港口群综合实力，实现效益最大化。区域港口群的市场化配置资源为港口发展的市场化投融资体制的建立打下了基础。在追求投资效益最大化的市场机制下，资金将会投向港口基础设施，并提高基础设施的完善性，从而拓展港口能力。同时，市场化配置资源有利于引导资金投向港口后方集疏运设施，从而达到提高港口物流链竞争力的目的。由于市场竞争的压力，港口投资者始终关注如何提高港口资产质量，而掌握和提高港口物流链的核心技术是提高港口资产质量的有效手段。因此，资源配置市场化将会引导资金投向港口核心技术。

区域港口群一体化带动了腹地的经济发展。区域港口群加大了集疏运体系建设的投资力度，使各港口成为重要的水陆交通枢纽。港口集疏运体系是港口与其能服务的腹地相互连接的通道，决定了货源水平，是港口赖以生存和发展的重要条件。港口集疏运体系的建设推动腹地交通运输系统与港区的连接建设，有效提高港口辐射能力，拓宽港口经济腹地范围，将更多的铁路支线、公路与港区连接，完善铁路和公路集疏运通道，保证铁路运力，同时将城市公路与港区打通，建立综合的港口集疏运体系。推动各港口多式联运的发展，使多式联运衔接更加顺畅，提高货物的转运效率，同时带动腹地城市的经济发展。

区域港口群的规模效益加强了腹地区域企业在国际市场的竞争力。港口群资源的整合会注重腹地经济发展的需求，根据腹地的资源需求合理分配各港口的货源，明确各港口功能定位及分工，使港口为其腹地经济发展奠定资源基础。同时也打造了港口区域核心品牌，来促进腹地区域的市场开拓能力，企业的品牌效应远远小于凝聚了该区域多数企业优势的区域品牌效应。国内广东省珠江市临港工业区就利用石化产业为主导的区域品牌，收获了来自世界各地的企业合作邀约，同时吸引了更多的供应商和投资者，大大促进了该工业区的经济发展。各港口也可以借鉴经验，创立符合自身实际的港口品牌，实现港口与腹地经济发展的协同价值创造，达成“1 +1 >2”的效应。之后，在自然资源、经济资源等资源的整合基础上，港口群也将更加注重港口资源整合对腹地经济发展的带动和辐射作用，重点关注腹地相关企业和临港物流园区的经济发展，助力集疏运体系的完善，为腹地区域经济发展助力。

目前，我国 17 个省市组建了省级层面的港口集团。此外，区域港口群协同发展，三大世界级港口群（环渤海、长三角、粤港澳大湾区港口群）也正在形成。交通运输部围绕建设世界一流港口目标，继续指导推动区域港口群协同发展、省级港口集团进一步深化资源整合，组织实施好港口服务能力提升工程，为推动区域经济协调发展、建设现代化产业体系发挥更加有力的服务保障作用。

1.2 我国区域港口群与环境协调发展相关问题

港口作业对环境的负面影响随着吞吐量的增长而增加。港口运营对环境有直接和间接的影响，监管机构、托运人和港口当局近年来一直在努力解决这一问题。主要的环境影响是空气和水污染，由于港口作业的能源需求，噪音和光学入侵造成化石燃料的消耗（Talley，2009）。

压载水的排放、港口的疏浚作业、废物的处置和溢油都可能造成港口附近水域的污染。大型船只的压载舱里装有大量的水，用来稳定船只。当货物被移走时，船泵入水以补偿货物重量分布的变化。货物装载后，压舱水即被排出。

当压载水在不同地区排放时（在一个港口泵入，在另一个港口释放），就会出现环境问题；它可能导致非本地物种的无意入侵。这些微生物会破坏水生生态系统并造成健康问题（Mooney，2005）。类似的问题也可能发生在非土著生物通过船体污染的运输过程中（DrakeandLodge，2007）。当进行疏浚作业以增加港口的深度时，水生环境也会受到负面影响。最后，船上产生的废物必须以无害的方式处理，港口有望提供废物处理解决方案。石油泄漏可能发生在船舶航行途中的任何地方，包括港口附近，造成严重的环境后果。

船舶、货物装卸设备和港口上层建筑改变了港口周围环境的外观，造成了视觉上的侵入或审美上的污染。再加上港口作业时产生的噪声，以及夜间作业时的照明污染，这些都对附近居民造成严重的负面影响，特别是在睡眠不足和压力增加方面。

噪声是当今交通运输的一个严重问题，尤其是来自飞机的噪声。为解决机场运作噪声问题，当局采取了多项策略。例如，改变飞机进入机场的方式，用更陡峭的下降方式以尽量减少对居民的影响，以及在飞机发动机上采用新技术。然而，对于港口来说，噪声污染的主要来源是码头和内陆作业，而不是船只本身。港口作业的另一个非常不同的环境问题是海上运输对海洋哺乳动物的噪声影响。

港口的空气污染是车辆和货物移动（船舶、货物装卸设备）的结果，并具有当地和全球的后果。排放各种不同类型的污染物，其中一些影响当地的空气质量，而另一些则是气候变化的强迫因素。目前，处理空气污染物是港口当局、托运人和监管机构试图通过大多数现有政策和港口举措来解决的最紧迫的问题。下一节对港口环境影响领域的学术研究进行文献综述，主要集中在排放方面。

我国区域港口群与环境协调发展是一个重要的议题。区域港口群作为我国海洋经济的重要组成部分，对于推动地方经济发展和促进国际贸易具有重要意义。然而，港口群的发展也面临着环境保护和可持续发展的挑战。

（1）污染治理与防控

港口群的建设和运营可能会产生大量的废水、废气和固体废物，这些排放物对周边的环境质量和生物多样性构成威胁。港口群的发展往往伴随着大量的船舶运输和货物装卸活动，这些活动会产生大量的废气、废水和固体废物。如何控制和减少污染物的排放，防止对周边环境造成污染，是一个重要的问题，因此要加强污染治理和防控。

应强化对港口企业的环境准入和监管，加大对环境敏感型企业的管理力度，确保企业在技术和设备上达到国家和地方的环保要求。加强港口群内部的环境保护设施建设，包括废水处理厂、废气治理设施等，确保港口内部的排放物得到有效处理和净化。加强港口群周边海域和陆地的水、气、土壤环境监测，及时发现和应对潜在的污染源和环境问题，保护周边生态环境的安全和健康。

（2）生态保护与恢复

港口群的建设和运营通常需要开展，在港口建设和运营过程中，往往需要进行大规模的填海造地、淤泥疏浚和河道改造等工程活动，这可能对海洋生态系统和沿海湿地等自然环境造成破坏，对周边海岸带的生态系统构成了威胁。如何在港口建设和运营中保护和修复生态环境，是一个需要解决的问题。因此，要加强生态保护和恢复。要建立健全生态保护补偿机制，对于因港口建设而造成的生态损失进行补偿，并将生态保护纳入港口建设规划和项目评价中。加强港口群周边海岸带的生态修复和保护工作，包括沿海湿地的保护、海洋生态系统的恢复等，促进港口群与周边生态系统的协调发展。要加强港口群生态环境监测和评估，定期对港口群的生态环境状况进行评估和监测，及时发现和解决潜在的问题，促进港口群的可持续发展。

（3）水资源利用

港口运营需要大量的水资源，包括用于船舶进出港口的航道维护、货物装卸和码头设施冲洗等。如何合理利用水资源，减少对周边水资源的消耗，是一个需要解决的问题。因此，要提升水资源利用效率。推广使用节水设备和技术，减少港口活动对水资源的消耗。同时，加强水资源管理，确保港口群的水资源利用合理、高效。

（4）噪声和振动

港口运营中的机械设备和船舶活动会产生噪声和振动，对周边居民和生态环境造成影响。如何控制和减少噪声和振动的影响，保障周边居民的生活质量，是一个需要解决的问题。因此，要建立噪声和振动控制措施。

制定噪声和振动控制标准，采取隔音、减振等措施，降低港口活动对周边居民和生态环境的影响。

（5）低碳发展与绿色转型

港口群的发展通常伴随着大量的能源消耗和碳排放，这对于应对气候变化和推动绿色低碳转型构成挑战。因此，推动港口群的低碳发展和绿色转型是实现港口群与环境协调发展的重要途径。要加大对清洁能源的使用和开发，推动港口群的能源结构转型，减少对传统能源的依赖，提高能源利用效率。加强物流和运输的绿色化改造，推广电动车辆和新能源车辆的使用，减少港口群与运输环节的碳排放。要加强港口群内部的节能和碳减排工作，推广节能环保的设备和技术，降低港口群的能源消耗和环境影响。

总之，我国区域港口群与环境协调发展是一个复杂而重要的问题。通过加强污染治理与防控、生态保护与恢复以及低碳发展与绿色转型，可以实现港口群与环境的良性互动，促进可持续发展。政府、企业和社会各方应共同努力，形成合力，推动我国区域港口群与环境的协调发展。

1.3 我国未来港口群与环境协调发展的相关要求

中国未来港口群与环境协调发展的要求涉及多个方面，包括环保、可持续性、经济发展等内容。具体而言，港口群是指一定区域内由地理位置相近、经济腹地相似或相同，集疏运等外部依托条件相似的若干港口组成的群体。这是区域港口功能提升和竞争力增强的表现，也是合理配置区域港口资源、提高对腹地服务效率的重要发展方式。

港口群与生态环境协调发展是指港口群的发展与生态环境相互协调而形成和谐关系的良性循环态势，以实现港口群发展经济效益与生态效益同时提高。它包含两个层次的协调。一是指港口群内部港口之间的协调发展，二是指整个港口群作为一个整体与生态环境的协调发展。其短期目标是在实现港口群快速发展的同时保护或改善区域生态环境，确保港口群的发展不超过区域生态环境的承载能力；其终极目标是实现港口群的可持续发展。本章从生态环保、可持续发展、经济发展、创新和技术四个方面总结了我国未来港口群与环境协调发展的相关要求。

1.3.1 生态环保要求

为了确保港口运营对周边生态系统的影响最小化，港口必须严格遵守国家和地方的环境法律法规。具体而言，港口应制定和实施环境管理计划，包括废物处理、水质监测和空气质量控制等，以确保环境保护措施的有效性。

在港航企业的发展过程中，必须认识到环境破坏具有不可逆性，充分认真贯彻“生态优先、绿色发展”理念，宁可不建设，也不能以破坏生态为代价搞建设，一切建设都应是以落实环保要求，保护环境、保护生态为大前提。港口建设单位在制定建设方案时，应根据相关规划和政策要求，特别是《国务院关于加强滨海湿地保护严格管控围填海的通知》和《关于加强沿海和内河港口航道规划建设进一步规范和强化资源要素保障的通知》的要求。在确定需求时，应尽量减少对海域的占用，确保方案的科学性和实事求是，而不是盲目追求规模的扩大或过度消耗未来的资源需求。

通过以上措施的贯彻执行，我们可以确保港口建设与生态环境的协调发展，实现良性循环。这将有助于保护生态环境、提升港口可持续发展水平，并为未来的经济发展提供良好的支持。

1.3.2 经济发展要求

港口发展应与国家战略和区域经济发展规划相协调，发挥港口在贸易和物流方面的支撑作用，促进国内外贸易。港口应提高运营效率，优化港口基础设施，降低物流成本，提升港口竞争力。

港口群的优化整合有助于缓解港口间的资源和货源竞争，促进资源在区域内的合理流动，推动港口与区域的协调发展。与此同时，港口基础设施和物流网络的建设可以增强与内陆经济腹地的联系，为经济腹地服务，促进经济内循环。通过产业集聚形成规模效益，港口可以提高其国际竞争力和影响力；根据市场需要和行业发展趋势，引导港口企业加强技术创新和产业链拓展，并采用适当的政策和扶持措施，加快推进港口经济的转型升级。这些措施将有利于提高我国港口产业的产业结构升级和转型，为未来可持续的港口发展奠定坚实基础。优化港口运营流程：采用节能技术，建立智能化管理系统，增强运营效率。

1.3.3 可持续性发展要求

港口应致力于可持续性发展，包括提高资源利用效率、降低能源消耗和减少碳足迹。绿色港口建设应得到推广，采用环保技术和绿色能源，以减少对环境的负面影响。

可持续发展是解决人与地球环境关系矛盾的一种指导思想，既要满足当代人的需求，又不能损害后代的需求能力。可持续发展必须遵守生态可持续性、社会和文化的可持续性、经济的可持续性三条基本原则。港口群在未来的发展过程中需要注意到资源利用效率等问题。如资源利用效率，港口应提高资源利用效率，合理管理和利用水、土地、能源等资源，避免浪费和过度消耗；能源消耗减少，采取节能措施，优化能源使用，减少能源消耗。可通过使用高效设备和技术，改进港口运营流程，降低能源需求；减少碳足迹，减少排放温室气体，控制碳足迹。港口可以采用清洁能源，例如太阳能和风能，减少对化石燃料的依赖。此外，还可以推广电动车辆、低碳交通等环保措施。通过满足可持续发展要求，港口可以实现经济发展与环境保护的双重目标，为未来提供更可持续的港口运营模式。

1.3.4 创新和技术要求

港口应积极采用最新的科技和信息技术，提高运营的智能化和自动化水平，降低资源浪费。推动港口数字化转型，实现信息共享和资源协同，提高整体效率。加强科技创新，推进智慧港口建设。大力应用人工智能、物联网、自动驾驶和地理信息系统等技术，提高港口作业的综合生产效率和安全性。推进互联网、物联网、大数据等信息技术与港口服务和监管的深度融合，深化政企间、部门间的信息开放共享和业务协同。依托信息化，重点在港口智慧物流、危险货物安全管理等方面，着力创新以港口为枢纽的物流服务模式、安全监测监管方式，推动实现港口物流运作体系的“货运一单制、信息一网通”，逐步形成港口危险货物安全管理体系的“数据一个库、监管一张网”。

这些要求反映了中国政府对未来港口群的发展和环境协调的期望，强调了环保、可持续性、经济效益的平衡。这些要求有助于确保港口行业的可持续性发展，同时减少对环境的不良影响。同时，这也有助于中国港口在全球舞台上保持竞争力和领导地位。

1.4 本书研究目的与研究意义

伴随着全球经济一体化进程的推进，港口竞争方式已经发生改变，港口区域化发展已经成为我国沿海港口发展的普遍趋势。

港口群的优化整合是促进港口区域化发展的重要手段。通过改善港口群的布局和结构，促进区域供应链的整合，港口群可以在区域化、规模化、专业化发展的过程中，提高资源利用率和国际竞争力。2006 年，我国原交通部公布《全国沿海港口布局规划》，将我国沿海地区港口划分为环渤海、长江三角洲、东南沿海、珠江三角洲和西南沿海五大港口群体。近年来，随着经济贸易的发展，以及港口基础设施的规划与建设发展，我国五大港口群的物流服务与基础设施日趋完善，沿海单一港口间的竞争逐渐转化为港口群之间的竞争。港口群的优化整合，是实现港口规模化、范围化、集聚化发展，增强港口群竞争力的重要手段，也是优化区域港口布局结构，促进港口产业结构升级的重要手段。我国沿海港口群的优化整合，对国家实现“一带一路”倡议具有重要意义，也对构建习近平总书记提出的“逐步形成以国内大循环为主体、国内国际双循环相互促进的新发展格局”具有重要的作用。

然而，港口优化整合过程中的一系列活动可能会对区域生态环境造成不利影响。2019 年 9 月，中共中央、国务院印发了《交通强国建设纲要》，将绿色发展节约集约、低碳环保，强化交通生态环境保护修复，作为交通强国建设的重点任务。当前，我国即将开启“十四五”全面建设社会主义现代化国家新征程，而“十四五”时期，我国经济社会发展的主要目标不仅包括“经济发展取得新成效”，也包括“生态文明建设实现新进步”。在这样的时代背景下，我国港口群的优化整合也应当注重与环境的协调，实现区域港口一体化与生态文明建设的共同发展。从我国港口区域一体化发展的规划政策中可以看出，当前我国沿海港口群的发展现状距离建设绿色港口、实现港口与环境协调发展的目标还存在一定的差距。通过完善港口群整合战略，优化港口群物流网络，促进港口企业信息化转型，港口群可以在优化整合的过程中实现与环境的协调发展。

港口群的优化整合，对于我国优化物流网络，实施“一带一路”与经济“双循环”具有重要的意义。我国沿海地区港口分布密集，邻近区域的港口往往存在港口腹地交叉、服务类型同质化、竞争激烈的问题。港口群的优化整合可以给我国的沿海港口带来三个方面的转变。一是增强区域资源利用效率，优化港口投资建设决策；二是促进港口与区域的共同发展；三是推动港口群产业结构的优化。

港口群的优化整合可以缓解港口之间对资源、货源的竞争，促进资源在区域内的合理流动，优化港口的投资建设活动。在港口群优化整合的过程中，区域供应链和运输网络也在进行优化和整合，推动着港口与区域的协调发展。通过区域供应链的整合，港口朝着专业化、规模化方向发展，这促进了港口产业结构的升级转型。

伴随着港口群优化整合过程中港口基础设施与物流网络的建设，我国沿海港口可以增强与内陆经济腹地的联系，增强为经济腹地服务的能力，这对刺激我国内部需求，促进“经济内循环”具有重要的意义。此外，港口通过产业集聚形成规模效益，有利于提高我国港口群的国际竞争力和影响力，促进“经济外循环”与“一带一路”的实施。

港口群的优化整合，是沿海港口调整布局结构，提高港口资源利用效率，促进区域供应链和物流网络整合，推动沿海港口向大型化、专业化、规模化方向发展的重要手段，对于提升我国沿海港口的国际竞争力，增强我国沿海港口对内陆地区的服务能力具有重要的作用。港口群优化整合与区域生态环境的建设相互影响，在港口群优化整合的过程中，应该注意港口群的发展与区域生态环境相协调。

然而，由于政策标准、数据共享平台、港口竞争格局方面的问题，我国的港口群优化整合活动仍然存在与区域生态环境建设目标不一致的风险。通过完善港口群的优化整合战略，优化区域物流网络，促进港口信息化转型，港口群内部的基础设施可以得到完善，港口间竞争格局可以得到调整和改进，区域内协同合作的机制可以被确立，这些措施对于推动港口群与环境协调发展具有重要的意义。

因此，本书从系统科学的角度出发，以区域港口群与环境协调发展的评价与治理为主题进行研究，这将有助于我国港口群与生态环境的协调发展，实现我国区域港口群可持续发展的目标。

1.5 本书的研究方法与技术路线

1.5.1 研究方法

本书主要研究港口群与环境协调发展，涉及诸多层面和领域。诸如，碳足迹、环境承载力、系统动力学等。因此，对多方面文献进行了研读，明晰现阶段该领域的研究现状，同时为后文的进一步研究提供了相应的理论基础。

具体而言，首先，本书借鉴了已有理论研究成果，分析了现有绿色、生态或节能型港口的形成的相关机理和影响因素，并采用归因分解分析、LMDI 分解等方法，构建了多层次、多维度低碳港口驱动和影响因素集合，揭示了港口与环境协调路径，探索分析了各因素及因素之间的线性及非线性关系，构建基于 Gamma 分布函数的表层驱动因素和深层影响因素低碳港口的综合形成机制，并采用情景模拟等方法进行分析。其次，本书以低碳港口投资综合成本最小化为目标，以港口低碳投资上限等为约束，采用随机过程、优化决策理论等工具，建立低碳港口碳减排投资优化模型，寻求最佳投资方案。在此过程中，本书综合运用定量与定性分析方法，通过对比分析、案例分析等，从行业层面、港口层面提出相应的意见建议。在进行相关研究时，结合算例进行进一步的分析，如区域港口群污染物排放测算模型、区域港口群碳足迹测算模型等。除此之外，本书还单独开辟一个章节对国内外港口群与环境协调治理的案例进行分析，并在之后的章节给出了有关的启示与建议。

1.5.2 技术路线

第 1 章，主要介绍港口群在经济社会发展中的作用，以及我国区域港口群在现阶段与环境协调发展之间存在的问题和未来解决问题的要求，同时还介绍了本书的研究内容、方法与技术路线。

第 2 章，主要介绍了本书研究的理论基础，涉及区域港口群与环境协调发展的理论、机制、影响因素，以及碳足迹测算、系统动力学、环境承载力、港口群绿色技术与绿色运作等相关理论，为后续的研究奠定基础。

第 3 章，主要介绍区域港口群对环境的影响，从港区环境质量、港区生态环境、大气三个方面进行多层次的分析。

第 4 章，研究了区域港口群污染物排放测算模型，首先介绍了港口的污染排放类型以及污染物排放清单，其次建立模型通过预测方法对港口与船舶大气污染物排放进行预测，最后结合现实算例进行分析。

第 5 章，是关于区域港口群碳足迹测算模型的研究，从两个方面进行了相关研究和模型构建。一方面是基于能源消耗视角，对港口碳足迹的测算和驱动因素分解建模研究，另一方面是基于 Gamma 分布，对影响因素是否存在进行拟合模型研究。

第 6 章，建立了港口区域环境承载力的指标体系，之后结合系统动力学建立了相关模型并运用算例进行了分析。

第 7 章，构建了区域港口群与环境协调发展综合评价指标体系，并详细介绍了评价指标的选取方法以及评价模型和判别标准。

第 8 章和第 9 章，分别从绿色技术和绿色运作两个方面提出了环境协调治理策略，绿色技术涉及岸电技术和多港区综合能源系统，绿色运作主要考虑低碳技术和要求对港区集装箱多式联运网络的影响。

第 10 章，主要从国内和国外两方面介绍了港口群环境协调发展的案例。

第 11 章，结合本书的主要内容，为港口群与环境协调发展提出了多项建议。

本书技术路线图见图 1. 1。

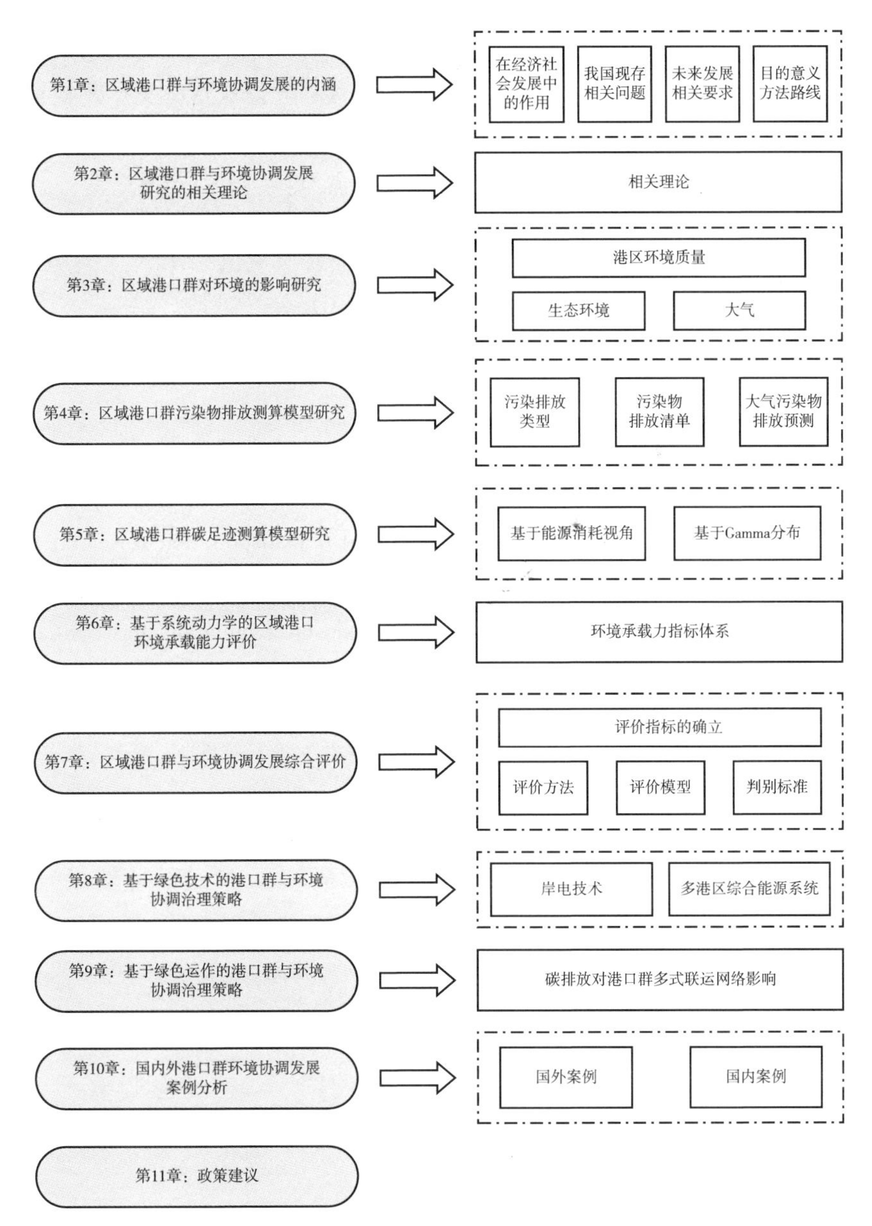

第1章：区域港口群与环境协调发展的内涵
在经济社会发展中的作用
我国现存相关问题
未来发展相关要求
目的意义方法路线
第2章：区域港口群与环境协调发展研究的相关理论
相关理论
第3章：区域港口群对环境的影响研究
港区环境质量
生态环境
大气
第4章：区域港口群污染物排放测算模型研究
污染排放类型
污染物排放清单
大气污染物排放预测
第5章：区域港口群碳足迹测算模型研究
基于能源消耗视角
基于Gamma分布
第6章：基于系统动力学的区域港口环境承载能力评价
环境承载力指标体系
第7章：区域港口群与环境协调发展综合评价
评价指标的确立
评价方法
评价模型
判别标准
第8章：基于绿色技术的港口群与环境协调治理策略
岸电技术
多港区综合能源系统
第9章：基于绿色运作的港口群与环境协调治理策略
碳排放对港口群多式联运网络影响
第10章：国内外港口群环境协调发展案例分析
国外案例
国内案例
第11章：政策建议

图 1.1　技术路线图

本章参考文献

［1］葛拥军，郝英君，曹更永．后港口资源整合时代港口深度融合发展的对策与措施探析［J］．中国水运，2017，17（12）．

［2］蒋凯．我国生态港口建设现状和发展对策［J］．港口科技，2021（11）：16-19．

［3］李娜．我国港口资源整合存在的问题及建议［J］．港口经济，2017（5）．

［4］辛明．港口群协同发展研究综述及未来聚焦［J］．中国商论，2022（22）：106-109．

［5］袁兵．港口群资源整合研究［D］．大连：大连海事大学，2005．

［6］Gang D，Zheng Sh Y，Paul T W L. The effects of regional port integration：The case of Ningbo-Zhoushan Port［J］. Transportation Research Part E，2018，120：1-15.

［7］Wang M，Ji M，Wu X et al. Analysis on Evaluation and Spatial-Temporal Evolution of Port Cluster Eco-Efficiency：Case Study from the Yangtze River Delta in China［J］. Sustainability，2023，15（10）.

第 2 章　区域港口群与环境协调发展研究的相关理论

2.1　区域港口群与环境协调发展的理论基础

区域港口群与环境协调发展的理论基础，是区域港口群与环境协调发展理论的逻辑起点，是区域港口群与环境协调发展全部理论的基石，是区域港口群可持续发展的必要性、合理性与可行性的理论根据，是港口群可持续发展实践的行动指南。然而，区域港口群与环境协调发展理论基础的研究是当前区域港口群与环境协调发展理论研究中的空白，这对于人们对区域港口群与环境协调发展认识的深化、区域港口群与环境协调发展理论的完善并走向成熟乃至港口群可持续发展都有不利影响。因而，区域港口群与环境协调发展的理论基础研究是区域港口群与环境协调发展理论研究的一个重要方向与内容。

生态经济学理论提供了正确认识区域港口群与环境发展间相互作用的理论基础，协同理论提供了正确认识区域港口群与环境之间内在联系的系统方法，可持续发展理论提供了认识区域港口群与环境两者间关系的理论基础，而港口群与生态环境协调发展理论则是在生态经济学理论、协同理论和可持续发展理论的基础上，系统研究区域港口群发展与环境关系的理论。通过对区域港口群发展与环境的矛盾关系研究，使二者间的关系由制约性向促进性转化，最终实现矛盾的统一。在区域港口群发展对环境的影响不超过环境承载力的基础上，使区域港口群持续快速发展，从而促进区域经济的持续增长。

2.1.1 生态经济学理论

著名生态经济学家罗伯特·科斯坦扎（Robert Costanaza）认为：“生态经济学是一门全面研究生态系统与经济系统之间关系的科学，这些关系是当今人类所面临的众多紧迫问题（如可持续性、酸雨、全球变暖、物种消失、财富分配等）的根源，而现有的学科不能对生态系统和经济系统之间的这些关系予以很好的研究。”

生态经济学是研究生态、经济和社会符合系统运动规律的科学，有别于传统的经济学和生态学，也不是经济学和生态学的简单组合。生态学研究自然界动、植物之间彼此的依存关系，经济学主要研究商品之间相互的依存关系，而生态经济学侧重于研究人与自然之间的关系。生态经济学理论认为，人类经济活动的实质是将生态系统中的物质与能量进行转化、加工为能满足人类需求的各种产品，这些产品通过人类生产与生活消耗之后，最终以废弃物形式返回到自然生态系统中。人类经济活动只是自然生态系统中物质循环、能量流动和信息传递的一段过程，它依赖于自然生态系统，同时又反作用于自然生态系统。一切经济活动乃至人类的活动都是依赖自然生态运行的基础进行的，经济发展过程一刻也离不开生态系统这个基础。

生态系统的作用可归结为提供资源与净化环境污染两大功能。没有生态系统这两大功能，经济社会的发展也就无从谈起。生态与经济之间的关系千丝万缕，错综复杂。二者相辅相成，水乳交融，互创条件。经济取之于自然而求得了发展，经济发展反之可以调控和协调自然力。如果人们过度地开发利用资源、污染环境，必然造成对自然生态系统的破坏，甚至毁灭人类生存的自然环境。生态与经济矛盾统一规律告诫我们，人类遵循生态经济规律，保护与建设好生态系统，就能使经济发展有保障基础。生态经济系统的基本矛盾是自然生态系统资源供给有限性与人类需求无限性之间的矛盾。

在评述代表性生态经济学定义的基础上，潘鸿等认为，生态经济学是一门研究和解决生态经济问题，探究生态经济系统运行规律的经济科学，旨在归于生态系统与经济系统耦合过程中完成经济生态化和生态经济化过程，最终实现两大系统沿着合意的方向协调发展。

该定义具有下列四个基本特点。

一是，生态经济学是社会科学，是社会科学中的经济科学。虽然建立在一些自然规律，尤其是生态规律的基础上，但是生态经济学是从经济学的角度来探寻这些规律的。进一步来说，在生态规律作用的前提下，生态资源具有了一定程度的稀缺性（生态资源的其他稀缺性成因，主要来自人类不正确的干预行为），生态经济学就是在既定的生态规律条件下，阐述稀缺的生态资源被最佳配置的思想与原则。

二是，生态经济学是以问题为导向的，即以生态经济问题为研究的出发点。生态经济学不是从理论到理论的纯粹理论经济学，而是从实践上升到理论，再以理论指导实践，是亦实践亦理论的应用理论经济学。

三是，生态经济学必须在一些核心范畴的基础上，总结出一些生态经济规律。如果无规律可循，那么，生态经济学就将失去科学性，因而就没有存在的意义。

四是，生态经济学的追求目标是实现经济生态化、生态经济化和生态系统与经济系统之间的协调发展。

所谓经济生态化，就是要求任何经济活动既要遵循经济规律，又要遵循生态规律，使经济发展建立在不损害环境的基础之上，实现由“环境破坏型”向“环境友好型”转变的过程。实践中，从“黑色经济”“白色经济”向“绿色经济”的转变就是经济生态化的具体化过程。

所谓生态经济化，是指自然界所有物品不能仅仅考察其生态价值，还要考虑其经济价值，不能将它们当作免费使用的自由物品，而是宝贵的生态资源。所谓“绿水青山”变成“金山银山”，就是对生态经济化的形象简述。在生态经济化的背景下，保护生态就是保护生产力。

2.1.2 协同理论

协同理论是由哈肯创立的，他指出系统内部各子系统之间相互关联的“协同作用”，也可以使得整个系统从无序走向有序，这就出现了序参量。序参量之间的合作和竞争，最后导致只有少数序参量支配系统进一步走向协同和有序。协同作用左右着系统相变的特征和规律，实现系统的自组织。协同论采用动力学和统计学相结合的方法研究与外界环境有物质、能量交换的开放系统。系统中，各子系统的运动状态由子系统的独立运动和系统直接关联引起的协同运动共同决定。当前者居于主导地位时，系统便于工作处于无序状态。而当作用于系统的外界使“控制变量”达到一定的界限时，子系统之间的关联能量大于子系统独立运动能量，于是子系统独立运动受阻。此时，子系运行必须服从于由关联形成的协调运动。

人类的整个地球系统或者生态经济系统是一个非常复杂的系统，在当前的发展中，因为人类的影响，这个系统的熵正在无序的增加，如果不采取措施或不改变目前这种经济发展方式，这个系统终将走向无序，进而导致灭亡。所以应根据系统的演化规律，利用协同理论从人类生态经济系统的内部各个子系统的相互关联来着手解决问题，以使整个生态经济系统达到可持续发展。

协同理论建立在控制论、信息论、系统论及突变论等学科基础上，研究开放系统通过内部子系统间的协同作用形成有序结构的机理和规律。协同论把一切研究对象看成是“由组元、部分或者子系统构成的”系统，这些子系统彼此间通过物质、能量或信息交换等方式相互作用，通过子系统间的这种相互作用，整个系统将形成一种整体效应或者一种新型的结构。

“协同论”认为，千差万别的系统，尽管其属性不同，但在整个环境中，各个系统间存在着相互影响、相互合作的关系。任何系统都是由若干要素组成的，但系统并非是组成要素的简单相加，而是系统内要素通过相互联系和作用的组织化、有序化来实现的，系统的整体功能大于各要素功能之和，各要素在孤立状态中不会产生新的功能。

协同作用是任何一个复杂系统都具有的一种自组织能力，也是形成系统有序结构的内部作用力。在复杂性系统中，各要素之间存在着非线性的相互作用。当外界控制参量达到一定的阈值时，要素之间互相联系；相互关联代替其相对独立，相互竞争而占据主导地位，从而表现出协调合作，其整体效应增强，系统从无序状态走向有序状态，即“协同导致有序”。系统的有序性是系统内诸要素协同作用所形成的，系统的协同作用不是一两次就能完成的，是不断在运动中、在新的层次上进行的新的协同作用。

无论从自然界还是从社会领域来看，融洽、和谐、协同、合作都是各方面获得发展、取得进步的必要条件。协同合作与矛盾斗争一样，是世界赖以存在和发展的内部动力，这就是事物发展变化的协同性。协同理论揭示系统内及系统间各要素的关系，对生产生活具有重要的现实意义。

2.1.3 利益相关者理论

“利益相关者”一词最早来源于 16 世纪西方人对某项活动所下的赌注“stake”。而直到三个世纪后，“利益相关者”才发展成一种理论，即“利益相关者理论”（stake-holder）。1963 年，斯坦福大学的学者首次明确地提出了该词，用以定义与企业有密切关系的人群，即是“没有其支持，组织就不可能生存的团体”。

利益相关者理论是 20 世纪 60 年代左右在西方国家逐步发展起来的，进入 80 年代以后其影响迅速扩大，开始影响英美等国的公司治理模式的选择，并促进了企业管理方式的转变。之所以会出现利益相关者理论，是有其深刻的现实背景的。

利益相关者理论的产生和发展与 20 世纪 60 年代以后企业所处的现实背景密不可分。从宏观经济状况来看，20 世纪 60 年代末期以后，在现实经济中企业奉行“股东至上主义”的英美等国经济遇到了前所未有的困难，而企业经营更多体现“利益相关者理论”思想的德国、日本以及许多东南亚国家经济却迅速崛起。

20 世纪 80 年代以后，传统观念中的“股东至上”的逻辑受到了来自理论和实践两方面的严重挑战，企业的所有权安排成了摆在经济学家、法学家面前的理论难题。现在，人们已经越来越清楚地认识到，企业实际上是一个“状态依存”的经济存在物，是一个以所有权为中心的社会关系的集合。企业剩余权的拥有者不断向外扩展，已从昔日的股东逐渐扩展到其他的利益相关者，包括管理者、工人、客户、供应商、银行、社区等。

促使西方学术界和企业界开始重视利益相关者理论的另一个更为重要的原因是，全球企业在 20 世纪 70 年代左右开始普遍遇到了一系列的现实问题，主要包括企业伦理问题、企业社会责任问题、环境管理问题等。这些问题都与企业经营时是否考虑利益相关者的利益要求密切相关，迫切需要企业界和学术界给出令人满意的答案。

这个概念第一次让人们认识到企业不是一个孤立的实体，而是在其周围存在许多关系到企业生存与发展的利益群体。美国著名经济学家弗里曼的经典著作《战略管理：利益相关者方法》不但掀起了学术界讨论利益相关者的热潮，而且拉开了利益相关者理论运用于实践的序幕。弗里曼试图揭示利益相关者和企业战略管理之间的交互影响关系，并将利益相关者定义为“任何能够影响组织目标的实现或受这种实现影响的团体或个人”。此后，他又将利益相关者进一步界定为“那些因公司活动受益或受损，其权利也因公司活动而受到尊重或侵犯的人”。这个定义的可取之处在于它揭示了利益相关者与企业组织之间的交互影响关系，更在于它为利益相关者参与企业战略管理活动创造了条件。弗里曼的研究之所以具有很强的开创性，主要是因为他成功地把利益相关者理论的分析方法应用于企业的战略管理中，并对这种方法的运用技术与实现机制做了纲领性的且具操作性的阐述。此后，弗里曼及其后继者们不断补充和完善这一理论，使之在实践检验的基础上形成了一个相对完善与可行的理论架构，并广泛地运用到了企业战略管理的实践，取得了良好的效果，受到了广泛的关注。

2.1.4 可持续发展理论

1987 年，挪威首相布伦特兰夫人在她任主席的联合国世界环境与发展委员会的报告《我们共同的未来》中，把可持续发展定义为“既满足当代人的需要，又不对后代人满足其需要的能力构成危害的发展”，这一定义得到广泛的推广，并在 1992 年联合国环境与发展大会上取得共识。

我国有的学者对这一定义作了这几项补充。可持续发展是“不断提高人群生活质量和环境承载能力的、满足当代人需求又不损害子孙后代满足其需求能力的、满足一个地区或一个国家需求又未损害别的地区或国家人群满足其需求能力的发展”。

可持续发展是人类面对日益耗损的资源问题和日趋紧张的环境问题而提出的一种解决人—地关系矛盾的发展模式或指导思想。可持续发展也就是既满足当代人的需求，而又不损害后代满足他们需求能力的发展。换句话说，这种发展不能只追求眼前利益与近期利益而损害长期发展的基础，必须是长期效益与近期效益兼顾，其核心是发展。

可持续发展的概念及实施纲领一经提出，即得到了全球各界的认同，并成为世纪“自然—社会—经济”系统运行的规则，被编制到各种经济计划和各类发展规划之中。一方面它成为国家发展战略目标的选择，另一方面又成为诊断国家健康运行的标准。

可持续发展必须遵循三条基本原则：生态可持续性—发展要与基本生态过程、生物多样性、生物资源的维护协调一致；社会和文化的可持续性—提高人们对其生活的控制能力，维护和增强社区的个性及文化多样性，做到发展与社区文化、价值观相协调；经济的可持续性—资源有效管理和利用，经济得到持续性增长，并为后代留下足够的发展空间。

可持续发展的重要标志就是资源的可持续利用和生态环境的改善。可持续发展是在严格控制人口增长、提高人口素质、资源可持续利用和保护生态环境的条件下进行的经济建设和各项社会事业的发展。只要做到在经济发展的同时不断改善和提高生态环境，才算是可持续发展。同时，可持续发展要求正确处理人与自然的关系，用可持续发展的新思想、新观点、新技术根本改变人们传统的不可持续的生产方式、消费方式、思维方式，建立经济、社会、资源、环境相统一的思想观念和行为规范件。

可持续发展的概念，最先是 1972 年在斯德哥尔摩举行的联合国人类环境研讨会上正式讨论。这次研讨会共同界定人类在缔造一个健康和富生机的环境上所享有的权利。自此以后，各国致力界定可持续发展的含意，现时已拟出的定义有几百个之多，涵盖范围包括国际、区域、地方及特定界别的层面。可持续发展是人类对工业文明进程进行反思的结果，是人类为了克服一系列环境、经济和社会问题，特别是全球性的环境污染和广泛的生态破坏，以及它们之间关系失衡所做出的理性选择，“经济发展、社会发展和环境保护是可持续发展的相互依赖互为加强的组成部分”。

中国共产党和中国政府对这一问题也极为关注。1987 年，世界环境与发展委员会在《我们共同的未来》报告中第一次阐述了可持续发展的概念，得到了国际社会的广泛共识。1991 年，中国发起召开了“发展中国家环境与发展部长会议”，发表了《北京宣言》。1992 年 6 月，在里约热内卢世界首脑会议上，中国政府庄严签署了环境与发展宣言。1994 年 3 月 25 日，中华人民共和国国务院通过了《中国 21 世纪议程》（以下简称《议程》）。为了支持《议程》的实施，同时还制定了《中国 21 世纪议程优先项目计划》。1995 年，中华人民共和国党中央、国务院把可持续发展作为国家的基本战略，号召全国人民积极参与这一伟大实践。

可持续发展定义包含两个基本要素或两个关键组成部分："需要"和对需要的"限制"。满足需要，首先是要满足贫困人民的基本需要。对需要的限制主要是指对未来环境需要的能力构成危害的限制，这种能力一旦被突破，必将危及支持地球生命的自然系统中的大气、水体、土壤和生物。决定两个基本要素的关键性因素如下。

（1）收入再分配以保证不会为了短期生存需要而被迫耗尽自然资源；

（2）降低主要是穷人对遭受自然灾害和农产品价格暴跌等损害的脆弱性；

（3）普遍提供可持续生存的基本条件，如卫生、教育、水和新鲜空气，保护和满足社会最脆弱人群的基本需要，为全体人民，特别是为贫困人民提供发展的平等机会和选择自由。

20 世纪 60 年代末，人类开始关注环境问题。1972 年 6 月 5 日，联合国召开了《人类环境会议》，提出了"人类环境"的概念，并通过了人类环境宣言成立了环境规划署。

可持续发展是一种新的人类生存方式。这种生存方式不但要求体现在以资源利用和环境保护为主的环境生活领域，更要求体现到作为发展源头的经济生活和社会生活中去。贯彻可持续发展战略必须遵从一些基本原则：

一是，公平性原则。可持续发展强调发展应该追求两方面的公平：一是本代人的公平，即代内平等。可持续发展要满足全体人民的基本需求和给全体人民机会，以满足他们要求较好生活的愿望。当今世界的现实是一部分人富足，而占世界 1/5 的人口处于贫困状态；占全球人口 26% 的发达国家耗用了占全球 80% 的能源、钢铁和纸张等。这种贫富悬殊、两极分化的世界不可能实现可持续发展。因此，要给世界以公平的分配和公平的发展权，要把消除贫困作为可持续发展进程特别优先的问题来考虑。二是代际间的公平，即世代平等。要认识到人类赖以生存的自然资源是有限的。本代人不能因为自己的发展与需求而损害人类世世代代满足需求的条件——自然资源与环境。要给世世代代以公平利用自然资源的权利。

二是，持续性原则。持续性原则的核心思想是指人类的经济建设和社会发展不能超越自然资源与环境的承载能力。这意味着，可持续发展不仅要求人与人之间的公平，还要顾及人与自然之间的公平。资源和环境是人类生存与发展的基础，离开了资源和环境，就无从谈及人类的生存与发展。可持续发展是主张建立在保护地球自然系统基础上的发展，因此发展必须有一定的限制因素。人类发展对自然资源的耗竭速率应充分顾及资源的临界性，应以支持不损害地球生命的大气、水、土壤、生物等自然系统为前提。换句话说，人类需要根据持续性原则调整自己的生活方式、确定自己的消耗标准，而不是过度生产和过度消费。发展一旦破坏了人类生存的物质基础，发展本身也就衰退了。

三是，共同性原则。鉴于世界各国历史、文化和发展水平的差异，可持续发展的具体目标、政策和实施步骤不可能是唯一的。但是，可持续发展作为全球发展的总目标，所体现的公平性原则和持续性原则，则是应该共同遵从的。要实现可持续发展的总目标，就必须采取全球共同的联合行动，认识到我们的家园——地球的整体性和相互依赖性。从根本上说，贯彻可持续发展就是要促进人类之间及人类与自然之间的和谐。如果每个人都能真诚地按“共同性原则”办事，那么人类内部及人与自然之间就能保持互惠共生的关系，从而实现可持续发展。

可持续发展的核心理论，尚处于探索和形成之中。目前，已具雏形的流派大致可分为以下几种：

（1）资源永续利用理论

资源永续利用理论流派的认识论基础在于：认为人类社会能否可持续发展决定于人类社会赖以生存发展的自然资源是否可以被永远地使用下去。基于这一认识，该流派致力于探讨使自然资源得到永续利用的理论和方法。

（2）外部性理论

外部性理论流派的认识论基础在于：认为环境日益恶化和人类社会出现不可持续发展现象和趋势的根源，是人类迄今为止一直把自然（资源和环境）视为可以免费享用的“公共物品”，不承认自然资源具有经济学意义上的价值，并在经济生活中把自然的投入排除在经济核算体系之外。基于这一认识，该流派致力于从经济学的角度探讨把自然资源纳入经济核算体系的理论与方法。

（3）财富代际公平分配理论

财富代际公平分配理论流派的认识论基础在于：认为人类社会出现不

可持续发展现象和趋势的根源是当代人过多地占有和使用了本应属于后代人的财富，特别是自然财富。基于这一认识，该流派致力于探讨财富（包括自然财富）在代与代之间能够得到公平分配的理论和方法。

（4）三种生产理论

三种生产理论流派的认识论基础在于：人类社会可持续发展的物质基础在于人类社会和自然环境组成的世界系统中物质的流动是否通畅并构成良性循环。他们把人与自然组成的世界系统的物质运动分为三大“生产”活动，即人的生产、物资生产和环境生产，致力于探讨三大生产活动之间和谐运行的理论方法。

2.2 区域港口群与环境协调发展的界定

区域港口群与环境协调发展，就是在港口建设、规划、一体化的进程中，既注重港口经济效益的增长，又注重环境效益的增长，实现港口整合与环境建设的共同发展。

港口群的优化整合活动可能会对港口群的区域环境产生影响，这些影响有积极的方面也有消极的方面。一方面，港口资源的优化整合可以促进港口资源的集约、节约利用，践行港口生产低碳、环保、可持续的理念。同时，港口群优化整合也促进了区域一体化发展，加强了区域之间的联系，有利于实现环境的跨区域联合治理与保护。另一方面，港口群优化整合过程可能包括一系列的港口建设活动。比如，港口的迁移、扩张、布局结构调整等，这些建设活动可能会对港口周围大气环境、水资源产生不利影响。

2.2.1 区域港口群与环境协调发展的概念

区域港口群与环境协调发展是指区域港口群的发展与环境相互协调而耦合成和谐关系的良性循环态势，同时提高区域港口群发展经济效益和生态效益。

区域港口群与环境的协调发展包含两个层次的协调。第一层次是指港口群内各港口间的协调发展；第二层次是指港口群作为一个整体与环境的协调发展。其短期目标是在实现港口群快速发展的同时，区域环境得到良好的保护或不断改善，港口群的发展不超过区域环境的承载能力，其终极目标是实现港口群的可持续发展。

区域港口群与环境协调发展不仅强调港口群的发展速度和规模，更强调在港口群发展数量指标增长的同时，港口群发展质量指标得到改善，港口群发展与环境高效互惠的发展模式。对其概念可以从这几方面来理解。港口群发展水平提高，环境得到改善，此时可视为区域港口群与环境是良好协调发展的；区域港口群发展水平提高，环境遭到一定程度的破坏，但是这种破坏是在环境承载能力范围内，此时也可视为区域港口群与环境是协调发展的；港口群发展水平提高，港口群的发展对环境影响已经超过环境承载能力的范围，此时则认为区域港口群与环境失调发展；港口群发展停滞不前，无论环境是否遭到破坏，区域港口群与环境都是不协调的。

2.2.2 区域港口群与环境协调发展的内涵

区域港口群与环境协调发展具有以下几方面的内涵：

（1）港口群的发展是区域港口群与环境协调发展的核心

孤立港口群的发展与环境的关系，无视环境的保护，片面追求港口群的快速发展是片面的、不可取的发展观。然而，在区域港口群与环境协调发展系统中港口群是发展的主体，港口群的发展是二者协调发展的前提，对实现二者的协调发展起决定作用。因此，港口群的发展是区域港口群与环境协调发展的核心。

（2）环境与港口群发展相互制约

环境为港口群的发展提供各种生产资源，环境所能提供的生产资源的数量和质量增加或减少，直接影响着生产资料提供的规模与增长速度，进而影响港口群发展水平的提高。环境提供的自然资源是有限的，环境中自然资源水、能源、电力等的数量种类、质量不能完全符合港口群发展要求，这在一定程度上会影响制约港口群的发展。在港口群的发展过程中，总有一定数量的废弃物排入环境之中，而环境具有扩散、储存、同化废物的机能，利用这种机能，可以减少人工处理废物的费用。环境受污染和破坏后，不仅使社会受到巨大的经济损失，而且环境资源枯竭导致经济的发展受到限制，从而使港口群发展停滞不前。

（3）准确处理好港口群发展与环境的关系

港口群发展处在一定的环境系统中，港口群发展对环境的巨大压力和港口环境问题，已经成为全球港口群发展的主要困难和突出矛盾。正确处理好港口群发展与环境的辩证关系，在区域港口群与环境协调发展中具有十分重要的理论和现实意义。区域港口群与环境的辩证关系具有时空变动性的特征，因此在实践中要根据不同的区域、不同的时期研究，处理好港口群发展与环境的关系的方法。

2.2.3 区域港口群与环境协调发展的特点

从上述区域港口群与环境协调发展概念与内涵的理解，可以看出它具有以下特点：

（1）协调性。这种协调性体现在港口群发展与环境各要素之间，按一定数量和结构所组成的具有一定结构和功能的有机整体，能够和谐一致、配合得当。

（2）时空性。从时间上讲，在不同经济发展水平下，对港口群发展的要求的迫切性和环境对人类生活质量影响的认识不同，协调标准随一个国家的经济发展而不断变化。从空间上讲，不同国家、地区对区域港口群与环境协调发展都有不同的理解。

（3）可控性。区域港口群与环境的协调发展运动是有规律可循的，人类通过认识其运动的规律性，在遵循生态规律和经济规律的基础上，运用科学技术，采取各种经济措施和政策、法律和法规等有效的宏观调控手段，调节和控制其发展变化进程，使区域港口群与环境之间的协调运动沿着人类社会发展的目标发展。

（4）相对稳定性和绝对动态性。从横截面上看，区域港口群与环境协调发展是港口群与环境共同发展达到协调状态，它是一种态势，具有相对稳定性。但从纵向来看，处于协调状态的港口群子系统受人类经济发展需求水平不断升级的推动，会不断向更高水平演化。与此相应，环境子系统可能受到港口群子系统的促进而不断增强其承载能力，环境可能进一步改善，这样不断推动协调发展向更高水平演替，从而表现出动态性。从这个意义上看，与其说协调发展是一种态势，还不如说是一个不断向更高水平演替的过程。据此，我们也可以说港口群与环境协调发展具有持续性。

（5）阶段性。从港口群与环境发展的关系演进过程来看，经历过原始协调阶段、不协调阶段，正在向较协调阶段和协调发展阶段演进。

2.3 区域港口群与环境协调发展的机制

2.3.1 港口与环境协调发展的维度

政策环境。港口是我国“一带一路”倡议的战略支点和重要枢纽，习近平总书记一直以来关注、关心港口发展。党的十八大以来，他考察的国内外港口数量超过了 10 个。2019 年 1 月，在考察天津港时，习近平总书记特别指出：“要志在万里，努力打造世界一流的智慧港口、绿色港口，更好服务共建一带一路。”2019 年 11 月，交通运输部与国家发展改革委等部门联合印发了《关于建设世界一流港口的指导意见》，明确了加快绿色港口建设措施。其中，通过构建清洁低碳的港口用能体系是港口碳减排核心工作任务之一。

经济环境。全球经济一体化，意味着发达国家和一些发展中国家的利益通过缩短的时间和空间被紧密地联系在一起，其相互依存由多种因素促成，包括国际贸易、市场一体化、科技创新等一系列问题的应对。由于经济全球化的积极作用，助力资源在世界范围内实现最优配置，使国际贸易得到了飞速发展。同时，全球资源的分配和一体化推动了竞争力的比较和发展，重新创建国际经济的新模式，跨国贸易的发展推动了国际市场的形成，而国际分工的持续改善和全球资源分配的优化，都推动了生产效率的进一步提高。在国际经济方面，全球经济仍将长期处于弱势增长模式，整体经济复苏依然缓慢，潜在风险较大，金融危机影响表现出了一种长期趋势。在这种全球经济弱复苏的情况下，不可避免地给全球航运业带来一场新的变革，市场低迷加快了航运业公司的重大重组进程，直接推动了港口集体向深水港口和枢纽港口发展。在国内经济方面，经济呈现增长维稳的迹象，但在传统增长动力不断下降以及全球经济再平衡的压力下，制造业产能过剩问题和经济结构非合理化现象将更加突出。经济保持增长需要持久的内驱动力，从港口在经济条件下所处地位和附加产业来看，港口仍将是重点发展的领域。同时结合各国在环境保护和资源分配方面的使命，港口区域化和环境协调发展将持续推进。

社会环境。一方面，随着生活水平的不断提高，人们对物质生活的追求逐渐转变为对美好生活观念和生活方式的追求，消费观念的改变促使消费内容的本质发生变化，尤其加上消费方式和支付方式的改变，服务类消费和感受体验式消费成为热点，港口服务附加价值将成为港口发展的新趋势。同时，在“立足内需”国家战略的推动下，将会对港口运输体系产生新的需求。而全球环保意识的流行使得消费者的绿色偏好愈加上涨，其更愿意为绿色附加服务支付费用，也推动着港口群与环境协调发展。

技术环境。为达成建设资源节约和环境友好型的港口目标，区域港口群应始终坚持贯彻绿色低碳发展理念，同时不断大力开发和应用绿色节能技术。作为实现绿色生态型港口群的重要工作，污染物的治理及污染排放达标一直是港口环境保护工作的关注重点。为降低靠港船舶污染排放，应当推广应用岸电技术。

2.3.2 港口环境内部协调发展机制

一是推进港口“绿色+”智慧化建设。现代港口的发展，主要通过港口业务与创新科技的融合，对港口产业结构、经济结构、运营结构等发展方式的转变，推动港口生态体系的升级。“绿色+”智慧港口是指以技术为驱动基础，推进港口设备智能化的应用，对港口生产业务、管理模式和商业模式进行重新构建，从而结合资源提升港口价值。港口群需要超前规划、前瞻布局，利用现代技术和自动化机械设备，将大数据、物联网、5G、人工智能等新一代科技结合，在港口实际生产业务中进行实践应用，包括但不限于码头自动化装卸、通过指令控制设备、智能理货、远程监控等方面，提高港口工作效率，利用开放共享的数字平台，创新“绿色+”智能港口的新商业模式，完善港口管理、运营、制度等，建立标准的协同工作机制，提高运营效率，打造更加智慧化的运营环境。

二是完善港口“绿色 +”集疏运体系。集疏运体系是港口发展“绿色 +”的核心竞争力之一，通过港口连通性与腹地可达性这两方面加强战略布局和实施相应措施，合理规划并扩建港口腹地，加强与经济腹地的连通性和可达性，需要在交通运输、物流等方面统筹规划，完善相应基础设施与工具。重塑物流网络“货物驱动的多式联运”，货物合并以分析货物运输的紧急程度，根据紧急程度制定运输方式，同时还可以将部分非紧急货物通过较便宜清洁但较慢的方式进行运输，最大限度地降低总运营成本，推动区域港口群与环境协调发展。

三是加快港口“绿色 +”信息链搭建。完善“绿色 +”统一运输信息平台建设，推进业务、管理等要素平台化，大力普及数字化智能终端设备的应用，加快实现港口信息采集标准化。运用互联网创新思维和区块链技术，搭建一体化网络平台，由传统信息模式向供应链创新模式转型，推进物流信息电子化，为物流运输能力和信息安全提供保障。信息链通过整合和联通每个环节信息之间紧密程度，并同步共享各个环节的资料，形成一个交错复杂的信息网络，发展成为整合处理各种经济、信息和服务等的中心节点，快速地将物流节点的各个部分信息融合，对运输过程做到追溯、监控、协同作业以及管理。帮助用户对港口的综合物流信息进行了解与掌控，助力满足港口用户需求，全面提升各作业环节效率。

2.3.3 港口环境外部协调合作机制

制定合作共赢、因地制宜的发展战略。港口群优化整合战略的制定要与国家“一带一路”倡议，经济“双循环”相适应。一方面，鼓励区域港口建立合作共赢的格局，增强沿海港口为我国内陆地区服务的服务能力，以及国际竞争力。另一方面，战略的制定要与不同区域经济发展状况、地理区位特点相适应，实现港口群分工协作与差异化发展。港口群的发展战略不但要包括经济发展的战略，也包括港口群生态环境保护的发展战略。在战略的制定过程中，要明确港口群优化整合与环境协调的最终目标和阶段性目标，保证经济的增长始终与生态环境的保护相适应。

打造数据共享、科技创新的信息系统。信息共享在港口群优化整合与跨区域环境治理中起到了重要的作用。共享数据平台可以将港口、其他多式联运供应商、货物供应地、需求地客户、船舶公司等多个供应链活动相关者联系在一起，促进物流、信息流、资金流的合理流动，提高供应链运作效率，增强港口群的竞争力。同时，共享数据平台可以为港口与环境的协调性评价提供支持，记录港口生产状况、资源使用状况，以及港口活动对环境的影响。

2.4 区域港口群与环境协调发展的影响因素

港口作为运输网络的重要枢纽，在促进区域经济发展和全球贸易方面发挥着越来越重要的作用。然而，伴随全球海运量的不断增长，港口在生产过程中产生了大量的硫氧化物、氮氧化物、颗粒物等污染物，不仅会对生态环境造成破坏，还会给人的健康带来不利影响。在此背景下，绿色港口的概念便应运而生。

所谓绿色港口，是指在生产运营和提供港口服务过程中，秉承资源节约、环境友好发展理念，积极履行社会责任，综合采取有利于节约资源和能源、保护环境和生态、应对气候变化的技术和管理措施，达到了相应绿色港口等级标准要求的港口或码头。

绿色港口注重环境保护，在保持良好的生产、生存环境的基础上，实现港口经济效益最大化。绿色港口的发展不仅要符合环保的需求，还要提高其社会和经济效益，港口的经济效益和社会效益不能超过港口生态环境的承载范围，需要找到彼此之间的平衡点，就这点来说，绿色港口是一个发展中的概念。

随着区域港口群与环境协调发展，共同打造绿色港口群成为区域内港口的共识，其中主要的影响因素包括绿色港口群基础设施建设、绿色港口群物流网络建设、绿色港口群物流网络建设。

2.4.1 绿色港口群基础设施建设

以功能基础设施建设为主体，打造绿色港口发展基石。避免作业过程中产生粉尘污染，减少柴油燃烧颗粒及温室气体排放、改善港口空气质量，应当大力推进“油改电”“油改气”等工程。同时，为最大限度增大对压舱水的回收利用、杜绝溢流含煤污水外排入海，可以加大投资新建压舱水回收装置，并辅以景观湖、人工湖和南湿地、北湿地为主体的整体系统，对污水管网进行改造，将处理后的水源与压舱水池、生态湿地和生态湖等水系串联，利用智能管控系统自动进行调配，全面打通各水体之间的关节，实现压舱水、含煤污水及雨水的有效收集、处理和利用，形成生态水系统智能循环体系。

以生态基础设施建设为重点，抓好绿色港口发展转型。需要解决传统港口常见的露天堆场扬尘问题、物料转接过程中的扬尘问题，并完善对港口空气质量的监测。适当引进新式除尘抑尘设施，实施绿化实验、人工湖植被种植等项目，增设空气质量自动监测站，通过对二氧化氮、二氧化硫、一氧化碳、PM_{10}、$PM_{2.5}$等指标的监测，科学反映港口大气状况，准确获知污染物来源，有效防治港口空气污染。

以智慧基础设施建设为突破，提升绿色港口发展效率。加快港口自动化建设、港口信息化建设以及港口数据化建设，进一步挖掘港口堆场的价值创造能力，以大数据分析技术为基础，实时反映形象化、直观化、具体化的港口运行状况，进而提升决策效率。

2.4.2 绿色港口群物流网络建设

绿色港口群物流网络建设主要包含以下三方面的任务。

一是明确港口在物流网络中的分工和定位，对区域内的港口实施差异化发展战略，从而缓解同一区域港口间的资源竞争，促进区域资源的合理分配与港口间的共同发展。

二是完善港口与城市布局网络的建设。受港口产业结构调整与城市化的影响，港口与城市的布局规划在不断发生变化。优化港城布局规划，有利于降低港口活动给城市带来的不良影响，缓和港口与城市之间对空间资源的竞争，实现港口与城市的协调发展。

三是加强多式联运物流网络的建设。一方面，与公路运输相比，水铁联运具有运输量更大、运输成本更低、对环境污染更少的优势，推动水铁联运的发展对区域环境的保护具有重要的意义。另一方面，多式联运可以有效地解决物流网络中“最后一公里”问题，增强港口与港口、港口与经济腹地之间的联系，有利于加强区域之间的协作，推动港口供应链的整合，实现区域的协同发展。

2.4.3 绿色港口群的节能低碳技术

我国港口积极推进低碳技术的研发与推广，包括船舶靠泊使用岸电供电系统技术、LNG 新能源动力港口装备项目、散货码头堆场 LED 高杆灯绿色节能照明项目、码头起重设备能量回馈解决方案、集装箱铁水联运示范项目、港口能源在线监测系统和绿色建筑等。在岸电技术的推动下，我国若干港口积极投入绿色低碳智慧港研究工作，形成了船舶岸电、港口大功率 LED 灯、能量回馈、铁水联运信息平台、能源管理和绿色建筑等一大批领先的绿色低碳技术，并进行产业化尝试。

然而由于缺乏适时而有效的科技政策作为支撑，目前我国还没有系统化开展低碳技术创新的建设，因此对企业和政府起不到应有的规范和强制作用，也在某种程度上间接影响了低碳技术创新的发展进程。所以我国政府应该尽快建立和完善促进低碳技术创新的科技政策。

科技政策是促进我国绿色港口群低碳技术创新的关键和保障，低碳技术创新的发展离不开科技政策的引导与支持。科技政策和低碳技术创新为低碳经济的发展提供保障和支持，低碳经济的发展则是以低碳技术和科技政策的创新为前提。在低碳经济发展竞争中所带来机遇与挑战并存的情况下，不断完善我国低碳技术创新的科技政策，将对我国实现低碳经济的发展，创建“资源节约型和环境友好型”社会提供更大的保障，从而提升我国在国际上的整体竞争力。

2.5 区域港口群碳足迹测算方法的相关理论

低碳港口形成机理及投资优化研究涉及我国港口低碳发展阶段理论、港口碳足迹测算理论、LMDI 分解理论、Gamma 分布函数、随机优化决策等基本理论。

2.5.1 我国低碳港口发展阶段理论

我国港口低碳化发展按照时间维度大致经历了三个历史性的阶段，分别是自行发展阶段（1987～1993 年）、探索实践阶段（1994～2009 年）和政策支持阶段（2010 年至今）（王妮妮，2015），具体见图 2.1。阶段划分遵循的标准包括这三点。第一，参照了我国港口碳足迹指标变化。第二，参照了我国港口业低碳建设政策变化历程。第三，参考了我国港口的低碳港口建设从无到有、从无意到自主的发展过程（刘翠莲等，2017）。

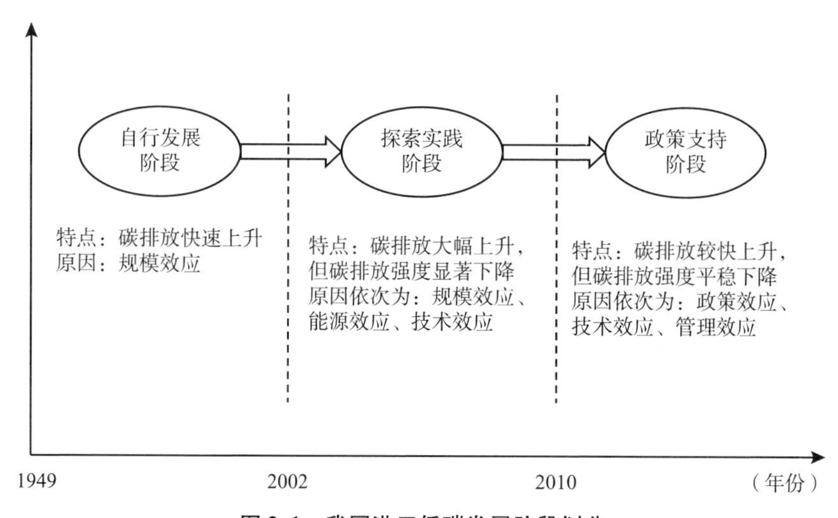

图 2.1　我国港口低碳发展阶段划分

（1）阶段 1：自行发展阶段（2002 年以前）

此阶段划分主要依据：一是我国港口业的低碳观念和主动实践尚未形成。二是缺乏低碳港口建设专项政策的扶持。在自行发展阶段，我国港口还没有低碳发展概念，更不用说实施专项的低碳实践活动。这一阶段的特点主要是港口碳排放快速上升，导致这种现象的主要原因是港口经营的规模效应。一方面，因为这一阶段随着我国改革开放国策的实施，对外经济呈现高速增长态势，我国港口货物吞吐量业务规模大幅上升造成港口碳排放也相应大幅增长。另一方面，由于港口实际生产规模距离实际需求能力差额日益缩小，逐渐走向规模经济状态，规模经济效应逐步显现，导致港口碳排放强度下降较显著。总之，这一时期，我国港口生产规模的扩张对降低其碳排放强度的作用非常明显。

（2）阶段2：探索实践阶段（2003～2009年）

此阶段不同于自行发展阶段，主要区别在于港口主动探索港口碳减排建设。当然，此阶段依旧缺乏低碳港口建设专项政策的扶持。自2003年以来，我国港口尤其沿海港口依托自身实力和特点开展探索低碳化建设，取得了明显成效。这一阶段，我国出口经济继续保持高速增长态势，港口生产规模的大幅扩张、吞吐量显著增大，导致港口碳排放持续大幅上升、碳排放强度继续下降。本阶段港口碳排放强度显著下降的主要原因按照重要程度依次包括：一是规模效应。港口供给和需求能力基本上逐渐达到了平衡状态，较为合理的配置导致规模经济持续带来港口碳排放强度下降成效。二是能源效应。上海港主要消耗能源种类有汽油、柴油、重油、煤炭、电力。在这一阶段，由于能源价格持续上升、能耗成本比重越来越大，我国港口纷纷采取措施加强能源管理、调整能源结构，大幅降低石化能源的直接使用，转而加大电力的使用，从而推动了能源效率的提升。三是技术效应。港口采用节能新技术、新产品，加大淘汰、改造高耗能设备的力度，积极采用节能新技术，港口生产用单位能耗发生了较快下降的可喜变化。

（3）阶段3：政策支持阶段（2010年至今）

此阶段最大特点是：国家层面的低碳港口扶持政策实施。2009年，我国政府在哥本哈根应对全球气候变化大会上作出将大力发展绿色经济承诺，2010年，交通运输“十一五”规划中首次提出推进低碳交通运输体系建设，2011年，我国《第十二个五年规划纲要》确定交通运输业为三大节能低碳排放产业之一；《交通运输“十二五”发展规划》强调港口在绿色低碳交通的核心地位。2012年，交通部出台《交通运输行业“十二五”控制温室气体排放工作方案》，明确指出港口生产单位吞吐量CO_2排放比2005年下降10%，标志着我国低碳港口建设正式进入政策支持阶段。2012年，交通运输部出台《关于组织开展交通运输节能减排专项资金区域性和主题性管理试点的通知》中，提出天津港、连云港、青岛港和蛇口港四个港口为“低碳港口建设”试点单位，标志着我国低碳港口建设进入了新阶段。在这个大背景下，这一阶段我国港口呈现出碳足迹总量较快上升，但港口碳排放强度平稳下降的显著特点。近几年来，我国经济发展放缓导致上海港增长也有所放缓，港口碳排放也相应地得到较快增长。港口碳排放强度平稳下降主要原因有：一是政策效应。2012 年，交通运输部印发《关于港口节能减排工作的指导意见》，明确了从清洁能源使用、节能减排技术经验和创新、节能减排管理制度等低碳港口发展的措施和方向；发布了《绿色低碳港口评价指标体系》，指导港口节能减排相关的评奖及安排港口节能减排专项资金申请等工作。港口在环境保护、粉尘控制、安全生产等方面受到的监管日趋严格，环保投入持续增加。二是技术效应。沿海港口主动探索港口“节能减排”“降耗提效”的新模式，不断加快节能环保型新技术、新工艺在港口实践中的自主研发和转化应用，油改电、船舶岸电技术以及 LNG 和风能等清洁能源的使用，在港口低碳建设中得到大力推广。三是管理效应。沿海港口提高“低碳”管理的精细化程度，在港口规划、操作流程等管理环节，加强节能减排的设计和管理，加强港口信息化建设，完善节能减排工作绩效考核措施、加大节能减排的管理监督，推动节能减排与低碳科普活动，使得低碳观念融入港口规划、建设及生产、经营过程中。

2.5.2 港口碳足迹过程测算理论

测算港口碳足迹是评价港口温室气体排放的重要而有效的途径。国际港口协会（IAPH）发布的港口碳足迹指导文件（Carbon Footprinting Guidance Document），首次为全球港口提供了碳足迹核算、分析和跟踪趋势指导性原则。

（1）碳足迹计量

从现有研究和实务操作来看，当前港口碳足迹计量方法，主要包括两大类。一种是绝对计量，包括港口碳足迹总量（一般将其他温室气体的排放量转换为碳排放量）、CO_2、化学需氧量、SO_2 等（李琪，2010）。另一种是相对计量，比如港口单位货物吞吐量碳足迹、每单位货运量（乘客）温室气体排放量和每单位货物价值温室气体排放量等综合指标。如，有学者（Villalba & Gemechu，2011）用每单位货运量温室气体排放量和每单位货物价值排放量两个指标对 2008 年巴塞罗那港温室气体排放量进行了测算和评估。

关于港口碳足迹计量方法详见表 2.1。

表 2.1　　港口碳足迹计量

指标类型	具体指标代表
绝对指标	碳足迹总量、CO_2、化学需氧量、SO_2 等
相对指标	每单位货运量（乘客）温室气体排放量和每单位货物价值温室气体排放量；营运船舶位运输周转量 CO_2；港口生产单位吞吐量 CO_2 等

（2）碳足迹过程核算方法

目前港口碳足迹研究中的主要是过程分析核算法，通过港口生产活动清单分析得到能源消耗和相关能源碳排放系数数据，进而计算得出一定时期内港口碳足迹、单位货物或集装箱吞吐量碳足迹等（彭传圣，2012）。

港口碳足迹过程分析核算法见图 2.2。具体说明如下。

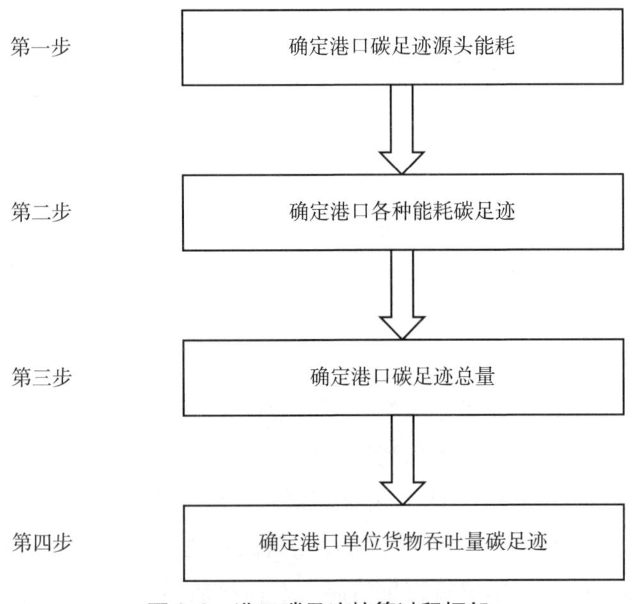

图 2.2　港口碳足迹核算过程框架

第一步，确定港口碳足迹源头能耗。在碳足迹测算范围界定的基础上开展核算工作，首先需要确定港口碳足迹源头能耗。港口碳足迹来源包括与港口生产装卸、仓储及运输过程中能源消耗所产生的碳足迹，涉及能源主要有柴油、汽油、电力、煤炭、天然气等。根据能源类型的不同，将能源消耗产生的碳足迹分为直接碳足迹和间接碳足迹，直接碳足迹为终端能源消耗（如柴油、燃料油、汽油、天然气等）产生的 CO_2 量，间接碳足迹为电力消耗产生的 CO_2 量。因此，确定港口碳足迹源头能耗就是港口根据各项活动在一定时期内消耗各种能源按类别进行统计汇总。需要指出的是，港口的碳排放和港口作业流程密切相关。港口各种类型业务及其业务量通过作业流程中关键环节和设备消耗的能源，释放出不同规模和比重的碳足迹。从实践来看，港口装卸作业是最主要环节，其桥吊、轮胎式起重等装卸机械设备是港口碳排放的主要来源。另外，搬运、堆垛等作业过程也会产生较多的碳排放。

第二步，确定港口各种能耗碳足迹。港口某种能耗碳足迹等于港口一定时期内某种能源的消耗量乘以对应的碳排放系数。对于柴油、燃料油等直接能源碳足迹的核算，其碳排放系数可以通过联合国世界气象组织和环境规划署联合建立政府间气候变化委员会 2006 年发布的《IPCC 国家温室气体清单指南》查询得到。而对于电力间接能源产生碳足迹的核算，由于其是由煤炭、天然气、核能等转换而来，因此不能直接得到碳排放系数，需要利用港口所在区域电网基准线碳排放因子来代替。

第三步，确定港口碳足迹总量。汇总第二步得到的各种能耗碳足迹，就得到了一定时期内的港口碳足迹总量。港口碳足迹总量一旦确定，就可以用来了解港口碳足迹的具体结构等情况以及后续采取的对应措施等。

第四步，确定港口单位货物吞吐量碳足迹。港口单位货物吞吐量碳足迹等于港口碳足迹总量除以对应货物吞吐量或集装箱吞吐量，用以衡量港口碳足迹排放强度。在实践中，部分港口为应对全球气候变化，同时为在履行社会责任方面赢得声誉和提升企业竞争力，采取应用更加清洁的能源、开发应用节能减排技术和设备、加强管理和提高生产组织水平等措施，有效降低集装箱码头 CO_2 排放强度。

2.5.3 碳排放LMDI分解理论

当前，碳足迹驱动因素分解分析主要有两种方法：结构分解法（SDA）和指数分解法（IDAP）。其中，结构分解法是以投入产出表及其数据为基础的一种比较静态分析法。指数分解法最早由伯伊德、麦克唐纳和罗斯等（Boyd，McDonald & Ross et al.，1987）提出，是对各个解释变量的微分展开，以其他解释变量的报告期或基期指标值为权数的一种比较动态分析法。指数分解法以Kaya恒等式为基础，将目标变量分解成多个因素变量乘积的形式。指数分解法又可以分为基于Divisia、Laspeyres等细分方法，上述各种模型具有自身特点和使用场合。

学者安格和刘（Ang & Liu，2001）在基于Divisia的指数分解分析法的基础上，进一步提出了对数平均Divisia指数分解法（Logarithmic Mean Divisia Index，LMDI）。随后，安格和其合作者不断改进LMDI方法。此方法假定能耗或碳足迹的变化可以分解为数个互相关联的影响因子，通过构建扩展的Kaya恒等式，并进行相应变形，将关系结构复杂的各因子各自的贡献度分离出来，从而为进一步的研究分析以及相关政策决策提供依据。LMDI因素分解分析的特征在于可以同时分析并列与嵌套形式并存的影响因素。即能够从横向与纵向两个角度来分析碳排放的影响因素。从横向来看，可以将总能耗分解为经济生产部门能耗、交通能耗，以及居民能耗三个方面；从纵向来看，可以从规模、结构以及技术等因素维度分析对能耗影响。

通过从理论基础、适应范围、应用便捷性、结果表达等方面，综合比较因素分解法多种形式的优劣性，认为LMDI法满足因素可逆，能够有效消除残差项，相比应用其他方法分解后仍存在残差项或对残差项分解不当等问题，较现有碳足迹驱动因素分解方法，该方法的精确度更高，能够使模型更具说服力。由于LMDI分析法具有分解完全无残差项、易于应用以及乘法与加法两种分解的一致性等优点，在目前各类因素分解法中占有突出优势，因此广泛应用于碳足迹增长内因及作用强度分析领域。比如，安格（Ang，2007）等采用LMDI对中国和全球CO_2的排放总量进行分解，表明此方法具有良好的一致性和完整性。朱勤、彭希哲和陆志明等（2009）运用扩展的kaya恒等式和LMDI分解法对能源消耗碳排放进行因素分解分析，综合考量经济产出规模、人口规模、产业结构、能源结构以及能源效率等因素对碳排放的影响，探讨其主要影响因素的作用机理。刘叶和王磊（2009）采用LMDI分解法，将工业整体能源强度影响因素分解为能源替代、行业调整、部门调整以及能源利用技术变动四个方面。

碳排放LMDI分解法又可以细分为如下两类：LMDI Ⅰ分解与LMDI Ⅱ分解，并且均有乘法分解与加法分解两种模式，其中：

LMDI Ⅰ乘法分解模式：

$$D_{xk} = \exp\left[\sum_i \frac{L(V_i^T, V_i^0)}{L(V^T, V^0)} \ln \frac{X_{kj}^T}{X_{ki}^0}\right]$$
$$= \exp\left[\sum_i \frac{L(V_i^T, V_i^0)/(\ln V_i^T - \ln V_i^0)}{L(V^T, V^0)/(\ln V^T - \ln V^0)} \ln \frac{X_{kj}^T}{X_{ki}^0}\right] \tag{2.1}$$

其中，V为碳排放变量，受多个因素x_i的影响。下标i表示构成碳排放变量的类别。T表示期数。

LMDI Ⅱ加法分解模式：

$$\Delta V_{xk} = \sum_i L(V_i^T, V_i^0) \ln\left(\frac{x_{kj}^T}{x_{kj}^0}\right) = \sum_i \frac{V_i^T - V_i^0}{\ln V_i^T - \ln V_i^0} \ln\left(\frac{x_{ki}^T}{x_{ki}^0}\right) \tag{2.2}$$

其中，参数含义同上。

LMDI Ⅱ乘法分解模式：

$$D_{xk} = \exp\left[\sum_i \frac{L(w_i^T, w_i^0)}{\sum_j L(w_j^T, w_j^0)} \ln\left(\frac{x_{ki}^T}{x_{ki}^0}\right)\right] \tag{2.3}$$

其中，$w_i^T = V_i^T/V^T$，$w_i^0 = V_i^0/V^0$。

LMDI Ⅱ加法分解方式：

$$\Delta V_{xk} = \sum_i \frac{L(w_i^T, w_i^0)}{\sum_j L(w_j^T, w_j^0)} L(V^T, V^0) \ln\left(\frac{x_{ki}^T}{x_{ki}^0}\right) \tag{2.4}$$

其中，参数含义同上。

因为两种分解方法所得结果非常接近，但LMDI Ⅱ分解方法的计算过程更加复杂，所以应用并不广泛。而LMDII分解法已经成为目前最流行的碳排放驱动因素分解方法，其中的加法分解法较易于推广应用，并且能够用于建立能源分解指数体系，为节能政策的制定提供数据支持，评估节能工作的效果，有利于对不同区域的能源效率进行深入比较。

2.5.4 Gamma 分布函数理论

Gamma 分布是统计学的一种连续概率函数，是概率统计中一种非常重要的分布。Gamma 分布是假设随机变量 X 为等到第 τ 件事发生所需的等候时间，其密度函数为：

$$f(x,\ \delta,\ \tau) = \frac{\delta^{T}}{\Gamma(\tau)} x^{\tau-1} e^{-\delta x} x > 0 \tag{2.5}$$

其中，$\Gamma(\tau) = \int_0^{\infty} t^{\tau-1} e^{-t} \mathrm{d}t$，参数 τ 称为形状参数（shape parameter），δ 称为逆尺度参数。

Gamma 分布的特征函数为：

$$\psi(t) = \left(1 - \frac{it}{\delta}\right)^{-\tau} \tag{2.6}$$

Gamma 分布的均值与方差分别为：

$$E(X) = \frac{\tau}{\delta} \tag{2.7}$$

$$\mathrm{Var}(X) = \frac{\tau}{\delta^2} \tag{2.8}$$

“指数分布”和“χ^2 卡方分布”都是 Gamma 分布的特例：

（1）当形状参数 $\tau = 1$ 时，Gamma 分布就是参数为 κ 的指数分布，$X \sim Exp(\kappa)$；

（2）当 $\tau = n/2$，$\delta = 1/2$ 时，Gamma 分布就是自由度为 n 的 χ^2 卡方分布，$X \sim \chi^2(n)$；

另外，Gamma 分布与 poisson 分布在数学形式上是一致的，只是 poisson 分布是离散的，Gamma 分布是连续的，可以直观地认为 Gamma 分布是 poisson 分布在正实数集上的连续化版本。

Gamma 分布的概率密度函数和失效率函数取决于形状参数 τ 的数值：

（1）当 $\tau<1$ 时，$f(x, \delta, \tau)$ 为递减函数；

（2）当 $\tau=1$ 时，$f(x, \delta, \tau)$ 为递减函数；

（3）当 $\tau>1$ 时，$f(x, \delta, \tau)$ 为单峰函数。

Gamma 分布在拟合非负数据中应用极其广泛，包括经营决策、保险索赔、交通流拟合、收入分配、图像切割、机械设备连续累积磨损、医疗事故等领域方面得到了深入实践，甚至在最新的人工智能、深度学习中也得到高度重视和应用（王本超等，2020）。

2.5.5 随机优化决策理论

现实中，优化决策问题中常常碰到各种随机变量因素，这些随机变量因素直接影响优化结果的可靠性，将这些不确定性因素纳入优化决策模型称为随机优化决策模型。随机优化决策问题是一类最优化决策问题，相对确定性优化问题来说，是特指带有随机因素的最优化决策问题，需要利用概率统计、随机过程以及随机分析等工具。其中，随机因素包括环境的随机因素、控制变量的不确定因素、决策目标值的不确定因素等（Calafiore et al.，2006）。

对于给定系统 $f(z)$ 定义随机变量 ξ_j，在系统目标函数中引入一个随机变量 ξ_j，系统目标函数表达形式变为 $f(z, \xi_j)$，则随机优化决策模型为：

$$\min f(z, \zeta_j) z \in R$$
$$s.t.\begin{cases} g_i(z, \zeta_j) \leqslant 0 \quad \forall i \\ \zeta_j \in \Omega \quad j \in \{1, 2, \cdots, l\} \end{cases} \tag{2.9}$$

式（2.9）中，ξ_j 为给定优化模型的随机变量，Ω 为所有随机参数的集合，l 为所有场景数，R 为实数集。

处理随机因素的第一种方法是期望值方法，将随机的因素用它的期望值代替，将问题转化为确定性问题考虑。即，将含有随机变量的约束条件 $g_i(z, \xi_j) \leqslant 0$ 转化为约束条件的期望，如下：

$$\min f(z, \zeta_j) \quad z \in R$$
$$s.t.\begin{cases} E[g_i(z, \zeta_j)] \leqslant 0 \quad \forall i \\ \zeta_j \in \Omega \; j \in \{1, 2, \cdots, l\} \end{cases} \tag{2.10}$$

第二种方法是在概率意义下考虑优化问题。例如在置信水平下考虑优化问题，将问题转换为概率约束或者是机会约束的优化问题。即最优解满足约束条件的概率大于某一置信水平，如下：

$$\min f(z,\ \zeta_j) \quad z \in R$$

$$s.t. \begin{cases} \text{Prob}[g_i(z,\ \zeta_j) \leqslant 0] \geqslant 1-\lambda \quad \forall i \\ \zeta_j \in \Omega \quad j \in \{1,\ 2,\ \cdots,\ l\} \end{cases} \tag{2.11}$$

其中，$\text{Prob}[g_i(z,\ \zeta_j) \leqslant 0]$ 表示约束 $g_i(z,\ \xi_j) \leqslant 0$ 成立的概率，$1-\lambda$ 表示置信水平。

第二种方法相对于期望值方法的优点是考虑到各种风险的影响，缺点是使得问题的处理变得相对困难。式（2.9）~式（2.11）表示的是随机变量在约束条件中的优化模型，对于随机变量在目标函数中的优化模型、随机变量同时在目标函数和约束条件中的优化模型，其形式及求解方法均大同小异。

2.6 基于系统动力学的港口群环境承载力

2.6.1 港口环境承载力相关理论

《中华人民共和国港口法》将港口定义为：具有船舶进出、停泊、靠泊，旅客上下，货物装卸、驳运和储存等功能，有明确界限的水域和陆域构成的区域。绿色港口是港口的经济、社会发展不超过自然系统的承载力的港口。

港口不仅是一个特定的经济概念，更是一个特定的地理和区域概念。凡适合建设港口的水域，必定是水运条件良好的河湖江海。人们利用优越的水运自然条件，选择适合停泊各类船舶的深水区域，规划和建设码头，逐步形成繁忙的港口经济区域，带动整个城市的经济发展（余景良等，2007）。其中，有的港口成为区域、国家和国际的航运中心。从这个意义上说，港口对地区和国家经济发展的作用是其他行业无法取代的。但是，从生态环境保护意义上分析，如果不注重港口的生态环境保护，将会破坏这个区域的生态环境，危及人类的生存环境。

在港口可持续发展研究方面，当前已经取得了一些进展：如“绿色港口”“港口竞争力”等概念及港口规划环评等的提出。

“绿色港口”即在环境影响和经济利益之间获得良好平衡的可持续发展港口。

“港口竞争力”则是港口企业在市场竞争过程中，通过自身要素的整合、优化以及与外部环境的交互作用，在占有市场、创造价值和维持可持续发展方面相对于其他港口所具有的比较能力（苏倩，2007）。

港口规划环评指对港口规划及其替代方案的环境影响进行分析、预测和评价，提出减缓措施，以减缓、避免或消除港口规划对生态环境的不利影响，并将评价结论应用于规划决策的过程（吕蓉等，2006）。

以上的研究对港口可持续发展的某些方面（如经济方面、环境方面等）分别进行了定义和探讨，但是缺乏一个对港口环境承载力的综合定义。港口环境承载力的定义较为复杂，因为港口是一个复合型的环境，不仅包括自然生态方面，还包括人文经济方面，而且与人的生活息息相关，与社会的发展密不可分（何迎鞠等，2007）。

港口环境承载力是近期兴起的一个研究领域，其确切定义还没有达成一致共识，在定义港口环境承载力时应考虑多方面的因素，并从可持续发展的角度来定义。港口环境是指由自然和其他人文因素组成的各种生态系统所构成的整体，并间接地、潜在地、长远地对人类的生存和发展产生影响。定义港口环境承载力时，应该注意考虑如下几个因素。

①定义港口环境承载力应考虑港口资源的最大开发容量。

②定义港口环境承载力应考虑在港口资源合理利用、优化配置前提下对社会经济发展的最大支撑能力。

③定义港口环境承载力应考虑其能够支撑社会经济发展的最大规模和具有一定生活水平的人口数量。

基于上述承载力的定义思路，结合《中华人民共和国港口法》对港口的定义，在综合目前对港口可持续发展已有研究的基础上，本研究将港口环境承载力定义为：一定时期和一定范围内，港口生态系统在正常情况下维系其自身健康、稳定发展的潜在能力及所能承受的人类各种社会经济、生活活动的能力，它可看作港口环境系统结构与区域社会经济活动适宜程度的一种表示。

港口环境承载力的主体是港口资源，客体是人口、生态环境和社会经济。港口环境承载力将生态环境作为被承载体来对待，与人口和社会经济系统相并列考虑，突出表现了人口、生态环境和社会经济这些客体对港口资源的分配和协调关系。

港口环境承载力可以从以下几个方面来理解其含义。

（1）时间演变性。港口环境承载力应反映不同地点、不同时间、不同生活条件和不同科技发展水平情况下，港口这一承载主体对承载客体的支撑能力。由于承载力的定义限制在一定时间、空间范围内，所以在考虑港口的环境承载能力的内涵时，必定考虑到时间的演变性。在不同的时间内随着港口情况的不断变化，选用不同的模型或评价方法，所得出的港口环境承载力也不相同。由于港口不能脱离社会经济而存在，所以受到多方面因素的影响。在定义港口承载力时，必须要在确定的时间范围内进行探讨，以对评估结果进行准确表述。不同时期的港口对人口、生态环境和经济的承载能力是不同的，这样也反映港口环境承载力是可持续利用的和社会可持续发展的思想。

（2）社会经济内涵。在对一般的环境承载力进行定义的时候，主要考虑的是生态系统内部的联系，多与自然有关。而港口是人类文明发展到一定阶段才有的产物，与人类社会的社会经济发展有着密切的联系，所以在进行定义的时候，更多地要从“人本”的角度来考虑。研究其承载力时，应主要侧重于港口与经济发展的关联，让港口更好地为经济发展服务。

港口环境承载力的社会经济内涵主要体现在人类开发港口资源的技术能力、其腹地的交通水平、工业发展水平、腹地经济水平、腹地水电等资源能源的供给能力。可在不增加自然资源消耗量的情况下，依靠调整产业结构和提高技术水平等手段来提高港口环境承载力。

（3）可持续发展内涵。可持续发展是我国的环保战略，对港口资源的开发利用是可持续利用，不能让港口环境现状的负荷超过其承载能力，否则这种开发就是不可持续的。因此定义区域港口资源承载能力，应体现的是区域港口资源持续供给社会体系的能力。

此外，港口环境承载力的可持续内涵还应表现在港口资源承载力的增强是持续的，应该表现为技术进步型的承载力增长。

港口环境承载力具有如下特征：

（1）时间性和空间性。港口环境系统随着时间的演变而发生变化，相应的其承载能力也会随之变化，同样，不同地域范围内生态环境及社会环境的不同，也会影响到相应的环境承载力的大小，因此，环境承载力的定义应限定在一定时间和空间范围内。时间和空间过大的跨度会造成港口环境承载力计算偏差，对于正确评价港口环境承载力及港口发展规划的制定都将产生负面影响（范澈，2012）。

（2）客观性与主观性。港口环境承载力的客观性主要表现在，一定时间和空间范围内，港口的环境承载力是客观实际存在的，是可以通过模型和算法计算的，是环境系统结构与社会经济系统间适宜程度的表现。港口环境承载力的主观性表现在，当人们采用不同的标准、模型和算法时，所计算出来的港口环境承载力的实际值或相对值并不完全相同，但它们都表征着港口的环境承载能力，只是依据人们主观采用的方法不同而不同。

（3）港口环境承载力的社会经济性。以往对于环境承载力的研究多侧重于对生态系统的考虑，而本书研究的是港口环境承载力，港口是人类社会发展到一定阶段的产物，是围绕着人类的活动而进行的服务型企业，是与社会经济活动密不可分的，因此，在港口环境承载力研究中应涉及与社会经济的关联。这种关联主要体现在人类可开发港口资源的经济技术能力，社会各行业的用水、电等资源水平，社会对资源的优化配置等方面，可通过不增加自然资源量的情况下，依靠调整产业结构和发展经济技术水平等社会手段来提高港口环境承载力。

（4）港口环境承载力的可持续性。目前，我国对港口的发展政策中要求，港口应可持续地开发港区资源，在港口环境可支撑和容纳的范围内，不可超负荷运转。同时用于对港口生态环境的改善和生产设施及技术的革新也应可持续进行，有利于港口环境承载力的进一步加强。

2.6.2 系统动力学理论

系统动力学是经济数学的一个重要分支，由美国麻省理工学院的杰伊·福雷斯特（Jay W. Forrester）教授首创。最初被引入工业领域，随后系统动力学的使用范围日益拓展，特别是用于研究宏观复杂系统问题。如，研究城市的兴衰、人、经济、社会、自然资源、生态环境的相互关系等，系统动力学逐渐发展成为一门比较成熟的学科。

系统动力学基于系统论，并汲取了控制理论、信息反馈理论、非线性理论、组织理论、大系统理论和决策理论的精髓。系统动力学认为，系统行为主要由其内部结构决定，一旦掌握了内部结构及变化趋势，就可以预测系统的行为模式。系统动力学强调从系统内部微观结构入手，充分考虑系统内部各因素、系统与外部环境之间的关系。在把握系统内部作用机制、基本结构、变量关系的前提下，分析系统的特性与动态行为。系统动力学模型的核心是带时滞的一阶微分方程组，便于对非线性和时变问题进行研究。

如图2.3所示，系统动力学建模时借助于系统流图，系统流图由状态变量、速率变量和信息三类要素构成。状态变量反映变量对时间的积累，决定了系统特性和行为。速率变量反映积累变量的输入或输出速度，决定状态变量变化的快慢。系统流图可以清晰地反映系统内部因果反馈关系，其中各变量间的关系通过变量方程量化。

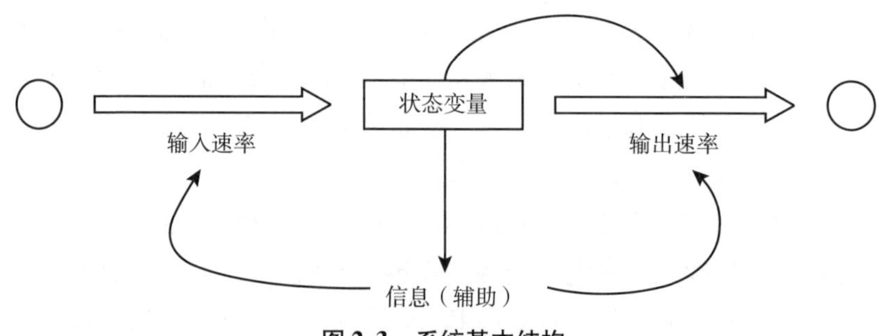

图2.3 系统基本结构

系统动力学的特点如下：

（1）系统动力学可在宏观与微观层面对复杂大系统进行综合研究。

（2）系统动力学的研究对象主要为具有自组织、耗散结构性质的开放系统。

（3）系统动力学是一种定性与定量相结合的分析问题、解决问题的方法，强调系统分析、系统思考、综合和推理，并尽量采用“白化”技术，针对不良结构进行相对地“良化”，其模型模拟属于结构—功能模拟。

（4）系统动力学的模型具有规范性，变量按照系统的基本结构加以分类，便于使用者清晰地沟通思想和处理复杂的问题。

系统动力学建模过程大体上可分为五步，即系统分析、结构分析、建立规范模型、模型检验与评估、模型模拟与政策分析。

（1）系统分析

系统分析的主要任务是分析实际问题，确定系统界限。深入调查研究相关系统的实际情况，确定研究问题与建模目标，进而划定系统界限，确定主要变量，掌握系统各主要变量的行为与变动趋势。

（2）结构分析

结构分析的目的是分析系统的反馈机制，剖析系统的层次结构。确定系统总体与局部的作用机制和因果关系，根据系统分解原理将系统划分为子块或子系统，定义系统内各变量并确定变量间的关系，绘出系统的因果反馈关系图，并确定各回路的极性及主回路。

（3）建立规范模型

在因果反馈关系图的基础上画出系统流图，对系统结构进行量化。确定系统的状态变量、速率变量、辅助变量及常量，量化变量间的关系，建立规范的变量方程并给表函数赋值。

（4）模型检验与评估

借助软件运行系统动力学模型，检验运行结果的有效性和误差，若模型运行结果与真实情况相差较大，则应返回到前面步骤中逐步检查，修改问题后并再次模拟检验，如此反复，不断修正和完善，直到模型精度达到要求为止。

（5）模型模拟与政策分析

运用已建立的系统动力学模型进行仿真模拟，针对系统问题寻求一些可行的对策，建立模拟试验方案并逐一运行，对比分析筛选出能有效解决系统问题的较优决策（见图2.4）。

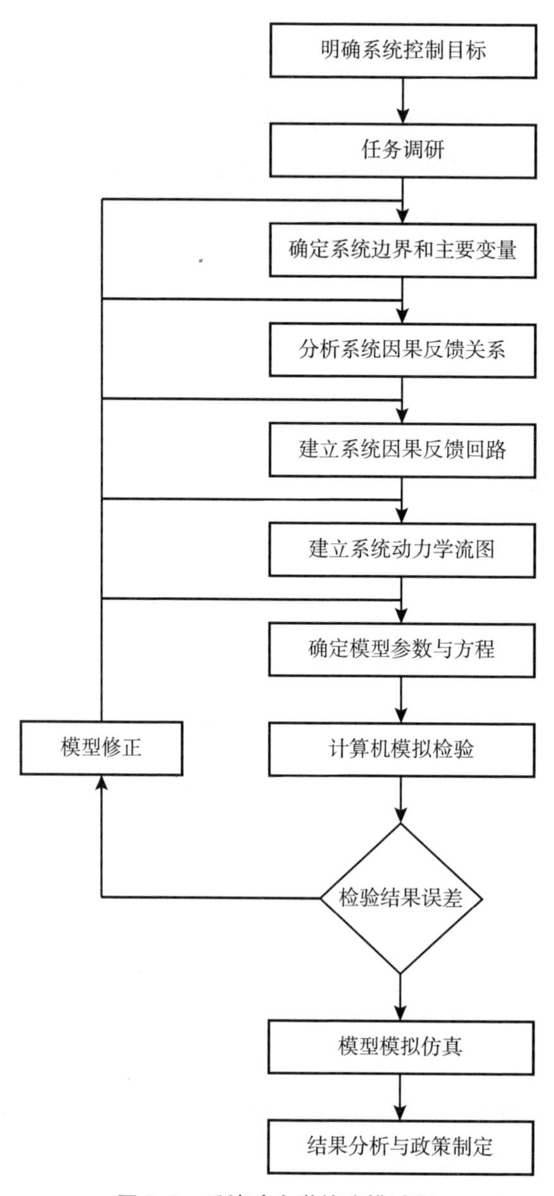

图2.4　系统动力学的建模过程

2.7 区域港口群与环境协调发展的综合评价

2.7.1 区域港口群与环境协调评价指标的筛选

分析传统建设项目环境影响评价的指标体系，根据港口总体规划的特点和规划环评在我国环境影响评价体系中所处的地位和作用，港口总体规划环境影响评价的评价指标包括自然环境指标（水环境、大气环境、声环境等5个环境要素）、资源指标（水资源、岸线资源和土地资源等环境要素）、社会环境指标（交通、经济发展、基础设施等环境要素）。根据上述分析，初步筛选出资源、环境评价指标。

由于对于区域港口群规划处于高于建设项目的宏观层次，具有一定的动态发展性，所能提供的信息也是较宏观的，因此，规划环境影响评价的技术方法应该满足规划的不确定性和复杂性。目前在环境影响评价中采用的技术方法大致分为两大类型，一类是在建设项目环境影响评价中采取的，如，识别影响的各种方法（清单、矩阵、网络分析）、描述基本现状、环境影响预测模型等；另一类是在经济部门规划研究中使用的，可用于规划环境影响评价的方法，如，各种形式的情景和模拟分析、区域预测、投入产出方法、地理信息系统、投资—效益分析、环境承载力分析等，本节对以上两类的技术方法进行个别评价方法介绍。

（1）项目 EIA 的评价方法。虽然规划环境影响评价在评价的目标思路、方式方法及深度精度上都与项目环境影响评价有所区别，但两者在程序、基本思路上又有一定的相似性。因此，规划环境影响评价可借鉴传统项目 EIA 中的许多技术方法，如，环境数学模型法、类比分析法、环境影响清单、环境影响矩阵等方法。

（2）国外战略环境影响评价的方法。国外许多国家在战略环境影响评价上已积累较多的实践经验，并制定了这方面的法律。规划环境影响评价属于战略环境影响评价的一种，因此，港口总体规划环境影响评价也可沿用目前战略环境影响评价的方法，如模拟分析、区域预测、情景分析等方法。

（3）区域环境影响评价的评价方法。区域环境影响评价以区域发展规划为依据，港口总体规划也较为集中在某一区域，因此，港口总体规划环境影响评价与区域环境影响具有相通性。所以评价过程中，可借用区域环境影响评价中较为成熟的方法。如，地理信息系统、遥感、景观模拟、图形叠置等方法。

（4）DPSIR 模型评价方法。该方法是一种在环境系统中广泛使用的评价指标体系概念模型，它将表征一个自然系统的评价指标分成驱动力（driving forces）、压力（pressure）、状态（state）、影响（impact）和响应（responses）五种类型，每种类型中又分成若干种指标。

在具体的区域港口群与环境协调发展指标的筛选中，重点使用的评价方法也存在差异，应综合分析、调查，同时借鉴国内外港口环境影响评价研究、实际工作中的指标设置。首先从原始数据中筛选出评价信息，然后通过理论分析、专家咨询、公众参与初步确定评价指标，并在港口环境影响评价工作进展中根据实际情况补充、调整，最后完善成正式的港口环境影响评价指标体系。

2.7.2 区域港口群与环境协调评价指标构建的原则

区域港口群与环境协调评价指标构建应注重规划对区域、资源可持续发展带来的环境影响以及可持续发展系统内部层次的相互关系，指标体系建立得是否科学、合理、系统，直接影响到指标评价的质量和效果。因此，筛选和建立指标体系时应尽可能全面、系统地考虑问题，构建区域港口群与环境协调评价指标应遵循以下原则。

（1）科学性原则

一切科学研究都以科学性为基本要求，科学性也是建立一切指标体系的重要原则。指标构建要体现科学性，指标的设立要合理、概念要明确、定义要清晰，既能够反映项目的实际、本质和规律，又便于数据的采集和收集。要以科学性、合理性为基础，准确反映规划环评的内涵和要求，有利于使指标所反馈的信息能客观真实地反映系统的发展变化，以利于人们对战略规划的调整与控制。

（2）针对性与全面系统性原则

根据环境影响经济评价的内涵，在指标体系建立过程中要充分考虑港口建设项目的环境损失及其获得的环境经济效益。建立的指标体系应是一个完整的、系统的、全面的评价体系，层次结构要完整，整体评价能力强。评价指标应该同环境因素紧密联合，从而达到量化的标准。同时，指标的选取还应适应于全方位的需求，保证规划环评指标体系的针对性和全面性。

（3）层次性原则

环境协调评价指标涉及人口、资源、环境组成的符合系统作为研究对象，该系统具有较为复杂的层次结构，因而规划环境影响评价的指标设置也该满足层次性的要求。层次性原则要求环境协调评价指标应该具有明显的层次结构，有利于反映规划在不同层次的环境影响。

（4）可操作性原则

港口建设项目环境影响经济分析的目的是为政府宏观决策、优选项目服务的，因此建立的指标要具有较强的可操作性和实施性。我国目前的统计制度仍旧不完善，基层尺度数据统计不全面且时常未进行相关统计，导致科学研究难度加大。因此在构建港口规划环境影响评价指标体系的过程中，应当严格依据可操作性的原则，从可行性的角度出发进行指标的建立。提高规划环评指标体系的可操作性，也有利于减少工作时间，提高工作效率。

（5）定性与定量相结合原则

定量指标便于研究对象的分级及比对，但其指标在综合性和关联性方面不能显著表达，因而为了全面地保障评价的实施，还应该适当地运用部分定性指标与之进行综合评价，从而达到定性和定量两方面相结合的基本要求。

（6）独立与可比原则

指标层之间、指标之间可能会存在一定的联系，但要根据环境影响分析结果来归类，避免不同角度计量而导致指标之间的重叠，即一类指标代表一个实质性内容，具有相对独立性。同时，评价指标体系考虑项目的可比性，对于同类型的港口项目可以进行分级细化对比、分析，对于不同类型港口项目可以进行同级宏观对比、分析。

2.7.3 区域港口群与环境协调评价指标体系的涉及因素

环境协调评价指标体系的构建涉及区域港口群的生态环境质量、资源与能源利用、社会经济发展三个基准层，本节接下来对三个基准层涉及的因素进行展开。

（1）生态环境质量

港口规划包括港区码头的建设、临港工业的发展等多个方面的建设发展，规划对环境的影响主要体现在水、大气、声、固体废弃物及生态五个方面。

①水环境质量。

根据《港口建设项目环境影响评价技术规范》中的有关要求以及我国港口建设对水环境质量影响情况分析，港口岸线资源开发对水环境的主要影响表现为：水域疏浚工程引起底泥物质中营养元素的释放；含油污水；干散货堆场径流雨污水、冲洗水及渗漏含煤、矿污水等；洗箱污水；生活污水；开发区域对周边水动力条件的影响。

②大气环境质量。

港口规划环评的大气环境质量主要包括控制空气污染物排放以及区域空气环境质量保护。大气环境质量选取万吨吞吐量污染物年排放总量作为驱动力指标；压力指标主要为空气污染物的年排放量；选取区域空气污染物日均浓度、空气污染物影响范围、区域空气质量达标区范围和超标面积占区域面积的比例作为本评价指标体系的主要状态指标；大气环境质量响应指标选取大气主要污染物达标排放率。

③声环境质量指标。

声环境质量将有效控制区域环境噪声水平、提高声环境质量作为环境保护目标。在声环境质量指标的选取方面，未选择驱使力指标，其主要原因在于对评价区域的噪声压力很难用定量的形式予以表达。状态指标则主要包括港界昼夜噪声值、疏港道路昼夜噪声值、开发区域声环境达标范围、噪声超标面积占区域面积的比例。响应指标主要包括疏港道路噪声达标率、评价区域噪声达标率作为响应指标。

④固体废物。

港口规划环境影响评价中，固体废物所产生的环境影响是指评价区域内港口的生产、船舶生产及日常生活所产生的垃圾对于区域生态环境所造成的影响，在港口规划中危险废物带来的环境影响，应特别关注。固体废物管理的环境目标旨在尽可能地降低固体废物的产生率，提高固体废物的处理效率，使固体废物处理达到资源化与减量化。固体废物选取万吨吞吐量固体废物产生量作为驱动力指标；选取固废年排放量、人均固废产生量、危险固废年产生量作为压力指标；选取固废处理处置率、危废无害化处理处置率作为影响指标；选取生活垃圾分类收集和资源化利用率、固废综合利用率作为响应指标。

⑤生态环境质量。

生态环境质量保护目标应全面地反映港口区域生态系统的生态环境特征。选取港区与敏感目标的临近度作为驱动力指标；选取规划前后生物多样性指数比例作为压力指标，规划前后的植被覆盖率比例为状态指标；自然保护区的面积及其占区域总面积的比例作为影响指标；响应指标选择港区绿化率。

（2）资源与能源利用

我国有关对资源利用的政策要求港口规划必须注意资源利用。将土地、岸线、水资源开发利用水平、能源消耗水平等纳入评价体系范畴。这些指标值与我国行业目前港口各类资源利用水平及今后的发展政策有关。

①土地资源。

土地是人类进行建设活动及生活的基础，是极为珍贵的自然资源。然而土地资源并不是无限存在的，在人类活动及各种自然因素的多重作用下，会不断退化甚至丧失。港口规划对土地资源的影响主要表现在土地的占用及填海工程等对土壤、植被的破坏等方面。土地资源的驱使力指标选择开发区域对土地资源的占有量和对生态敏感区域的土地占有量作为评价指标，选择评价区域可利用后备土地面积作为状态指标，选择填海造陆的面积与开发占用的土地面积的比率和土地退化治理率作为响应指标。

②水资源。

港口生产主要是港区及船舶货物装卸作业的过程，水资源的供需在港口规划中是一个比较突出的环境问题。选择评价区域日均用水量作为水资源利用的驱使力指标，为反映开发区域水资源供给状况，选择区域人均水资源量作为状态指标；港区及临港工业用水循环利用率作为响应指标。港口规划一方面要考虑与当地部门协调合理的水资源区域调配，另一方面通过海水的综合利用、循环使用等措施减缓港口发展对城市水资源利用的压力，并且结合区域水资源条件，合理规划产业结构，实现节水、科学高效用水。

③岸线资源。

岸线资源是港口规划与发展过程中必须重点关注的问题，岸线资源能否可持续性利用将深刻影响着港口的开发建设能否可持续发展。在岸线资源可持续利用的驱使力指标选择上，选择开发的港口岸线资源占自然岸线的比例、开发的岸线资源占原有其他功能岸线的长度、开发的深水岸线占深水岸线总长度的比例作为评价指标；从可持续性的角度出发，对适宜建港岸线资源应予以合理的预留，作为未来港口发展的战略性资源储备，因此选择预留岸线长度作为港口岸线资源可持续开发的状态指标。

（3）社会经济发展

港口的发展具有其独有的发展模式和产业结构，评价一般选取相对性指标。如，经济发展层面选取产业经济密度作为港口发展现状的状态指标，选择港口总产值年均增长率作为响应指标；社会发展层面选取环保投资占固定资产投资的比例、对区域产业结构调整的贡献、对渔业生产的影响程度作为评价的响应指标。同时提高规划的管理要求。如，港口规划实施的环境管理要求、居民环境满意度等。要实现国民经济持续快速协调健康发展，必须创新发展和管理模式，环境投入和管理水平是一项重要内容。指标体系的建立可以揭示区域环境背景特点，体现港口环境负荷、资源利用和规划实施的管理要求，是规划评价的重要内容之一。通过建立和分析具体相关指标（包括量化和非量化的），并对这些指标进行可达性分析，规划评价工作才具有针对性和实效性，也有利于环境保护政策和具体技术措施的实施。

评价指标体系的合理性与完善性是港口岸线资源开发战略环境影响评价的关键所在。根据各地港口岸线资源的实际情况而建立完备的战略环境影响评价指标体系，对于合理评价港口岸线资源开发对环境造成的影响以及环境保护将起到积极而关键的作用。

2.8 港口群绿色技术相关理论

2.8.1 港口群绿色技术概况

绿色技术创新也称为生态技术创新，属于技术创新的一种，一般把以保护环境为目标的管理创新和技术创新统称为绿色技术创新。绿色技术创新是企业可持续发展的必由之路，加大绿色技术创新的力度，增加技术创新投入，对老旧设备、高污染、高排放工艺系统进行技术改造，必将为企业提供新的经济增长点，同时，也为人与自然的协同承担应有的责任。绿色技术、低碳经济已经成为潮流，港口发展也会更多地考虑节能环保。以节能环保、低碳发展为目的的绿色技术创新已为越来越多的人所接受，是今后我国港口发展的必然战略取向，突出抓好绿色港口建设将成为一种趋势，本节对四种港口群绿色技术进行介绍。

（1）高压岸电。高压岸电的实施有助于改善港口周围的空气环境，减少周围的水污染，树立企业的环境友好型企业形象；可以降低靠泊期间的用电成本和船舶自身发电设施的维护成本；优化能源结构，减少靠泊船舶辅助发电对环境的污染；确保高压船舶岸电系统的高利用率；探索出一套成熟的港船岸电项目业务合作模式。实现集装箱码头船舶高压岸电全覆盖建设，其内容主要包括：码头前沿桥梁改造，安装岸电箱式变压器，铺设高压电缆，合理分配岸电接线盒，满足船舶在港区任意泊位靠泊时接收高压岸电的供电需求，保证稳定供电。

高压岸电系统主要包括以下三大部分：岸上供电系统、电缆连接设备和船舶受电系统。岸上供电系统将港口高压变电站交流电变频、变压后，供应到靠近船舶的连接点。电缆连接设备是指连接岸上供电箱与船舶受电装置的电缆和设备，其应具有使用方便、连接快速以及电缆存储方便等特点。电缆连接设备可以安装在船舶上、码头上或者是驳船上。船舶受电系统是指在船上固定安装受电系统，主要包括电缆绞车、船上变压器和相关电气管理系统等。

高压岸电电源一般选择当地电网电力作为输入源，其输出过程需要进行相应转换，从而更好地满足不同船舶的需求。我国船舶电制基本上是380V/50Hz或440V/50Hz，而国际上船舶的用电频率主要是60Hz，电压基本上为6.6kV或440V。总的来讲，高压岸电的主变电站主要起到变频和变压的作用，然后通过码头上的电缆将其输送到码头的岸电箱，最终再把电力输送到停靠的船舶上。

目前，高压岸电系统主要有高—低—高和高—高两种变电方案（见图2.5和图2.6）。高压船舶与低压变频方案是高压船舶的电力系统电压等级为6.6kV/11kV。高压岸电系统输入电压为6kV/10kV，通过降压变压器可以把输入电压降至380V或690V，再由低压变频器将其由380V/50Hz或690V/50Hz转换为440V/60Hz的交流电，并且输出时通过升压变压器转换成6.6kV/11kV的船舶所需电压。降压变压器需根据实际情况来选择存放位置，其可以存放在停靠码头的驳船上或直接放在船舶上。高压船舶与高压变频方案的基本原理是：高压变频器可以将6kV/50Hz或10kV/50Hz的交流电转换成6kV/60Hz或10kV/60Hz，然后升压变压器将6kV/60Hz或10kV/60Hz转换成6.6kV/60Hz或11kV/60Hz，直接给船舶供电。

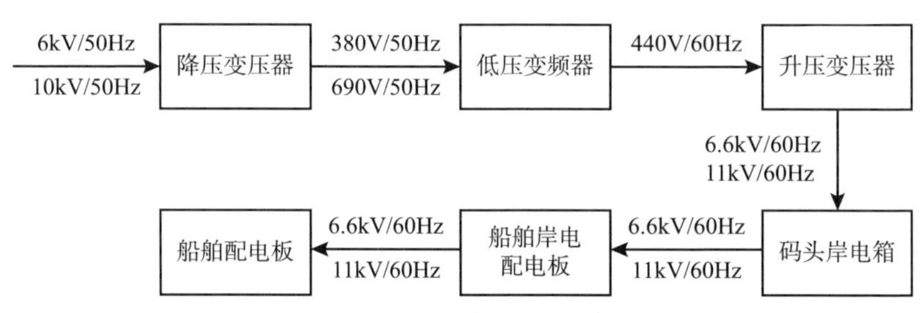

图2.5　高压船舶与低压变频方案

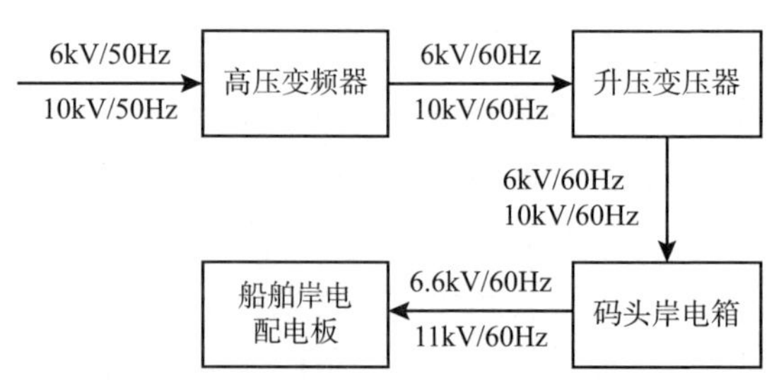

图2.6　高压船舶与高压变频方案

（2）RTG“油改电”。由于RTG采用柴油发电机组提供动力，采用间歇式工作模式，据有关港口的统计，RTG发动机启动后，真正用于装卸工作的时间只有41.5%，其他58.5%的时间为空耗，一台RTG每小时空耗的柴油就达15.0～15.5L，故存在能耗高、运行成本高、污染重、空耗大等缺点，而E－RTG的营运成本仅为柴油驱动RTG的1/3，且工作时产生的废气、噪声以及油、水的泄露少，大大节省了能源，降低了对环境的污染。

目前，集装箱RTG“油改电”方式主要有3种，即电缆卷筒、低架滑触线和高架滑触线。一是电缆卷筒方式。需在轮胎吊上增加一个电缆卷筒、供电电缆插头插座、供电选择开关等。轮胎吊正常工作时可采用市电供电。电缆卷筒方式是靠E－RTG携带电缆接电的一种取电方式。采用电缆卷筒方式供电的E－RTG的机构（设备本身）相对于滑触线供电方式的E－RTG更复杂（质量也会大一些），单机造价较高。二是低架滑触线方式。需通过在地面增设变压器、低架塔架、滑触线，轮胎吊上增设集电杆、供电选择开关等的方式对轮胎吊进行供电。低架是采用滑触线接电的方式，也是移动设备供电的一种常用方式。由于E－RTG接电位置的滑触线较低，故相对于高架而言称为低架。低架滑触线的立柱一般高3～4m。三是高架滑触线形式。受电方式类似于低架滑触线形式，基本与低架滑触线一样，只是由于E－RTG接电位置的滑触线较高，其优点是设备直线跨场作业无须断电。

就节能减排效果而言，上述3种方式效率几乎相同，只是电缆卷筒方案中随着使用电缆的加长，会造成较大的压降，功率损耗相对大一些。3种方式都使用市电电源，在正常使用电力供电时，三者都完全无废气及噪声排放，真正达到环保效果，一般港区会根据自身特点选取最适合的“油改电”方案。

（3）自动化集装箱码头系统。自动化集装箱码头是港口智能管理领域的重大创新，建设自动化集装箱码头系统也能促进绿色港口的发展。主要包括自动引导车、自动装载车和自动堆操起重机。半自动化集装箱码头分为开放堆场式和封闭堆场式。开放堆场式码头允许人员和车辆进入，多采用“带外伸臂轨道吊＋集卡”工艺系统；封闭堆场式码头禁止人员和车辆进入，多采用“自动化轨道吊＋跨运车”工艺系统。目前新建的半自动化集装箱码头多采用封闭堆场式。

世界上现已建成的全自动化集装箱码头多采用传统的“自动化轨道吊+跨运车”工艺系统。为提高系统整体装卸效率，新建码头大多进行工艺优化，例如，“岸桥+自动跨运车+自动化轨道吊”和“岸桥+带自顶升功能自动导引车+自动化轨道吊”工艺系统目前都有在建应用项目。

“自动化轨道吊+自动导引车”工艺系统，在岸边配置岸桥（多为双小车岸桥）负责船舶装卸，由自动导引车负责集装箱在岸边的水平运输，由自动化轨道吊负责堆场和集疏运集装箱装卸。此类工艺系统定位于实现集装箱码头的全自动化作业，其代表码头有ECT码头、CTA码头和Euromax码头等。“带外伸臂轨道吊+集卡”工艺系统在岸边配置岸桥负责船舶装卸，由集卡负责集装箱在岸边和堆场内的水平运输，由带外伸臂的轨道吊负责堆场集装箱装卸。此类工艺系统定位于实现集装箱码头的半自动化作业，其代表码头有中国香港国际货柜码头、韩进码头和高明码头等。“自动化轨道吊+跨运车”工艺系统在岸边配置岸桥负责船舶装卸，由跨运车负责集装箱岸边水平运输，由自动化轨道吊负责堆场和集疏运集装箱装卸。此类工艺系统的定位较全面，在适用于半自动化集装箱码头的同时，为全自动化集装箱码头预留技术改造空间，其代表码头有弗吉尼亚集装箱码头、釜山新集装箱码头和伦敦门户码头等。其他形式工艺系统除上述自动化集装箱码头工艺系统外，世界上还存在基于轨道分配系统和立库式堆场的工艺系统形式，但由于其技术成熟度和建设成本等问题，目前仍处于概念设计阶段。

（4）智能精确抑尘技术。将传统的人工洒水方式升级为智能计算机控制系统，通过光缆连接布置在设备附近的总线控制箱进行高效数据传输，实现智能洒水监控和管理。该系统的上位机可以实现对喷涂设备的实时监控和自动故障报警，并根据实际需要对喷涂设备进行手动或自动控制。此外，还能根据风速、时间等因素的变化实现自动控制，根据不同季节和场景自动调整喷洒设备。操作人员可以进行远程实时监控，大大降低了劳动强度和生产成本。

2.8.2 国内外港口能源系统工程概况

国外发达国家对于港口能源方面的研究主要体现在绿色港口，早在

2004 年，纽约—新泽西港开始执行港口环境管理体系，英国、澳大利亚、日本等国均有成熟的绿色港口建设经验。国外绿色港口的实践主要体现在规划和基础设施建设，开发使用清洁能源，对港口实行绿色管理。我国在港口节能发展方面也取得了一些成效，上海港、天津港、秦皇岛港、深圳港、青岛港等港口均开展了绿色港口相关方面的研究和应用，主要是环境保护、节能技术改造方面的工作，目前国内相关研究和应用主要体现在信息化和自动装卸等方面，管理先进的港口已有物流信息、生产管理、设备管理等信息化平台。

（1）国外港口能源系统工程案例

①美国洛杉矶港。

美国洛杉矶港是全美第二大港口，位于美国西南部加利福尼亚州西南沿海圣佩德罗湾的顶端，濒临太平洋的东侧。洛杉矶港包含 15 个散/杂货泊位、36 个集装箱泊位和 14 个油码头泊位。装卸设备包含各种岸吊、集装箱吊、浮吊、龙门吊、可移式吊、装卸桥及滚装设施等。其中，集装箱吊最大起重能力 40t，浮吊 350t，还包含直径为 150 ~ 300mm 的输油管，集装箱码头可堆放 2.5 万标准集装箱。港区最大曾靠泊 22 万 t 载重的油船，油罐容量达 50 万 t，露天堆场面积达 100 万平方米。

洛杉矶港已建设成为世界领先的现代化多功能电气化港口，港区内部包含各类工厂、企业和相关科研机构。2020 年，洛杉矶港投运 6 辆氢能源转运集卡，成为最先应用氢能源汽车的港口。在港口设备进行大规模电能替代和清洁能源替代后，洛杉矶港已成为以电力为核心，多种能源形式并存，能源系统与物流系统相耦合的港口综合供能系统典型代表。[①]

②丹麦埃斯比约港。

根据埃斯比约港的声明，其与丹麦劳工基金组织达成合作协议，后者将提供资金助力港口扩建。其中，8.5 亿美元的资金将用于港口海上风机生产基地产能的提升，项目预计 2027 年完成；1 亿美元左右的资金建设碳捕捉与封存、电能转换等基础设施，计划 2028 年投运；另外，还将利用约 7000 万美元资金推动港口道路交通、铁路交通等多重模式联合发展设施建设，加强埃斯比约机场与海陆交通的联系，这一规划预计将于 2032

---

① 资料来源：搜航网，http：//www.sofreight.com/port/detail？area_code = VS&code = VSLSA.

年实现。其余资金将用于推动绿色燃料发展以及提高物流灵活性。[①]

③埃斯比约港。

埃斯比约港地处欧洲北海区域，是支撑欧洲多国海上风电产业发展的主要基地之一。2023 年 1 月，埃斯比约港联合比利时、荷兰、德国等国的多个港口签署伙伴合作协议，希望解决港口容量不足给海上风电扩张带来的难题，同时共同推动欧洲国家海上风电场建设。

英国南部海岸的朴次茅斯国际港口（PIP）宣布，该港口将试行一种新的智能能源系统，该系统将包括一种新的储能解决方案。该系统将包含设计和建造一个双化学电池技术项目，这是为满足港口的要求专门设计的。该项目将与先进的管理软件协同配合，以实现帮助优化港口能源使用，减少排放和改善空气质量。该项目非常具有前瞻性，因为随着船舶使用更多的岸上电力和采用电力推进系统，港口的电力需求不断增长。因此，开发可以提供更多电力的系统，无须倚靠昂贵的电网升级是非常有必要的。

（2）我国港口能源系统工程案例

①天津港。

全球首个零碳码头智慧绿色能源系统在天津港并网发电。这是我国港口首个“风光储荷一体化”智慧绿色能源项目，标志着天津港绿色港口建设迈出新步伐，以全新模式引领行业绿色低碳发展。作为全球首个“智慧零碳”码头，码头装卸设备、水平运输设备、生产辅助设备等全部采用电力驱动，能源消耗百分百来源于“风光储荷一体化”系统，天津港充分利用港区优良风能和太阳能等新能源，建设分布式光伏及风电项目。目前，已投产风力、光伏发电系统装机容量达到 42.55MW，年发绿电约 9 000 万千瓦时；每年可减少碳排放约 7.5 万吨，相当于植树 21 万棵。全港绿电占比达 14%，居全国港口之首。同时，天津港采用先进能源监测技术，能耗较传统自动化集装箱码头下降 17%，率先实现在能源生产和消耗两侧的 CO_2 “零排放”。[②]

②秦皇岛港。

自 2015 年起，河北港口集团就开始加快船舶岸电等绿色低碳技术的

① 资料来源：李丽旻．中国能源报．欧美海上风电港口基建待升级．

② 资料来源：国务院国有资产监督委员会．www.sasae.gov.cn/n2588025/n2588124/c22316807/content.html.

推广使用，推进港口集装箱和 5 万吨级及以上干散货专业化泊位岸电建设。2017 年，交通运输部下发《港口岸电布局方案》，要求全国沿海和内河主要港口以及船舶排放控制区内港口，50% 以上已建集装箱、客滚船、邮轮、3 千吨级以上客运和 5 万吨级以上干散货专业化泊位，在 2020 年底前实现具备向船舶提供岸电的能力。按照方案要求，河北港口集团计划投资近 7 000 万元，在秦皇岛港东港区建设 8 套容量为 1 250 千伏安的多电制、分立式船舶岸电系统。2018 年 11 月，秦皇岛港排名前列岸电系统在煤五期 905#泊位成功为货轮连船并网供电，标志着秦皇岛港具备了高压岸电供电能力。[①]

③洋山深水港。

上海洋山深水港于 2005 年 12 月 10 日开港，位于杭州湾口外的崎岖列岛，包含小洋山岛域、东海大桥、洋山保税港区三部分，是全球最大的智能集装箱码头。目前，洋山港的主要港区已完成设备电能替代，部分港区已实现无人化作业。2016 年洋山港货物吞吐量达 7.02 亿吨，集装箱吞吐量 3 713 万标准箱，自 2010 年以来，连续 7 年保持世界第一。[②]

洋山港主要包括能源作业港区和集装箱装卸港区。能源作业港区包括液化天然气接收站和海底输气干线，每年可进口 300 万吨液化天然气。同时，洋山港还是远东最大的成品油中转基地，规划建设 1 900 米长的油品码头作业区，工程全部完成后可储存成品油 270 万立方米。集装箱装卸港区主要在北港区和西港区，规划深水岸线 10 千米，泊位 30 余个，可装卸世界最大的超巴拿马型集装箱货轮。多种货物种类、丰富的能源来源和极高的智能化运营水准使得洋山深水港成为我国绿色港口综合能源系统领域的先行者。[③]

④日照港。

日照港是我国第八大港口，是全球重要的能源、原材料和集装箱中转基地。港口主要承运的货物包含集装箱、矿石、木材、粮食、食用油、原油、天然气以及煤炭等。日照港年用电量超过 1 亿千瓦时，可折算为超过 4 万吨标准煤，2.7 万吨碳排放，同时具有燃油负荷，天然气

---

① 资料来源：河北交通运输厅 . http：//jtt. hebei. gov. cn/ityst/jtzx/mtjj/101595070310408. html.
② 资料来源：中国港口网 . http：//www. port. org. cn/info/2022/209844. html.
③ 资料来源：世界最大海上液化天然气接收站试运行 . 人民日报 . 2023 - 5 - 16，第 08 版 .

负荷和冷、热负荷。同时，日照港光照和风能丰富，设备的电气化改造潜力大，港口多种负荷需求具备耦合互补的条件，是合适的港口低碳化用能示范区。[①]

目前，日照港正在推动绿色低碳港口“十四五”规划。在能源供应侧，发展可再生能源和低碳能源；在能源消费侧，实现港口用能电气化和低碳化；最终构建多能耦合互补的综合能源网，形成港口智慧能源解决方案。通过分阶段在日照港投资光伏、风电、冷热电联供机组和储能设备，实现港口清洁电能替代；通过燃气重卡、电动重卡按照比例逐步投入使用，实现港口电能替代。

2.9 港口群绿色运作相关理论

2.9.1 港口群腹地集装箱运输系统的构成

自20世纪60年代以来，集装箱货物运输（container freight transport）由于其高效率、高效益和高安全性的特点逐渐在现代货物运输中被广泛应用，海上国际集装箱运输的大力发展标志着全球货物运输开始进入集装箱化时代。随着集装箱运输配套设施和现代管理的日益完善，集装箱多式联运逐渐兴起，这为实现货物的“门到门”（door to door）运输创造了条件。由于多式联运在高效节能、降低成本、安全可靠性和低碳环保等方面具有显著优势，自20世纪80年代以来，欧美国家逐渐开始大力发展多式联运和货物的集装箱化。

港口—腹地多式联运是指以港口为核心，将海运和公路、铁路等陆路运输方式相结合起来的多模式运输方式。在港口—腹地多式联运网络中，港口作为全球贸易运输的重要节点，承载着海陆中转的重要功能。在港口与腹地之间运输过程中，货物以集装箱为载体进行运输，实现运载工具的标准化，提高货物装卸效率。对于港口腹地集装箱运输系统，它是货物海

① 资料来源：日照市人民政府．日照市“十四五”海洋经济发展规划．2021－12－23.

上运输在内陆部分的开端或延续，其主要承担着内陆腹地城市和沿海枢纽港口之间的货运运输任务。表 2.2 对港口群腹地集装箱运输系统的构成要素进行阐述说明。

表 2.2　　　　港口群腹地集装箱运输系统的构成要素

组成要素	要素说明
运输服务主要参与者	a）托运人 托运人，也代表货主，其产生腹地货物运输需求；规划和组织货物运输过程，其主要决策任务是集装箱货物在内陆段的运输方式和运输路径的选择 b）承运人 承运人，为具体运输服务和任务的执行者。如公路运输企业、铁路运输企业和水路运输企业等，其主要任务是通过提供运输工具和运输服务将货物按时安全送达 c）服务设施管理者 服务设施管理者，指整个运输网络或服务设施的管理者。如沿海集装箱港口码头、内陆多式联运码头、内陆无水港和多式联运运输通道等的建设者和管理者；其主要任务是通过优化服务设施和运输通道从而提高自身或网络的服务水平 d）政府管理机构 政府管理者，指国家或地区政府以及行业行政管理部门等，其主要任务是通过行政手段、财政补贴措施、制定相关政策等、考虑运输的社会、经济和环境影响，促使其向着可持续方向发展
主要关系人	a）CY（cntr yard，集装箱堆场）：CY 仅指集装箱码头里的堆场，不可指其他地方的集装箱堆场 b）DR（door）：shipper 或 cNEE（consignee）的工厂或 W/H（warehouse，仓库）的大门 c）CFS（cntr freight station，集装箱货运站）：主要为拼箱货服务，它是 LCL 办理交接的地方。其主要职能为：对出口货，从发货人处接货，把流向一致的货拼装在柜中；对进口柜，负责拆柜并交货给收货人。大多 CFS 设在港口内或港区附近，少数设于内陆，称为内陆货站（inland depot）
运输服务设施	a）沿海集装箱港口码头 沿海集装箱港口码头，在国际集装箱多式联运中扮演着枢纽港角色，将货物运输的陆域部分与海域部分连接了起来 b）内河水路中转节点 内河水路中转节点，主要指内河水运港口，它是公水转运和铁水转运的关键节点，拥有陆水工程等相应配套设施，部分港口也配套有铁路进港设施，主要为集装箱货物提供装卸、中转、存储等服务 c）内陆铁路中转节点 内陆铁路中转节点，亦被称为“无水港”或“内陆港”，它是内陆地区具有替代港口服务功能以及能提供公铁转运服务的关键节点

续表

组成要素	要素说明
运输方式	a）公路运输：由公路运输企业提供运输服务 b）水路运输：由集装箱航运公司提供运输服务 c）铁路运输：由国家铁路局和港口当局提供集装箱班列运输服务
运输工具	a）集卡：可提供门到门服务，不适合长距离大批量运输 b）集装箱船舶：适合大批量长距离运输，安全性准时性差 c）集装箱铁路班列列车：适合大批量运输，安全性准时性高
运输组织形式	a）集卡直达运输：在海港与腹地之间使用集卡直接公路运输 b）公水联运模式：腹地与内河港口之间为短距离公路运输，内河港口与海港之间为长距离、大批量的水路集装箱船运输，因此海港与腹地之间形成公水联运通道 c）公铁联运模式：腹地与内陆无水港之间为短距离公路运输，无水港与海港之间为较长距离大批量的铁路班列运输，因此海港与腹地之间形成公铁联运通道
货物交接方式	a）门到门交接方式（DOOR—DOOR）：由发货人仓库将集装箱货物运至收货人仓库 b）门到场交接方式（DOOR—CY）：由发货人仓库将集装箱货物运至卸货港码头堆场 c）门到站交接方式（DOOR—CFS）：由发货人仓库将集装箱货物运至卸货港集装箱货运站或内陆货运站 d）场到场交接方式（CY—CY）：由装货港码头堆场将集装箱货物运至卸货港码头堆场 e）场到门交接方式（CY—DOOR）：由装货港码头堆场将集装箱货物运至目的地收货人的工厂或仓库 f）场到站交接方式（CY—CFS）：由装货港码头堆场将集装箱货物运至卸货港集装箱货运站或内陆货站 g）站到门交接方式（CFS—DOOR）：由码头集装箱货运站或内陆货运站将集装箱货物运至收货人的仓库或工厂 h）站到场交接方式（CFS—CY）：由码头集装箱货运站或内陆货运站将集装箱货物运至卸货港码头堆场 i）站到站交接方式（CFS—CFS）：由码头集装箱货运站或内陆货运站将集装箱货物运至收货人的码头集装箱货运站或内陆货站

注：根据《考虑碳排放的港口腹地集装箱多式联运网络优化研究》总结。

2.9.2 港口群绿色运作相关理论及方法

多式联运路径优化（multimodal transport path optimization）是多式联运运营服务网络优化（multimodal transport operation service network optimization）中的重点内容，其依托于实际建设的基础设施网络，综合考虑各种因素，对运输资源进行更加合理、有效的配置。路径优化是涉及运输组织学（transportation organization）、运筹学（operations research）、系统学（systems science）的综合研究方向。

国外学者如朱莉安娜·维尔加（Juliana Verga，2013）等提出了一种解决模糊环境下的多式联运路径选择的方法，以处理边缘成本的不确定性，并提出一种基于模糊最短路径和流量增量加载的算法，该算法是对贝尔曼—福特算法的改编，使其在原本的基础上能将不确定性因素定量处理，并且采用了适用于多式联运问题的 Sioux Fall 网络来验证此方法的效率。尼基达·库松苏瑞等（Nitidetch Koohathongsumrit et al.，2020）针对多式联运网络中的不同风险的大小，提出一个基于模糊风险评估模型（FRAM）、数据包络分析（DEA）和多准则决策（MCDM）的综合框架，从而为模糊环境下多式联运网络路线选择的风险预测提供依据。

国内也有不少关于多式联运服务路径方面的研究。例如，裴骁、芦有鹏（2020）等主要针对多式联运各参与者的不同偏好，从托运人、承运人和政府三个角度分析其需求和满意度，建立了基于综合满意度的联运网络模型，使运输路径设计规划能够被多个层面的参与者接受。温旭丽（2021）等综合分析轴辐式网络中的规模经济、运输成本、运输时间和能力限制，构建多式联运货运网络模型，证明集疏运通道的建设对运输网络的重要性。

在多式联运网络拓扑结构中，点和线是构成网络的基本要素，国内外学者对于多式联运网络拓扑结构的设计主要包含有直接连接（direct link）、通道走廊（corridor）、轴辐式（hub-and-spoke）、枢纽连通（connected hubs）、静态路径（static routes）和动态路径（dynamic routes）等类型。多式联运网络优化包含设施选址问题、枢纽选址问题、竞争选址问题等，本节结合国内外现有研究将相关理论研究划分为多式联运网络的战略规划层面和多式联运网络的战术规划层面两部分。

（1）多式联运网络的战略规划层面（strategic planning）

多式联运网络的战略规划层面主要解决网络中的枢纽选址问题和网络设计问题。

第一，枢纽选址问题的主要研究任务是确定多式联运枢纽节点的位置和数量以及非枢纽节点向枢纽节点的归并。针对该问题的基本模型主要分为了 P－中值问题、P－中心问题和覆盖问题；随着学者们对选址问题的深入研究，选址模型又发展出分层选址问题、选址—分配问题、多重覆盖问题、多目标选址问题和随机选址问题等一系列扩展模型。此外，根据非枢纽节点向枢纽节点的归并方式不同，枢纽选址问题又可以分为：单一指派问题、多指派问题、r 指派问题和分层级指派问题等。

第二，多式联运网络设计则与基础设施的配置情况有关，其包含多个方面的内容，最具代表性的是轴辐式网络设计模型及相关扩展模型，也有针对运输通道的网络布局优化问题。

（2）多式联运网络的战术规划层面（tactical planning）

多式联运网络的战术规划层面解决的问题主要有网络流规划问题和运输的服务网络规划问题。

第一，网络流规划是根据既定的网络结构和运输方式组成，综合优化网络中货流的移动，通常以总运输成本最小化为优化目标，优化的决策内容包含运输方式的合理组合和最优路径等。因此，多式联运网络路径优化是该问题中的一个重要方面，它可以看成是车辆路径问题的扩展延伸，求解算法上也与之类似，常见的求解方法有：精确算法类（如分支界定法、Dijkstra 法、序贯优化方法等）、启发式算法类（如遗传算法、蚁群算法、禁忌算法等）或使用高效的求解软件（如 Lingo、Cplex、Matlab 等）。

第二，服务网络规划则强调在多式联运网络中根据现有运输资源加入对运输服务的设计，即在运输路径优化的同时，决策者同时需要确定路径上运输服务的设计如服务频次、服务能力、服务时间或服务定价等。该类问题可分为静态服务网络设计和动态服务网络设计，后者在前者的基础上进一步加入对时间维度的考虑。该类问题的求解算法也是主要以数学模型精确求解和计算机模拟仿真手段来完成。

本章参考文献

［1］陈辉，朱星阳，孙汝笋，等．关于港口智慧能源系统建设和应用的思考［J］．船舶物资与市场，2019（10）：101－102.

［2］狄克逊（Dixon，J. A.）等主编，夏光等译．开发项目环境影响的经济分析［M］．北京：中国环境科学出版社，1990.

［3］董子健，沈连芳．北部湾港港口基础设施建设问题与对策［J］．合作经济与科技，2022（17）：12－14.

［4］范澈．基于可持续发展的环境承载力研究——以辽宁省为例［D］．沈阳：辽宁大学．2012.

［5］方然．港口群腹地集装箱运输系统网络优化配流模型［J］．水运管理，2003（7）：16－17，15.

［6］高宗祺，昌敦虎，叶文虎．港口城市发展战略初步研究——兼评“港兴城兴，港衰城衰”的发展思想［J］．中国人口·资源与环境，2009，19（2）：127－131.

［7］何迎鞠，美庭，邵超峰，等．天津绿色港口环境规划思路探讨［J］．环境保护，2007，380：69－71.

［8］李海波．港口碳达峰碳中和实现路径［J］．中国港口，2022（2）：5－9.

［9］李琪．我国港口节能减排评价指标体系研究［D］．大连：大连海事大学，2010.

［10］李向阳．港口规划的环境影响评价内容和方法探析［J］．水运工程，2008（9）：67－70.

［11］刘翠莲，刘健美，刘南南，等．DPSIR模型在生态港口群评价中的应用［J］．上海海事大学学报，2012，33（2）：61－64，93.

［12］刘翠莲，王鏇．我国港口绿色低碳发展中存在的问题及对策［J］．水运管理，2017（3）：21－24.

［13］刘伟，李黎明．生态型港口评价体系研究——以辽宁省生态港口群为例［J］．生态经济，2014，30（9）：118－120.

［14］刘叶，王磊．我国工业能源强度变动的影响因素分解分析——基于LMDI分解法［J］．中国矿业大学学报（社会科学版），2009：66－70.

［15］鲁渤，路宏漫．我国沿海港口群优化整合与环境协调策略研究［J］．物流研究，2020（2）：74－81.

［16］吕蓉，林建国，徐洪磊．港口规划环境影响力评价指标体系的研究［J］．海洋环境科学，2006，25（2）：38－39.

［17］吕蓉，林建国，徐洪磊．港口规划环境影响评价指标体系的研究［J］．海洋环境科学，2006（2）：92－95.

［18］毛显强，张胜．建设项目环境影响评价中的经济分析研究［J］.

环境保护，2004（8）：30 –32.

［19］潘鸿，李恩主．生态经济学［M］．吉林大学出版社，2010.

［20］裴骁，芦有鹏，张长泽．基于综合满意度的多式联运路径模型及其算法［J］．交通信息与安全，2020，38（1）：136 –144.

［21］彭传圣．港口碳排放核算方法——以新加坡裕廊港2010年碳足迹报告为例［J］．港口经济，2012，（7）：5 –9.

［22］邱婕．辽宁省港口群与生态环境协调发展研究［D］．大连：大连海事大学，2009.

［23］苏倩．港口可持续性发展初探［J］．中国水运（学术版），2007（4）：181 –182.

［24］邰能灵，王萧博，黄文焘，等．港口综合能源系统低碳化技术综述［J］．电网技术，2022，46（10）：3749 –3764.

［25］田鑫，杨柳，才志远，等．船用岸电技术国内外发展综述［J］．智能电网，2014，2（11）：9 –14.

［26］王本超，李丹，秦攀，等．基于Gamma分布的交通流时间序列分割模型［J］．大连理工大学学报，2020，60（3）：293 –299.

［27］王程．基于DPSIR模型的港口总体规划环境影响评价指标体系与应用研究［D］．南京农业大学，2018.

［28］王帆，黄锦佳，刘作仪．港口管理与运营：新兴研究热点及其进展［J］．管理科学学报，2017，20（5）：111 –126.

［29］王妮妮．中国港口节能减排“十三五”展望［J］．中国港口，2015：9 –11.

［30］温旭丽，陆燕楠，向星月．面向多式联运的货运网络优化模型构架与应用［J］．物流技术，2021，40（1）：67 –72，82.

［31］谢奔一，蒋惠园．企业生态位竞争战略的选择研究——以湖北省港口群为例［J］．管理现代化，2016，36（1）：48 –50.

［32］余景良，王正祥，邹鹏高，等．港口项目综合质量模糊评价［J］．广州航海高等专科学校学报，2007，15（1）：22 –25.

［33］袁裕鹏，袁成清，徐洪磊，等．我国水路交通与能源融合发展路径探析［J］．中国工程科学，2022，24（3）：184 –194.

［34］张剑，俞峰．港口生命周期及环境影响评价指标体系研究［J］．

中国水运（下半月刊），2011，11（1）：30－31.

［35］张进发．基于利益相关者理论的企业社会责任管理研究［D］．天津：南开大学，2010.

［36］张利国，张永林，程金香，等．港口总体规划环境影响评价指标体系研究［J］．环境工程技术学报，2022，12（6）：1809－1816.

［37］镇璐，诸葛丹，汪小帆．绿色港口与航运管理研究综述［J］．系统工程理论与实践，2020，40（8）：2037－2050.

［38］朱勤，彭希哲，陆志明，等．中国能源消费碳排放变化的因素分解及实证分析［J］．资源科学，2009，31（12）：2072－2079.

［39］Ang B W，Liu F L. A new energy decomposition method：Perfect in decomposition and consistent in aggregation［J］. Energy，2001，26（6）：537－548.

［40］Ang B W，Liu N. Negative-value problems of the logarithmic mean divisia index decomposition approach［J］. Energy Policy，2007，35（1）：739－742.

［41］Boyd G，McDonald J F，Ross M. et al. Separating the changing composition of US manufacturing production from energy efficiency improvement：A divisia index approach［J］. Energy Journal，1987，8（2）：77－96.

［42］Calafiore，G. Dabbene，F. Probabilistic and Randomized Methods for Design under Uncertainty［M］. Berlin：Springer London，2006：381－414.

［43］Dunrui L，Xu X，Shaorui Z. Integrated governance of the Yangtze River Delta port cluster using niche theory：A case study of Shanghai Port and Ningbo－Zhoushan Port［J］. Ocean and Coastal Management，2023，234.

［44］Guo Xu，Haidong Ren，Tao Jiang. Application of the Green Port Technology［J］. Journal of Physics. Conference Series 1920. 1（2021）：12071. Web.

［45］Hao，Congli，Yixiang Yue. Optimization on Combination of Transport Routes and Modes on Dynamic Programming for a Container Multimodal Transport System［J］. Procedia Engineering，137（2016）：382－90. Web.

［46］Koohathongsumrit，Nitidetch，Warapoj Meethom. An Integrated Approach of Fuzzy Risk Assessment Model and Data Envelopment Analysis for Route Selection in Multimodal Transportation Networks [J]. Expert Systems with Applications, 171 (2021): 114342. Web.

[47] Sifakis, Nikolaos, Theocharis Tsoutsos. Planning Zero-emissions Ports through the Nearly Zero Energy Port Concept [J]. Journal of Cleaner Production, 286 (2021): 125448. Web.

[48] Villalba G, Gemechu E D. Estimating GHG emissions of marine ports-the case of Barcelona [J]. Energy Policy, 2011, 39 (3): 1363 – 1368.

[49] Zhang, Hua. Research on Port Equipment Technology in Construction of Green and Low-carbon Ports [C]. 12302 (2022): 123024N – 23024N – 5.

第3章　区域港口群对环境的影响研究

3.1　港口对港区环境质量的影响

3.1.1　港口对近岸海域环境的影响

交通运输用海、海底工程用海、围海造地用海和特殊用海均涉及施工建设，如港口建设围填海会导致海域纳潮量减少、水质恶化、港湾淤积、海洋生态功能降低。还会占用海岸线，缩小和破坏生物的生存空间和觅食地。船舶航行及其产生的噪声、港池和航道清淤均会对海洋生物造成影响和破坏。

此外，港口船舶事故性溢油将会对海域生态环境造成毁灭性的影响。随着沿海地区发展速度加快，石化产业密集，港口运输繁忙，加上核电工业沿海岸线分布，导致其海洋环境巨灾风险明显加大，且风险源相对集中。大连新港“7·16”储油罐爆炸导致的原油泄漏引发的生态危机，以及天津新港危险品爆炸引发的环境灾害时刻为我们敲响警钟。

与此同时，疏浚挖出的废弃物可能成为污染源；航道和港湾的浚深可能改变水流和盐分，从而影响滨水产业。建筑物，码头、防波堤及其他建筑物可能造成一定水域的侵蚀或冲积；航道变化可能影响潮汐及海流的速度；对进港航道或港池的遮蔽可能造成复杂的波浪反射和回流；仓库、道路、货场等港口设施的建设对周围的水域有潜在的威胁。船舶排出物，压载水、舱底污水和生活污水的排放不仅直接影响港口水质，而且影响其上、下游；防止船底海生物附着的油漆或其他用于维护和清洁船舶的化合物对船底海生物有显著影响。货物泄漏，任何货物，尤其是有毒货物的泄漏，都会对环境产生很大影响；散货码头储存物的泄漏也会对环境产生很大影响。

港口所处的海湾和河口是生物生长、繁衍、回流的良好场所，而港口码头的建设使岸线和水动力条件发生了改变，从而对洄游动物、动物的产卵场和生长区产生影响，同时对水产养殖业、渔业也有影响，在一定程度上破坏了局部水域的生态环境；

另外，港口装卸作业产生的悬浮物、生活污水、油污水等，会增加局部水域的浑浊度、引起局部水体的富营养化，对水生物的生存环境造成一定程度的破坏。

远离大陆的海域其水沙环境受人类活动干扰较小，海床演变长期处于动态平衡状态，当外界条件稍有变化时，就会引起海域产生冲淤变化，而各种海洋工程建设正是引起新变化的主要因素，即海洋工程建设对水动力环境造成的影响。

研究表明，港口建设前后，工程前沿潮流走向变化不大，与岛边界走向一致，在岸线凹陷区域，在涨急、落急水流较大时段出现了明显变化；对泥沙运动和海底冲淤变化分析可知，波浪产生的沿岸流不会引起港口淤积，可不考虑，潮流可能引起港内淤积，淤积量较小。

对于田横岛、绿岛研究发现，码头建成前后水动力在码头区500m以外变化不大，在码头附近除围海造田减少了部分海域面积外，码头周围水域的潮流场和余流场产生变化，水动力减弱。码头附近海区水动力的变化将不利于附近海域污染物的输运，要加强码头区污染物排海的管理，保护好码头区水质环境。

海洋资源是人类赖以生存的自然资源的重要组成部分，除为人类提供海洋生物、海底矿产、油气等巨大的实物以外，同时其天然庞大的水体亦为人类提供了环境资源。水环境容量是指水体在规定的环境目标下所能容纳的污染物的最大负荷，其大小与水体特征、水质目标及污染物特性有关。近岸海域环境容量归根结底是一种水环境容量，其大小由所属海域水动力特征、近岸海域功能区划和污染物排放特征等共同决定。随着经济社会的高速发展，人们对近岸海域的资源利用日益增大，尤其是港口区的建设较为普遍，此类建设往往工程量较大，且涉及填海造陆，改变了局部近岸海域的天然岸线分布，一定范围内的海水潮汐、波浪等水动力特征将受到影响，进而影响环境容量。

研究表明，近岸海域港口工程的建设改变了海岸线形状，减弱了周边海域潮流动力条件，污染物扩散和迁移等作用减弱，环境容量变小。越靠近工程建设地点的海域，潮流动力减弱的效应越强，环境容量降幅越大；而远离工程建设地点的海域，由于工程建设对该海域的潮流动力特征影响有限，因此该处环境容量受影响很小。

3.1.2 港口对陆域环境的影响

港口是陆地和海洋之间的连接纽带，它在促进贸易和经济发展的同时，也对周边陆域环境产生了一定的影响。

第一，港口建设需要占用大量土地。港口包括码头、堆场、仓库等设施的建设，往往需要大面积的土地。这可能导致原有的陆域生态系统受到破坏，生物多样性减少。为解决这个问题，港口管理者可以选择合理规划港口用地，尽量保留和恢复当地的自然生态系统，例如通过植树造林、湿地保护等手段，达到生态保护与经济发展的双赢。

第二，港口运营会产生废水和废油等污染物。港口运输活动中，船舶排放的废水和废油，以及港口设施的日常污水处理排放，都可能对周边水体造成污染。为解决这个问题，港口管理者应建立完善的废水和废油处理设施，进行有效处理和排放控制。此外，加强监测和执法力度，确保港口企业合规运营，严禁非法排放和倾倒废弃物。

第三，港口活动会导致空气污染。港口装卸作业、运输工具的燃烧等过程都会产生大量的排放物，如 SO_2、氮氧化物、颗粒物等，对周边空气质量造成污染。为减少这种影响，可推行绿色港口建设和运营。例如，引入清洁能源供应，推广电动车辆和岸电供电系统，以减少对空气污染物的排放。此外，港口管理者还可以要求船舶使用低硫燃料，减少尾气排放。

第四，港口是生物入侵的潜在途径之一。随着国际贸易的发展，港口成为外来物种入侵的重要通道。这些物种可能通过船舶的压舱水、沉积物等方式带入港口，对当地生态系统造成破坏。为防止生物入侵，港口管理者可以加强物种监测和管理，建立检疫措施和生物安全制度。定期检查船舶压舱水和沉积物，及时清理和处理可能携带的外来物种，防范入侵风险。

第五，港口运营会产生噪声和振动。港口的机械设备、车辆和船只的启动、停靠和作业过程中会产生噪声和振动，对周边居民、野生动物和植物造成干扰甚至伤害。为减少噪声和振动对环境的影响，港口管理者应加强噪声和振动监测，采取相应的防护措施。例如，合理规划和设置港口设施，使用低噪声的机械设备，控制车辆速度和路线，减少噪声和振动的传播。

港口对陆域环境的影响主要包括土地利用、水质污染、空气污染、生物入侵以及噪声和振动。针对这些问题，港口管理者需要采取一系列的环境保护措施，包括合理规划用地、建设废水处理设施、推行绿色港口建设、加强物种监测和管理，以及控制噪声和振动等措施，以实现港口的可持续发展和生态环境的保护。同时，政府和社会也应加强监督和参与，共同推动港口行业的绿色发展。

3.2 港口对港区生态环境的影响

3.2.1 港口建设发展引发的主要生态问题

（1）对周边陆生生态系统的影响

港口建设需要占用大量的建设用地，需要将沿岸的陆地规划在内部使用，在建设施工的过程中，从安全性以及耐久性方面考虑，一般都会选择使用砌石、混凝土以及钢筋混凝土等硬度比较高的施工材料，但是这些材料还存在非常明显的负面影响，它们会将河流的平面形态直线化，河道的断面也会变得非常规则，从而使得周边自然环境无法实现有效的生物连续交替，水、空气、土壤和生物都被切断，这样的处理之后将破坏整个河岸沿线的生态环境，生态多样性也无法保证，从而带来非常严重的生态灾难。港口在建设投入使用之后，在对固体散货进行装卸、储存以及运输阶段不可避免地会存在有大量的粉尘、石油、散装液体化学品等危险型物质，这些物质会形成大量的挥发性气体，同时还会排放大量的污染物，并且港口中运行的大型机械设备、交通工具会产生强烈的噪声，这些都是生态污染的主要源头，给整个港口环境的污染带来了巨大的负面影响。

（2）对周边水域生态系统的影响

河流沿岸的自然属性必然会比陆地环境更为复杂，生态系统更加容易遭到破坏，也更加脆弱。港口建设投入使用之后，不仅会给整个港口所在地区的水文、泥沙等带来影响，还会直接影响潮流、波浪以及河道行洪等，防洪堤与其他任何的防护措施都会给整个地区的水体产生严重的影响，改变了潮流、波浪的影响，使得整个泥沙中淤泥和污染物迁移变化。港口建设完成之后，投入运营的阶段对于整个区域内生态系统最为严重的影响就是水质的恶化问题。港口船舶在运行阶段中很有可能会在无意之中向水域内部排放大量污染物，从而造成严重的水质污染，这是对于环境最为直接的影响。从具体来分析，港口环境的污染最为明显的就是底泥污染以及船只影响生物群落；在对船舶进行检修或者是打捞过程中，容易产生油品泄漏等污染状况；船舶运输中会导致一些废弃物的排放而造成水质的污染，还有一些因船舶失事而造成危险货物散落、渗漏等问题。

3.2.2 围海填海工程对港区生态环境的影响

大规模围填海直接改变海岸结构和潮流运动，影响潮差、水流和波浪等水动力条件；就河口而言，河口围垦后河槽束窄，潮波变形加剧，落潮最大流速和落潮断面潮量减少。大规模围填海活动直接改变港湾的水动力条件，使得水体挟沙能力降低、海湾淤积加速，进而导致岸滩的变迁。

研究表明，韩国灵山河口术浦沿海的围垦活动导致潮汐壅水减小、潮差扩大，并加重台风时的洪水灾害。利用海浪数值模式分析渤海湾内曹妃甸、天津港及黄骅港附近海域的波浪要素变化，结果表明，工程建筑物建成后有效波高减小，港池和潮汐通道内减小的幅度尤其显著。基于渤海水动力模型模拟集约用海对潮汐的影响，发现岸线变化导致黄河海港附近海域半日潮无潮点逐渐向东南方向偏移，莱州湾内半日潮振幅减小，三大湾的振幅均有所增强。模拟渤海湾围填海工程前后潮汐潮流及风浪特性的变化，结果表明，渤海湾含沙量分布呈现常动力条件下减小、强动力条件下近岸海域减小及建筑物前海域增大的趋势。采用数值模拟的方法从潮位、潮流、波浪和悬沙浓度四个方面预测黄河口、莱州湾海域的围填海工程对周边海域的影响，结果显示，在有工程遮挡的海域，波浪的有效波高减小、掀沙能力降低，工程附近海域悬沙浓度也有所降低。

围填海直接改变邻近海域的沉积物类型和沉积特征，原来以潮流作用为主细颗粒沉积区单一的细颗粒沉积物变为粗细混合沉积物，沉积物分选变差、频率曲线呈现无规律的多峰型，有的甚至将细颗粒沉积物全部覆盖，变成局部粗颗粒沉积物。吹填区域严重改变海底地貌，破坏海底环境，引起新的海底、海岸侵蚀或淤积。1984 年韩国西海岸瑞山湾围垦工程在湾口修建长达 8km 海堤，使得低潮滩沉积过程发生显著变化。

对辽东湾北部沉积作用的研究表明，人类活动是改变和再塑辽东湾北部现代沉积格局的重要影响因素，围填海重塑了海岸形态和空间分布格局，限制了沿岸浅水区物质参与现代沉积的能力并间接影响沉积速率变化、碎屑矿物的动力分异、重金属元素的富集和扩散。龙口大规模离岸人工岛建设对表层沉积物的影响特征表现为，大规模围填海工程的长期实施对粒径小于 63μm 的沉积物存在明显的搬运作用，而对粒径大于 63μm 沉积物搬运作用的影响较小。对曹妃甸近岸海区表层沉积物粒度和黏土矿物组成和分布特征的分析表明，围填海工程的长期实施对表层沉积物中较细颗粒的分布影响较为明显，伊利石、高岭石和绿泥石分布特征与围填海导致的水动力改变密切相关。

围填海工程降低海域的水交换能力和污染物自净能力，围填海形成的水产养殖、港口码头和临港工业等活动增大了海域内污染物的排放量，两种作用叠加致使近岸水环境和底泥环境污染持续恶化。

对渤海底层低氧区分布特征和形成机制的研究表明，低氧区具有南北“双核”结构，与双中心冷水结构基本一致，渤海中部海水季节性层化及其对溶氧的阻滞作用是低氧区产生的关键物理机制，低氧区产生是渤海生态系统剧变的结果和集中体现。

辽东湾北部浅海区底泥中砷元素含量较高，高值区分布在锦州湾及附近，锦州湾的底泥污染主要是由频繁的围填海活动和陆源污染物排海引起。对渤海湾围填海造成的重金属污染的研究表明，2011 年沉积物中，铜（Cu）、镉（Cd）、铅（Pb）的含量均比 2003 年偏高，重金属污染形势趋于严峻，铜、锌（Zn）、镉高值区集中在渤海湾的中部海域，铅高值区主要集中在近岸河口和渤海湾中部及南部。对集约用海的生态影响进行评价，发现莱州湾西部和南部近岸海域生境质量综合指数低于中部和东部，水质的主要污染因子是无机氮、活性磷酸盐和 COD。其中，无机氮的含量已超过海洋水质一类标准。对曹妃甸围填海区重金属污染及潜在生态危害进行评价，结果表明，围填海区附近海域表层沉积物中 5 种重金属的平均含量均高于渤海湾沉积物重金属背景值，表层沉积物中汞（Hg）为主要污染元素，具有较强的生态危害。

围填海工程占用大量沿海滩涂湿地，彻底改变了湿地的自然属性，导致其生态服务功能基本消失。沿海滩涂和河口是各种鱼类产卵洄游、迁徙鸟类栖息觅食、珍稀动植物生长的关键栖息地，围填海导致湿地生物种群数量大量减少甚至濒临灭绝，完全改变了生态系统的结构，生态服务功能严重下降。

研究表明：大连市大规模围填海致使近海湿地减损、生态系统退化、生物多样性降低；曹妃甸围填海工程占用滩涂湿地每年造成的生态多样性、气候调节功能、空气与水质量调节等生态服务功能损失达4 736 万元；潍坊北部沿海地区围填海造成的湿地生态系统服务功能价值损失为 1.02×10^4 万元/a，单位面积损失为 1.06 万元。针对黄河三角洲围填海活动对滨海湿地植被有机碳含量的影响研究发现，东营港和五号桩等围填海活动强烈的地区植被类型比较单一，围填海活动改变了植被生长的关键环境因子，并导致植被元素配比的变化。20 世纪 70 ~80 年代、90 年代和 2000 ~2010 年的围填海活动强度都超出了黄河三角洲湿地生态系统的承受能力，而且呈现为不断增加的趋势。

围填海工程海洋取土、吹填、掩埋等过程带来近海底质条件和海域底栖生存条件剧变，导致底栖栖息地损失和破碎化，底栖环境恶化，底栖生物数量减少，群落结构改变，生物多样性降低。对大连凌水湾围填海产生的悬浮物的环境生态影响进行分析，发现海底沉积物和海水水质变化使海域生态系统受到影响，众多的底栖生物、浮游生物因栖息和繁殖环境的变换而出现迁移、死亡甚至灭绝。岸线、滩涂、近岸浅海等栖息要素变化对渤海湾近岸海域大型底栖动物群落结构具有显著的影响，围填海工程引起的环境变化不利于软体和甲壳动物生存，导致物种数量减少和多样性的降低。围填海工程对底栖生物、浮游生物、鱼卵和仔稚鱼、游泳动物等海洋生物资源均有突出的影响。例如，毛蚶、四角蛤蜊被掩埋后表现出垂直迁移行为，随着掩埋深度增加，死亡率逐渐增加。随着悬浮物暴露时间的延长，幼鱼对悬浮物的敏感性逐渐增强。围填海加剧黄渤海底栖生物栖息地的减损、生物物种多样性的降低以及平均生物量和丰度的减少，而近海底栖生物栖息地减损和破碎化致使底栖动物分布格局也发生显著的变化。

海洋渔业资源是我国海洋经济持续发展的重要基础，但是，大规模围填海占用和破坏“三场一通”，与水环境污染、过度捕捞、气候变化等并列为渔业资源退化的主要原因。规模化围填海对海洋渔业资源的影响非常严重，主要表现在：工程建设引起海洋属性永久性改变，导致水质下降、底栖生境丧失、生物多样性和生物量下降，影响整个食物链，导致海岸生态系统退化；导致纳潮量减小，水交换能力变差，海岸带水动力、泥沙和盐分等物理场条件的显著变化，进而造成渔业资源产卵场、索饵场、越冬场和洄游通道（即“三场一通道”）等基本条件的萎缩甚至完全消失，高浓度悬浮颗粒扩散场对鱼卵、仔稚鱼造成伤害，对鱼类资源造成毁灭性的破坏；水动力和沉积环境变化导致物质循环过程改变，间接导致周边海域环境质量恶化、生态退化和生物资源损害。

曹妃甸填海工程对沿岸潮流与海流的影响巨大，特别是阻断浅滩潮沟，大幅度改变周围地形地貌和沉积物冲蚀淤积，造成海岸环境、生态和资源损害，甚至对整个渤海的物质输移和鱼类洄游也产生显著的影响。围填海使近岸水域中悬浮物质含量增加，水环境质量下降，导致近岸渔业资源退化。同时，由于对捕捞的限制，使得一些捕捞作业和增养殖产业被迫停止，这在一定程度上严重影响了当地渔民的经济和生活，使当地的渔业发展空间面临前所未有的转移压力。

科学合理的围填海活动可以为沿海经济社会发展提供大量土地资源，满足港口码头和临港工业的发展，提供养殖和盐田生产空间等，从而为当地带来新的经济增长点，促进区域经济的健康、多样化、可持续发展，提升地区的经济实力和社会发展水平。但盲目的、过度的、无序的围填海存在很多弊端，给传统产业、低碳型经济的发展带来巨大冲击，尤其是海洋养殖业、海洋制盐业、海洋运输业、海洋旅游业等。

例如，围填海占用养殖业和制盐业发展空间，并由于水动力条件改变和排放废弃物、污染物而导致海水中悬浮物浓度升高，水环境和底栖环境质量下降，浮游动植物数量锐减，严重影响养殖业产量和制盐业取水环境；围填海一般分布在近岸水域和河口入海处等浅海水域，而这些区域往往是航运功能非常突出的区域，围填海使海洋水动力条件改变，纳潮量明显减少，造成海湾和河口入海口泥沙淤积、港口淤积等，影响海运船舶的航行，造成航道功能下降，港口功能和经济效益受损，甚至不得不另择新港。

围填海导致海岸带和海洋自然灾害风险加剧以及生态环境脆弱性增强，资源环境承载力下降，经济社会系统与自然环境系统之间矛盾加剧等。围填海改变海洋水动力条件，造成泥沙淤积，近海浅水区消波能力减弱，加剧风暴潮等海洋灾害的破坏作用，并直接对近海防护工程造成较大的影响；水中悬浮物和富营养化物质浓度升高，周边海域水环境变差，赤潮、水母等生态灾害频发，海洋生物多样性和生态系统健康遭受巨大威胁。围填海打破了海陆依存关系的平衡，给海陆之间的协调发展带来阻碍，曲折的自然岸线变为平直的人工岸线，海湾及河口海域面积缩小，阻塞入海河道，影响洪水下泄，改变地表—地下间的水循环特征。

围填海侵占和破坏沿海的自然湿地，破坏动物的觅食地，导致许多珍稀物种濒临灭绝，很多有价值的滨海旅游资源被破坏；高污染、高重金属含量等有毒物质富集于贝类、鱼类当中，通过食物链富集，对人类的身体健康有很大的威胁。围填海导致海洋资源价值流失、不同利益相关方的矛盾加剧，容易造成社会不稳定因素：填海造地造成沙滩、滩涂等资源消失，许多渔民无法继续从事海洋渔业生产而收入明显减少。在剩余劳动力没有被妥善安置和转移的情况下，容易激化一定层面的社会矛盾；海洋资源管理涉及多个政府部门，在部门利益与管辖权方面往往存在分歧，容易引发部门与地区之间的矛盾与冲突。

3.2.3 外来物种入侵对港区生态环境的影响

外来物种入侵是指从其原产地引入新的生态系统中的物种，对新生态系统的生物多样性、生态功能以及当地物种的生存与繁衍能力造成威胁的现象。在港区生态环境中，外来物种入侵可能对生态系统造成严重影响，包括对当地物种的竞争和捕食压力、对生态链的破坏、对生境的改变等。

首先，外来物种入侵可能导致当地物种的竞争和捕食压力增加。一些外来物种具有较强的竞争能力和适应性，它们与当地物种争夺生存资源。如食物、栖息地和繁殖场所，导致当地物种数量减少甚至灭绝。同时，某些外来物种可能还会成为新的顶级捕食者，对当地物种造成捕食压力，打破原有的食物链平衡。这种竞争和捕食压力的增加可能会对港区生态系统的稳定性和物种多样性产生负面影响。

其次，外来物种入侵可能对港区生态链造成破坏。港区的生态链是由多个物种组成的相互关联和相互依赖的生态系统。当外来物种入侵时，它们可能直接或间接地与存在的物种相互作用，影响原有物种的繁殖、迁徙和食物链关系，导致生态链的断裂和扰乱。这将导致生态系统功能的改变，如降低水质净化能力、破坏栖息地和生境等，进而对港区生态环境产生深远影响。

再次，外来物种入侵可能改变港区的生境结构和特征。一些外来物种具有较强的适应性和快速繁殖能力，它们在新生态系统中可能找到适合生存和繁衍的条件，逐渐改变生境结构和特征。例如，某些入侵植物可能形成密集的单一物种群落，取代原有的植物群落，导致生境多样性降低；某些入侵动物可能改变土壤物理和化学特性，影响当地植被的生长和分布。这种生境改变可能使港区生态系统无法提供原有的生态服务。如水源保护、土壤保持和气候调节等。

最后，外来物种入侵可能破坏港区的生态平衡和生态稳定性。港区生态系统是一个复杂的平衡系统，受到各种生物和非生物因素的相互作用和调控。当外来物种入侵时，它们可能扰乱原有的生态平衡，并对生态系统的稳定性产生负面影响。例如，某些外来物种可能引起疾病传播，导致当地物种数量减少；某些外来植物可能释放有毒物质，对当地植物和动物产生不良影响。这种生态平衡的破坏可能导致整个港区生态系统的崩溃和功能丧失。

外来物种入侵对港区生态环境造成了重要的影响，包括对当地物种的竞争和捕食压力、对生态链的破坏、对生境的改变以及对生态平衡和稳定性的破坏等。为减轻这种影响，必须加强外来物种入侵的预防和控制工作，提高风险评估和监测能力，加强物种管理和管控，强化科学研究和技术支持，加强国际合作和信息共享，共同推动港区生态环境的保护和可持续发展。

3.2.4 航道开挖/疏浚对港区生态环境的影响

（1）河道生境影响

航道疏浚施工作业包括抛石、沉排、抛投透水框架等，会导致施工区域水生生境环境发生局部变化或消失，例如，河岸衬砌硬化，隔离了土体与水体，阻断了河道水域生物、微生物与陆域的直接接触，降低河道自净能力。此外，抛石、沉排还会增加河床糙度，形成河道水下障碍体，这些障碍体下面会形成湍流的尾流，长期会形成人工鱼礁效应，为洄游生物提供避让或栖息场所。

航道开挖和疏浚会导致水体的搅浑和混浊，使得浑浊物质悬浮在水中，导致水质发生变化。这些悬浮物质会影响水体的透明度和光合作用的进行，对水下生态系统的光合生产力和生物多样性产生影响。此外，悬浮物质还可能对水中的溶解氧含量、营养盐浓度和 pH 值等水质参数产生变化，对水生生物的生长和繁殖带来影响。

航道开挖和疏浚过程中，大量的底泥和沉积物会被搅动和悬浮到水中，形成悬浮物，产生沉积物悬浮物运移。这些悬浮物质可能会在水流的作用下运移至其他区域，导致沿岸和海洋沉积物的分布和组成发生变化。这种变化可能会对底栖生物的栖息地和食物链结构产生影响，并进一步影响渔业资源和生态系统稳定。

（2）浮游生物影响

航道疏浚作业的抛石、沉排等会扰动施工水域水体原有平衡，一方面会在短时间里提升施工水域悬浮物浓度，减少施工作业水域浮游生物的数量。航道疏浚作业所产生的悬浮物大多为黏性淤泥，会造成只能分辨颗粒大小的滤食性浮游动物因摄入过量泥沙而导致内部系统紊乱而亡。另一方面，作业水域悬浮物浓度升高会降低水体透光率，阻碍部分藻类等浮游植物光合作用，降低水域浮游植物总量，长期会影响以浮游植物为食物的鱼群数量。

（3）底栖生物影响

航道开挖和疏浚可能导致生态系统破坏。例如，当生态重要的栖息地（如珊瑚礁、海草床、湿地等）受到破坏或被直接掩埋时，生物多样性和生态功能可能受到严重损失。此外，航道工程活动也可能导致海洋生物的迁移和损伤，对鱼类、贝类、甲壳类等渔业资源的生产力和可持续性产生负面影响。

河道中一些栖息于石质和砂质滩地的生物相对运动能力较差，在航道疏浚施工作业期间的抛石、沉排等过程中会直接导致河床底部的底栖生物被掩埋，造成底栖生物数量和种群的减少。施工期对底栖生物的损失影响分为永久和临时占用，枯水平台以下的占用面积按照临时占用计算，损失量以3倍计算，枯水平台以上的按永久占用，损失量以20倍计算。航道疏浚工程对于水域环境的影响还包括鱼类数量和种群、珍稀野生动物等。此外，在分析环境影响的同时，还要具体计算并预测出污染源强现状，为后期做好环保工作提供现实基础。通常的航道疏浚污染物为悬浮物，挖泥、抛泥所产生的悬浮物源将根据《内河航运建设项目环境影响评价规范》（JTJ227－2001）所推荐的计算公式进行预测，预测不同作业方式所产生的悬浮物源强的总量。

3.3 港口对大气的影响

3.3.1 港口与船舶大气污染物类型

水运行业的繁荣发展在给我国带来巨大经济效益的同时，也加剧了航道沿线及周边港区的空气污染问题。船舶动力装置所引发的燃油消耗，不断地向大气中排放氮氧化物（NO_x）、二氧化硫（SO_2）、碳氢化合物（HC）、一氧化碳（CO）、挥发性有机污染物（VOC_s）及细颗粒物（PM）等有毒有害污染物以及二氧化碳（CO_2）等温室气体。

研究表明：船舶排放已成为继工业废气、机动车尾气之后我国第三大大气污染源，也是我国港口城市大气污染物的重要来源。根据《中国移动源环境管理年报 2019》，2018 年全国船舶排放 SO_2、HC、NO_x、PM 分别为 58. 8 万 t、8. 9 万 t、151. 1 万 t 和 10. 9 万 t，分别占全国非道路移动源排放的 98. 33%、11. 68%、26. 88% 和 24. 49%。

特别地，内河船舶活动区域往往毗邻城镇、村庄居住区，人口相对集中，且缺乏海港的海向扩散转移区域，其污染会直接影响城镇环境空气质量和陆域居民健康。通常，颗粒物由上百种挥发性和半挥发性物质凝结在碳核上形成的，过量吸入会导致身体炎症，并引起哮喘和心肺疾病。张艳等的相关研究表明，在上海，船舶对城市空气的影响主要是由内河船舶引起的，其污染物排放量约占船舶总排放量的 40% ~80%。NO_x 能引发咳嗽、呼吸道感染和气喘等症状，同时使肺功能下降，尤其是儿童，即使短时间接触 NO_x 也可能造成咳嗽、喉痛。此外，NO_x 和烯烃类碳氢化合物在强烈紫外线照射下会形成剧毒的光化学烟雾，对人眼部以及呼吸系统产生强烈刺激作用，并可能引发支气管炎和肺部感染。SO_2 易与水结合形成亚硫酸，对人的口鼻黏膜有强烈的刺激性，若空气中 SO_2 浓度过高，会引起呼吸困难、呼吸道红肿、胸闷等症状，且其遇到水汽后会形成硫酸烟雾，长时间停留在大气中，对人和环境造成更大危害。港口作业与船舶运输息息相关，随着水运量的增大，港口业务不断增长，港区作业带来的环境问题也进一步凸显。各类散货堆场在储存、作业中产生的扬尘现象对环境的污染日益严重，港口粉尘在大气环境中的迁移扩散构成了我国临港城市大气总悬浮物污染的主要成分之一；码头散装液体有机化学品和散装液体燃料油吞吐量的不断增长导致港口 VOC_s 排放量相应增大；港口作业机械以及集疏运车辆数量众多，相对的节能减排工作也面临着巨大的压力。

目前，船舶及港口大气污染物排放已成为我国近港区域大气污染的重要来源，随着陆地固定源、道路机动车排放逐步得到有效治理，船舶及港口大气污染物排放对区域大气环境和生态系统造成的影响日益凸显，船舶及港口大气污染防治工作也愈发引起学术界、政府和公众的重视，逐步成为新的研究热点。

3.3.2 船舶不同工况下的排放情况

对于排放清单的构建，涉及港口附近和港口内的船舶活动，包括进港、操纵、停泊和离港。将停靠在港口的每艘船舶的所有活动阶段及其各自的燃料消耗加起来，将得出港口海上作业的环境足迹的估计。这些数据既可以由港口当局提供，也可以由收集船舶位置和速度的 AIS 数据服务提供。主要活动可以通过船舶到达港口的模式和每次停靠的停泊时间来描述。港口倾向于发布有关其短期预期流量的报告，这些报告结合到访船只和停泊时间的综合数据集，可以用来获得港口内排放的全面分析。

船舶在内河航道航行和进出港口时，速度将会相应产生变化，当船舶速度不同时会产生不同航行状态，而船舶航行状态决定柴油机的运行状态。为使得大气污染排放清单计算结果更加精确和时空分布特征更加明显，需要针对不同航行状态下的大气污染物排放分别进行计算。美国长滩港排放清单研究中和 SmithTWP 等根据远洋船舶航行速度将航行工况分为四种不同行驶模式，分别为巡航状态（航速 > 12kn）、慢速状态（8kn < 航速≤12kn）、机动状态（1kn < 航速≤8kn）和停泊状态（航速≤1kn）。由于内河航道水文环境复杂，航道窄小、航速相对于远洋环境较慢等特点。本节根据获取的互联网公开 AIS 数据中的航行速度特征将本区域船舶航行状态分为以下四种：巡航工况、低速巡航工况、港内机动工况、系泊工况，各个航行工况的判定依据如表 3.1 所示。

表 3.1　　航行状态分类

航行工况	判定依据
巡航	航速 > 8kn
低速巡航	3kn < 航速≤8kn
港内机动	1kn < 航速≤3kn
系泊	航速≤1kn

京杭运河江苏段内河船舶大气污染物排放清单建立需要的船舶活动水

平数据主要为船舶各运行工况的活动时间、发动机负载因子等。船舶主要运行工况通常，船舶运行工况大致可分为泊岸行驶、正常航行、停泊三种；根据文献资料及相关海事人员的访问，对于京杭运河上航行的内河船舶，其完整的运行工况应包括出港、正常航行、等待进闸、进闸、等待出闸、出闸、进港、停泊等工况；各工况下，船舶的主、辅机运行状态如表 3.2 所示。

表 3.2　　运行工况与主机状态

运行工况		主机状态	辅机
泊岸行驶	出港	船舶启动，主机开启，船舶速度增至内河正常航行速度	部分辅机关闭，船舶用电主要来自蓄电池或主机带动发电机发电，蓄电池主要靠主机启动时带动发电机充电、太阳能电板充电；少部分使用辅机
	进港	船舶从正常航行减速至停靠状态，主机处于开启状态	
正常航行		主机运转平稳，船舶基本保持一定航速前行	
进出闸	等待进闸	船舶停泊在锚地，主机关闭，无大气污染物排放	
	进闸	进闸门开启，船舶依次排队进入闸口，该过程主机开启	
	等待出闸	进闸门关闭，船舶主机关闭	
	出闸	主机开启，船舶提速，转入航道正常航行	
停泊		船舶处于停靠状态，主机关闭，无大气污染物排放	部分船舶开启辅机，用于船舶用电；部分船舶辅机关闭，使用蓄电池或岸电供给船舶用电

船舶在不同的工况下会产生不同的排放情况。以下是一些常见的船舶工况及其排放的情况。

（1）巡航工况

在航行时，船舶主要通过燃烧燃料来提供动力。此时，船舶排放的主要污染物包括氮氧化物（NO_x）、二氧化硫（SO_2）、悬浮颗粒物（PM）和一氧化碳（CO）。排放量的大小取决于船舶的燃料类型、燃烧效率和负荷等因素。

（2）港口工况

在港口停泊期间，船舶通常需要保持运行以维持电力供应、空调系统等。此时，船舶可能会使用较高硫含量的燃料或者通过发电机组燃烧液状燃料。因此，在港口工况下，船舶排放的二氧化硫（SO_2）和颗粒物（PM）的含量通常较高。

（3）启停过程

船舶在启动和停止发动机时，排放的污染物浓度通常会较高。这是因为在启动过程中，发动机处于非稳态工作状态，而在停止过程中，未完全燃烧的燃料和碳残留可能会排放到大气中。

（4）加油和货物装卸工况

在加油和货物装卸过程中，船舶可能会释放出挥发性有机化合物（VOC_s）。这些化合物可能对空气质量产生负面影响，并且一些 VOC_s 还可能具有毒性和致癌性。

需要注意的是，船舶排放情况的具体影响因素很多，包括船舶类型、引擎技术、航行速度、使用的燃料等。为了减少船舶的大气污染排放，在设计和操作船舶时，需要考虑采用更清洁的燃料、使用排放控制装置、推广岸电供应以及严格遵守相关的环保法规和标准。

为了减少船舶的排放对环境的影响，国际海事组织（IMO）和各国政府制定了一系列的船舶排放标准和控制措施。例如，IMO 的国际公约规定了船舶的排放限值，并要求船舶使用低硫燃料或采取其他减排技术。此外，一些地区和港口也制定了更为严格的排放标准，要求船舶在进入港口时进行尾气和废水处理，以减少对周边环境的影响。

3.3.3 港口不同作业流程下的排放

一旦船舶停泊，根据码头和船舶类型，在港口进行一系列装卸货物和乘客上下船的操作。当涉及滚装码头时，车辆需要快速从船舶移动到堆场，反之亦然，而拖车需要通过专门的堆场设备或卡车拖车组合来移动。在集装箱码头的情况下，由于需要更多的堆场设备，堆场操作更加复杂。斯托普福德（Stopford，2009）将码头定义为由几个泊位组成，每个泊位由一台或多台能够吊起重达 40t 集装箱的船到岸（码头）起重机提供服务。这些起重机通常安装在轨道上，沿着码头移动，相对于停泊的船舶定位在所需的位置。它们按起重能力和可处理的货柜船的最大尺寸进行分类。主要种类有巴拿马型起重机（可以处理 12～13 个集装箱宽的船舶）、后巴拿马型起重机（18 个集装箱），以及超级后巴拿马型起重机（可以处理 25 个集装箱），以处理最大的集装箱船。

集装箱码头需要较大的储存空间来存放可能在港口停留数天的集装箱。理想情况下，堆放集装箱的地方应该靠近泊位，以便快速卸货。这个区域通常被称为堆场，集装箱被存放在多层堆叠中，对于面积资源非常有限的港口来说，最多可以达到 12 层集装箱（例如中国香港）。码头和堆场之间的运输因港口的大小、吞吐量和可用资源的不同而不同。最常用的机械是叉车、前移式堆垛机、底盘拖车、跨式运输车和自动导向车辆（AGV）。一旦码头起重机将集装箱从船上卸下（在底盘和 AGV 箱中，集装箱被放置在平台顶部），这些车辆就会拾取集装箱，并将其移动到靠近存储堆栈的地方，反之亦然。货物装卸设备需要在堆垛处水平和垂直移动集装箱（集装箱重新洗牌）。

典型的机械包括：

橡胶疲劳门架（RTG），它是灵活的，但对路面造成高负荷。

轨道安装龙门（RMG），更适合于更大的堆栈，但更昂贵。

自动化堆垛起重机，虽然购买和维护成本昂贵，但降低了人工成本。

运往内地的货柜必须先从堆场的货柜堆移至内地的货柜堆，然后才会登上机车或重型货车。堆场内的这些动作通常由堆垛起重机完成。

最后，（或第一个过程）发生在出口集装箱离开港口前往内陆目的地的大门，而进口集装箱分别到达。最繁忙的航站楼使用先进的信息技术，以减少登机口的拥堵和卡车的等待时间。闸门的操作是大多数污染物种类产生的重要贡献者。

在上述所有移动容器的过程中，都需要大量的能量。这种能量的来源取决于所使用的设备，以及它是否消耗化石燃料（如柴油发动机），依赖电网提供的电力，还是混合系统。能源需求的估计可以通过分析计算来完成，这些计算是基于集装箱从一个地方到另一个地方的水平和垂直运动，使用基本的能量模型（设备规格、集装箱质量、运动速度和高度差是必要的输入）或使用仿真工具。

港口中的不同作业流程会对船舶排放产生影响。以下是港口不同作业流程下可能产生的排放情况：

（1）船舶装卸货物

在船舶装卸货物的过程中，可能涉及起重机、运输设备和货物搬运机械等机械设备的使用。这些设备通常由柴油发动机驱动，因此在操作过程中会排放氮氧化物（NO_x）、颗粒物（PM）和一氧化碳（CO）等污染物。

（2）船舶加油

当船舶需要加油时，燃料的供应通常通过油轮或加油船进行。在加油过程中，挥发性有机物（VOC_s）和其他气态污染物可能会释放到空气中。这些污染物对空气质量有一定影响。

（3）冷藏舱操作

在港口进行货物冷藏舱的操作时，通常需要使用冷冻设备和制冷剂。如果设备老化或维护不当，可能会导致制冷剂泄漏。一些制冷剂，如氟利昂（HCFCs）和氢氟烃（HFCs），属于温室气体，对大气臭氧层产生破坏性影响。

（4）港口供电

为了减少港口内的船舶排放，一些港口提供岸电供应系统，使船舶可以在靠泊期间使用岸上电源而不需要发动机运行。这种供电方式可以降低船舶的二氧化碳（CO_2）和有害气体排放。

为了减少港口作业过程中的污染物排放，可以采取一系列措施。如使用低硫燃料、安装排放控制设备、维护设备的良好运行状态和定期检查制冷设备以防止泄漏等。此外，推广岸电供应系统也是减少船舶排放的有效方式之一。这些措施有助于改善港口环境，并减少船舶在不同作业流程下的排放。

现阶段，我国还未充分意识到船舶排放的危害以及对大气污染治理的重要意义，目前存在的主要问题包括以下几个方面：

（1）管理体制混乱，职能划分不清。目前，围绕船舶污染，所牵涉的部门众多，虽然目前对每个部门的职能进行了划分，但还是存在重叠的现象，导致“谁都管、谁都不管”的局面。例如，环境保护部和国家海洋行政主管部门均具有对海洋环境监督管理的职能，但是其主导和牵头部门并没有划分清楚。

（2）港口和船舶大气污染物排放总量底数不清。机动渔船量大面广，大气污染物排放不容忽视，但受国内整体发展水平制约以及管理方式不同的影响，机动渔船管理水平较低，机动渔船大气污染防治工作尚属空白。仅少数城市开展了排放清单研究工作，尚未掌握全国船舶和港口大气污染物排放总量及其影响。

（3）我国国内船舶排放控制区与国际排放控制区（ECA）仍有较大差异。目前，国际海事组织（IMO）已批准设立波罗的海、北海、北美和加勒比海 4 个硫氧化物排放控制区，从 2015 年 1 月 1 日起，进入上述区域的船舶应使用硫含量不高于 1 000ppm 燃料。而我国国内船舶排放控制区全面使用硫含量不高于 5 000ppm 燃料的时限，仅较国际防止船舶造成污染公约（MARPOL 公约，我国等 150 多个缔约国海运吨位总量占全球的 98%）附则 VI 要求的全球实施时限（2020 年 1 月 1 日）提前 1 年，且未提出氮氧化物排放控制要求。

（4）船用燃料质量监管问题突出。尽管《大气污染防治法》要求，内河和江海直达船舶应当使用符合标准的普通柴油。另外，从今年起珠三角、长三角、环渤海（京津冀）水域船舶排放控制区开始实施低硫燃料控制要求，低硫燃料供应和质量监管必须出台配套政策。目前，我国船用燃料油生产准入门槛低、原料油来源复杂、难以保证油品质量，市场尚待规范，监管任务量大，监管手段不足。

（5）污染防治基础设施不足，利用率较低。目前，不少港口的船舶污染物接收处理、粉尘防治、油气回收、污染监视监测、污染事故应急处置等的设施、设备和器材尚不满足需要；同时也缺乏有效的船舶与港口环境监测、能效监测系统等。由于技术水平的限制，设立的岸电等基础设施的利用率不高，造成了资源的浪费。

本章参考文献

[1] 曹亚丽. 典型区域船舶及港区大气污染物排放清单及特征研究[D]. 上海大学，2021.

[2] 曹志玲. 外来物种随跨境携带物及邮寄物非法入侵的危害分析[J]. 质量安全与检验检测，2021，31（5）：53－55.

[3] 陈晓慧，张剑利. 海域使用对近岸海域环境的影响——以海南岛

为例［J］. 海洋开发与管理，2014，31（7）：97－99.

［4］冯德新，郭衍锋. 耙吸船在航道疏浚工程的主要环境影响及预防措施［J］. 大众标准化，2023（11）：121－122，128.

［5］付卫东，黄宏坤，张宏斌，等. 我国外来入侵物种防控标准体系建设现状及建议［J］. 生物安全学报，2022，31（1）：87－93.

［6］郝文彬. 港口区建设对近岸海域环境容量的影响［J］. 企业技术开发，2016，35（8）：64－65.

［7］何晨昕，罗雪琴. 生态修复技术港口建设中的运用［J］. 中国水运，2018（11）：70－71.

［8］康启兵，徐晓峰. 航道疏浚工程水域环境影响评价与对策［J］. 环境与发展，2017，29（5）：41－42.

［9］柯耀炜. 近岸海域污染控制与环境保护策略分析［J］. 资源节约与环保，2022（5）：16－19.

［10］李丽平，李媛媛，高佳. 美国船舶和港口污染防治经验及对中国的建议［J］. 环境与可持续发展，2017，42（5）：111－115.

［11］李学峰，岳奇，胡恒，等. 围填海活动的海洋环境与生物资源影响及对策建议［J］. 海洋开发与管理，2023，40（2）：105－114.

［12］刘秋菊. 围填海工程对周边海洋环境的影响评价研究［J］. 中国高新科技，2023（9）：111－112，124.

［13］龙浪. 港口与航道工程施工的生态影响及对策研究［J］. 珠江水运，2022（24）：63－65.

［14］吕赫，张少峰，宋德海，等. 基于大规模围填海和陆源排污压力下的广西钦州湾环境容量变化及损失评估［J］. 海洋学报，2023，45（2）：139－150.

［15］罗佳彤. 中国外来物种入侵的危害与应对策略——以加拿大一枝黄花为例［J］. 热带农业工程，2023，47（3）：159－161.

［16］宿兵. 基于整体性治理理论的外来物种入侵口岸防控研究［D］. 上海海关学院，2023.

［17］谭建平. 基于 AIS 的区域船舶大气污染排放清单及时空分布特征研究［D］. 重庆交通大学，2023.

［18］田亚. 港口航运作业污染物对生态环境影响分析［J］. 中国航

务周刊，2023（18）：51－53.

［19］王任超，张功瑾．围填海影响下澳门潮波特性时空变化分析［J］．人民珠江，2023，44（2）：76－80，114.

［20］谢军，庄福来．浅谈航道建设对海洋生态环境的影响及预防对策［J］．江西建材，2017（18）：164－165.

［21］于长俊．港口与航道工程施工的生态影响及对策研究［J］．水上安全，2023（6）：43－45.

［22］袁道伟，娄安刚，李凤岐，等．田横岛、绿岛码头建设对附近水域水动力影响数值研究［J］．海洋科学，2003（12）：62－65，70.

［23］张功瑾，罗小峰，路川藤，等．围填海工程对澳门及附近海域水动力影响研究［J］．海洋工程，2022，40（4）：34－43.

［24］张云，龚艳君，张笑，等．张家山岛码头建设对近岸海域水动力环境影响的数值研究［J］．环境保护与循环经济，2018，38（6）：27－33，38.

第4章　区域港口群污染物排放测算模型研究

4.1　主要港口类型与污染排放类型

码头基本上是港口内的设施，提供几个泊位来处理船只和交换货物和/或乘客。一个港口可能有许多不同类型（和大小）的码头，每个码头都有一个主要的运营商负责各种操作。码头由干湿基础设施、上层建筑、货物装卸设备和人力资源组成。湿基础设施被定义为港口盆地，其中有一个或多个泊位可以接收船只。储存区的路面、码头内的道路、起重机轨道和排水系统的基础都是干式基础设施的一部分。上层建筑是指航站楼内的建筑物、棚屋和所有其他有盖的存储空间。货物装卸设备和人力资源因码头类型和规模而异。因此，主要的类型可分为以下几种：滚装码头、液体散货码头、干散货码头、轮渡码头、多用途码头、集装箱码头。

港口运营的不断增长导致处理的吞吐量增加，进而加剧了其对环境的负面影响。近年来，港口运营对环境产生的直接和间接影响已成为环境监管机构、托运人和港务局一直努力解决的焦点，主要的环境问题包括空气和水污染，以及港口运营所带来的能源需求增加所引发的问题，其中包括噪声和光污染，以及化石燃料排放的影响。

压载水的排放、港口的疏浚作业、废物的处置和溢油都可能造成港口附近水域的污染。大型船只的压载舱里装有大量的水，用来稳定船只。当货物被移走时，船泵入水以补偿货物重量分布的变化。货物装载后，压舱水即被排出。当压载水在不同地区排放时（在一个港口泵入，在另一个港口释放），就会出现环境问题；它可能导致非本地物种的无意入侵。这些微生物会破坏水生生态系统并造成健康问题。类似的问题也可能发生在非土著生物通过船体污染的运输过程中。当进行疏浚作业以增加港口的深度时，水生环境也会受到负面影响。

船舶、货物装卸设备和港口上层建筑改变了港口周围环境的外观，造成了视觉上的侵入或审美上的污染。再加上港口作业时产生的噪声，以及夜间作业时的照明污染，这些都对附近居民造成严重的负面影响，特别是在睡眠不足和压力增加方面。噪声是当今交通运输的一个严重问题，尤其是来自飞机的噪声。为解决机场运作的噪声问题，当局采取了各种策略。例如，改变飞机进入机场的方式，更陡峭的下降以尽量减少对居民的影响，以及在飞机发动机上采用新技术。然而，对于港口来说，噪声污染的主要来源是码头和内陆作业，而不是船只本身。港口作业的另一个非常不同的环境问题是海上运输对海洋哺乳动物的噪声影响。

港口的空气污染是车辆和货物移动（船舶、货物装卸设备）的结果，并具有当地和全球的后果。排放了各种不同类型的污染物，其中一些影响当地的空气质量，而另一些则是气候变化的强制因素。目前，处理空气污染物是港口、托运人和监管机构试图通过大多数现有政策和港口举措来解决的最紧迫的问题。

4.2 港口与船舶大气污染物排放清单

我国是一个水网密布、湖泊众多、航运资源丰富的国家。水路运输具备运输装载量大、运输成本低、能源利用率高、对环境影响相对较小、占用土地资源较少等优点，已在我国交通运输体系中起着不可替代的作用，与公路、铁路、管道以及航空运输共同构成了我国的综合运输体系。

水运行业的繁荣发展在给我国带来巨大经济效益的同时，也加剧了航道沿线及周边港区的空气污染问题。船舶动力装置所引发的燃油消耗，不断地向大气中排放氮氧化物（NO_x）、二氧化硫（SO_2）、碳氢化合物（HC）、一氧化碳（CO）、挥发性有机污染物（VOC_s）及细颗粒物（PM）等有毒有害污染物以及二氧化碳（CO_2）等温室气体。研究表明：船舶排放已成为继工业废气、机动车尾气之后我国第三大大气污染源，也是我国港口城市大气污染物的重要来源。

特别地，内河船舶活动区域往往毗邻城镇、村庄居住区，人口相对集中，且缺乏海港的海向扩散转移区域，其污染会直接影响城镇环境空气质量和陆域居民健康。通常，颗粒物由上百种挥发性和半挥发性物质凝结在碳核上形成的，过量吸入会导致身体炎症，并引起哮喘和心肺疾病。张艳等的相关研究表明，在上海，船舶对城市空气的影响主要是由内河船舶引起的，其污染物排放量约占船舶总排放量的40%～80%。NO_x 能引发咳嗽、呼吸道感染和气喘等症状，同时使肺功能下降，尤其是儿童，即使短时间接触 NO_x 也可能造成咳嗽、喉痛。此外，NO_x 和烯烃类碳氢化合物在强烈紫外线照射下会形成剧毒的光化学烟雾，对人眼部以及呼吸系统产生强烈刺激作用，并可能引发支气管炎和肺部感染。SO_2 易与水结合形成亚硫酸，对人的口鼻黏膜有强烈的刺激性，若空气中 SO_2 浓度过高，会引起呼吸困难、呼吸道红肿、胸闷等症状，且其遇到水汽后会形成硫酸烟雾，长时间停留在大气中，对人和环境造成更大危害。

港口作业与船舶运输息息相关，随着水运量的增大，港口业务不断增长，港区作业带来的环境问题也进一步凸显。各类散货堆场在储存、作业中产生的扬尘现象对环境的污染日益严重，港口粉尘在大气环境中的迁移扩散构成了我国临港城市大气总悬浮物污染的主要成分之一；码头散装液体有机化学品和散装液体燃料油吞吐量的不断增长导致港口 VOC_s 排放量相应增大；港口作业机械以及集疏运车辆数量众多，相对的节能减排工作也面临着巨大的压力。目前，船舶及港口大气污染物排放已成为我国近港区域大气污染的重要来源，随着陆地固定源、道路机动车排放逐步得到有效治理，船舶及港口大气污染物排放对区域大气环境和生态系统造成的影响日益凸显，船舶及港口大气污染防治工作也愈发引起学术界、政府和公众的重视，逐步成为新的研究热点。

4.2.1 港口与船舶大气污染物信息采集

船舶与港区主要大气污染源基本静态信息与活动水平信息的精细划分与准确获取是建立高时空分辨率大气污染物排放清单的基础。本节针对我国内河船舶静态信息、活动水平数据获取难度大的问题，探究建立了东渡港区船舶清单全口径数据结构，并进行翔实的船舶活动水平数据和基本信息数据调研，最终获取了高准确性的东渡港区船舶基本静态信息及活动水平数据；针对沿海区域船舶，采取与既有研究成果相同的获取方式——海事 AIS 系统，获取了翔实的东渡港区船舶信息；对于港区主要大气污染源，基于问卷调查、现场调研、部分参数实测、文献调研等多种方式获取了相关静态信息与活动水平信息；以期为后续排放清单的精确构建提供数据支撑。

（1）区域船舶静态信息及动态活动水平信息

①静态信息。

船舶数量与类型。根据对厦门海事局进出东渡港区船舶签证信息的统计与分析，2017 年进出港区船舶艘次共计 13 963 艘次，无内河船舶。通过分析，本节将东渡港抵港船舶分为散货船、普通货船、集装箱船、油船、拖船以及其他船舶 6 类。在 2017 年抵达东渡港区的船舶中，集装箱船艘次数量最多，占总抵港船舶艘次的 50. 05%，其次为普通货船和散货船，占比分别为 30. 84% 和 11. 39%，油船、拖船与其他船舶的抵港艘次占比较小。

船舶引擎功率。东渡港区抵港船舶的主机最大连续额定功率基于厦门海事处提供的 2017 年东渡港区抵港船舶全船名录与船舶签证数据一一获得，此处不再详述。对于船舶辅机引擎排放量时，主要参考中国香港以及美国等既有研究中的辅机/主机功率比值经验系数来估算，其比例系数见表 4. 1。

表 4. 1　辅机/主机功率比例系数

船舶类型	辅机额定功率/主机额定功率
散货船	0. 222
普通货船	0. 191
集装箱船	0. 220
油船	0. 211
拖船	0. 222
其他船舶	0. 257

锅炉功率。锅炉用于加热燃油、润滑油、船上生活用水，主机暖缸，驱动辅助机械以及其他船上生活杂用等。当船舶在海上正常航行时，锅炉在大多数情况下处于关闭状态。这是因为船舶上配备了废气余热锅炉，它能够吸收船舶主机废气的热量，代替锅炉正常工作，提供船上所需的热能。因此，船舶在海上正常航行时，锅炉处于关闭状态。本节采用 Entec 研究提供的锅炉负荷功率数据，具体见表 4.2，其中油轮需要锅炉提供驱动液货泵以及惰性气体鼓风机的蒸汽，加重了锅炉的负荷，油轮的锅炉输出功率相比于其他类型船舶的锅炉输出功率也较高。

表 4.2　　　　锅炉负荷功率　　　　单位：kW

船舶类型	航状态	慢行	岸行驶	经状态
普通货船	0	137	137	137
集装箱船 - 1000	0	241	241	241
集装箱船 - 2000	0	325	325	325
集装箱船 - 3000	0	474	474	47%
集装箱船 - 4000	0	492	492	492
集装箱船 - 5000	0	630	630	630
集装箱船 - 6000	0	545	S6	545
集装箱船 - 7000	0	551	55%	551
集装箱船 - 8000	0	525	525	S25
集装箱船 - 9000	0	547	547	547
其他集装箱船	0	600	600	600
散货船	0	132	132	132
油船	0	371	171	3 000
拖船	0	0	0	0
其他船舶	0	137	137	137

②动态活动水平数据。

船舶运行时间。东渡港区船舶各运行工况运行时间主要基于 AIS 信息中的时间戳（timestamp）信息统计分析一一获得，本节不再详述。

负载因子。主机与辅机负载因子参考美国和中国香港的研究结果，具体见表 4. 3 和表 4. 4。

表 4. 3　　船舶主机负载因子

船舶类型	船舶航行状态		
	巡航状态	慢速行驶	泊岸行驶
普通货船	0. 5	0. 361	0. 031
集装箱船	0. 496	0. 123	0. 02
散货船	0. 5	0. 296	0. 024
油船	0. 5	0. 382	0. 023
拖船	0. 5	0. 569	0. 02
其他船舶	0. 50	0. 454	0. 023

表 4. 4　　船舶辅机负载因子

船舶类型	船舶航行状态			
	巡航状态	慢速行驶	泊岸行驶	停泊状态
普通货船	0. 17	0. 27	0. 45	0. 22
集装箱船	0. 13	0. 25	0. 5	0. 17
散货船	0. 17	0. 27	0. 45	0. 22
油船	0. 13	0. 27	0. 45	0. 67
拖船	0. 17	0. 27	0. 45	0. 22
其他船舶	0. 17	0. 27	0. 45	0. 22

（2）主要大气污染源信息

①港区装卸码头概况。

根据实际调研，东渡港区共计 6 个码头，分别为海天码头、象屿码头、石湖山码头、国贸码头、鹭甬码头和现代码头，各码头分别由厦门海天集装箱有限公司、厦门象屿码头有限公司、厦门国贸码头有限公司、厦门石湖山码头有限公司、厦门现代码头有限公司和厦门市鹭甬石油化工有限公司经营。其中，厦门海天集装箱有限公司、厦门象屿码头有限公司已合并为厦门集装箱码头集团有限公司。2017 年，上述码头经营企业的主要经营货种以及吞吐量见表 4. 5。

表 4. 5　　2017 年，东渡港区装卸码头概况

序号	码头名称	经营公司	主要经营货种	吞吐量	备注
1	海天码头	厦门海天集装箱有限公司	集装箱	386 万 TEU	目前两公司已合并为厦门集装箱码头集团有限公司
2	象屿码头	厦门象屿码头有限公司			
3	国贸码头	厦门国贸码头有限公司	干散与件杂	213 万 t	
4	石湖山码头	厦门石湖山码头有限公司	干散（煤炭与矿石）	648 万 t	
5	现代码头	厦门现代码头有限公司	干散与件杂（砂石料、钢铁、化肥）	766 万 t	
6	鹭甬码头	厦门市鹭甬石油化工有限公司	液散（成品油）	44 万 t	

②作业机械燃油消耗量。

2017 年，东渡港区各码头经营企业的作业机械燃油消耗量见表 4. 6。其中，厦门市鹭甬石油化工有限公司主要经营液散（成品油）货物，主要采用管道输送，无燃油作业机械。

4. 6　　2017 年，东渡港区码头企业作业机械燃油消耗量。

序号	名称	码头货类	油耗量（t）
1	厦门集装箱码头集团有限公司	集装箱	3 709. 2
2	厦门国贸码头有限公司	干散、件杂	270. 6
3	厦门石湖山码头有限公司	干散	220
4	厦门现代码头有限公司	干散、件杂	149
合计			4 348. 8

③各码头企业货运总量及集疏运车辆燃油消耗量。

2017 年，东渡港区各码头企业货运总量及集疏运车辆燃油消耗量见表 4. 7。

表 4.7　　2017 年，东渡港区码头企业货运量及集疏运车辆燃油消耗量

序号	名称	码头货类	车运总量（万 t）	燃油消耗量（t）
1	厦门集装箱码头集团有限公司	集装箱	3 860	680.9
2	厦门石湖山码头有限公司	干散	648	81.6
3	厦门现代码头有限公司	干散、件杂	766	93.2
4	厦门国贸码头有限公司	干散、件杂	213	3.8
5	厦门市鹭甬石油化工有限公司	液散	44	3.7
合计			5 531	863.2

④散货码头堆场相关参数信息。

颗粒物粒度乘数。散货码头堆场装卸扬尘、风蚀扬尘以及道路扬尘颗粒物粒度程度基于《扬尘源颗粒物排放清单编制技术指南（试行）》取值，具体见表 4.8。

表 4.8　　装卸过程中产生的颗粒物粒度乘数

扬尘产生源	TSP	PM_{10}	$PM_{2.5}$
装卸扬尘	0.74	0.35	0.053
风蚀扬尘	1.0	0.5	0.2
堆场四周道路扬尘	3.23	0.62	0.15

堆场物料含水率。本节基于典型物料含水率实测的结果见表 4.9。

表 4.9　　典型散货物料含水率实测结果

物料类型	煤炭	矿石	砂石
含水率（%）	4.8	3.5	3.0

道理积尘负荷。本节针对道路积尘负荷的实测结果见表 4.10。

表 4.10　　典型物料道路积尘负荷实测结果

积尘负荷	煤炭	矿石	砂石
g/m²	10.7	7.8	8.5

风蚀扬尘阈值摩擦风速。风蚀扬尘阈值摩擦风速参考《扬尘源颗粒物排放清单编制技术指南（试行)》，具体见表 4. 11。

表 4. 11　　阈值摩擦风速参考值

堆场材料	阈值摩擦风速（m/s）
煤堆	1. 02
铁渣、矿渣（路基材料）	1. 33
未覆盖煤堆	1. 12
煤堆刮板或铲土机轨道	0. 62
煤粉尘堆	0. 54
铁矿石	6. 3
煤矸石	4. 8

控制措施的控制效率。本文装卸扬尘、风蚀扬尘以及道路扬尘控制措施的控制效率参考《扬尘源颗粒物排放清单编制技术指南（试行)》，分别见表 4. 12 ~ 表 4. 14。

表 4. 12　　堆场装卸扬尘控制措施的控制效率　　单位：%

控制措施	TSP 控制效率	PM_{10}控制效率	$PM_{2.5}$控制效率
输送点位连续洒水操作	74	62	52
建筑料堆的三边用孔隙率 50% 的围挡遮围	90	75	63

表 4. 13　　堆场风蚀扬尘控制措施的控制效率　　单位：%

料堆性质	控制措施	TSP 控制效率	PM_{10}控制效率	$PM_{2.5}$控制效率
矿料堆	定期洒水	52	48	40
	化学覆盖剂	88	86	71
煤堆	定期洒水	61	59	49
	化学覆盖剂	86	85	71
建筑料堆	编织布覆盖	78	76	64

表 4.14　　铺装道路扬尘源控制措施的控制效率　　单位：%

控制措施	控制对象	TSP 控制效率	PM_{10}控制效率	$PM_{2.5}$控制效率
洒水 2 次/天	所有铺装道路	66	55	46
喷洒抑尘剂	城市道路	48	40	30
吸尘清扫（未安装真空装置）	支路	8	7	6
	干道	13	11	9
吸尘清扫（安装真空装置）	支路	19	16	13
	干道	31	26	22

散货码头堆场活动水平数据。本节散货码头企业装卸量、堆货表面积、堆场四周道路车流量等活动水平信息见表 4.15。

表 4.15　　散货码头企业活动水平信息

序号	散货企业名称	项目	活动水平信息			
			装卸量（t/a）	货堆表面积（m^2）	堆场四周平均道路长度（km）	堆场四周道路车流量（辆/年）
1	厦门石湖山码头有限公司	煤炭	5 680 000	260 000	2	142 000
		矿石	800 000	127 800	1.4	20 000
		砂石	0	0	0	0
		小计	6 480 000	387 400	3.4	162 000
2	厦门现代码头有限公司	煤炭	0	0	0	0
		矿石	1 010 998	49 200	1	25 275
		砂石	4 761 650	126 600	1.5	119 041
		小计	5 772 648	175 800	2.5	144 316
3	厦门国贸码头有限公司	煤炭	0	0	0	0
		矿石	0	0	0	0
		砂石	982 254	10 000	1.3	24 556
		合计	982 254	10 000	1.3	24 556

续表

序号	散货企业名称	项目	活动水平信息			
			装卸量（t/a）	货堆表面积（m^2）	堆场四周平均道路长度（km）	堆场四周道路车流量（辆/年）
合计		煤炭	5 680 000	260 000	2	142 000
		矿石	1 810 998	177 000	2.4	45 275
		砂石	5 743 904	136 600	2.8	143 597
		合计	13 234 902	573 600	7.2	330 872

⑤液散码头相关参数信息。

本研究采用美国 TANKS4.0.9 模型软件对散货码头储罐 VOC_s 排放逐一计算，具体储罐信息、气象信息、储存液体信息等直接逐一输入软件计算，此处不再详述。装载过程饱和系数。本节装载过程饱和系数基于美国环保署（EPA）研究成果确定，具体见表 4.16。

表 4.16　装载过程饱和系数

载送器	操作形式	饱和因子（s）
油罐车	沉水式灌装至干净空油桶（槽）（具油气回收）	0.5
	一般单一沉水式灌装至油桶（槽）	0.6
	以蒸气平衡及沉水式灌装至油桶（槽）	1
	溅水式灌装至干净空油桶（槽）	1.45
	一般单一货物溅水式装载	1.45
	以蒸气平衡及溅水式灌装至油桶（槽）	1
油轮	沉水式装填：小船	0.2
	沉水式装填：大船	0.5

液散码头货物装卸及管线输送活动量。根据对调查问卷的统计分析，东渡港区液散码头货物装卸及管线输送活动量见表 4.17。

表 4.17　　液散码头储运环节液散货活动总量

<table>
<tr><th rowspan="2">储运环节</th><th colspan="2">鹭甬码头</th><th colspan="2">现代码头</th><th rowspan="2">活动总量（t）</th></tr>
<tr><th>货种</th><th>活动量（t）</th><th>货种</th><th>活动量（t）</th></tr>
<tr><td rowspan="3">装车过程</td><td>柴油</td><td>190 000</td><td rowspan="3">食用油</td><td rowspan="3">24 000</td><td rowspan="3">464 000</td></tr>
<tr><td>汽油</td><td>250 000</td></tr>
<tr><td>小计</td><td>440 000</td></tr>
<tr><td>装船过程</td><td>/</td><td>/</td><td>食用油</td><td>18 000</td><td>18 000</td></tr>
<tr><td>管线输送过程</td><td>小计</td><td>880 000</td><td>食用油</td><td>84 000</td><td>964 000</td></tr>
<tr><td>合计</td><td colspan="2">2 560 000</td><td colspan="2">168 000</td><td>2 728 000</td></tr>
</table>

4.2.2　港口与船舶大气污染物排放因子

排放因子是一种尝试构建排入大气污染物的浓度水平与其对应的污染源相关活动之间某种联系的工具。与大气污染源信息采集工作类似，排放因子的准确选取对于排放清单的精确构建具有积极的影响，采用与研究区域实际状况相符的排放因子是构建高精度排放清单的重要条件。中国生态环境部（原环境保护部）于 1996 年发布的《工业污染物产生和排放系数手册》，首次构建了适用于固定排放源的排放因子数据库，但其中所涉及的排放因子较少。

当前，在排放清单研究方面，对于排放因子的确定多借鉴国外的参考文献，但国外参考文献中的排放因子一般依据当地实际情况确定，与本节所涉及大气污染源的实际情况可能不符。因此，本节通过燃油品质测试与调研、船舶排放实船测试、综合国内外文献调研等方式确定研究区域内相关污染源的排放因子，为后续构建符合研究区域实际情况且高精确度的排放清单提供研究基础。

东渡港区船舶大气污染物排放因子实测数据分析如下。

（1）船舶大气污染物瞬时排放特征

在烟气流量、烟温瞬时排放特征方面，图 4.1 显示了不同工况下典型船舶烟气流量与温度的瞬时排放变化特征。可以看出：船舶离港时，船舶排放烟气温度和流量均呈现出非稳定的上下波动，且波动频率较高；进闸初期，船舶的烟温和烟气流量均处于一个较低且相对稳定的水平，后期又体现出较大幅度波动；出闸阶段，船舶的烟气温度呈持续上升趋势，而船舶烟气流量则从一开始的迅速上升又随后陡降后，也逐步呈上升趋势；船舶正常航行阶段，烟气流量与流速均很稳定，其中烟温大致稳定在200℃，烟气流量大致稳定在180L/s；进港阶段初期，船舶烟温持续下降，烟气流量也处在相对较低的水平，后期烟温与烟气流量均处于上下波动状态。

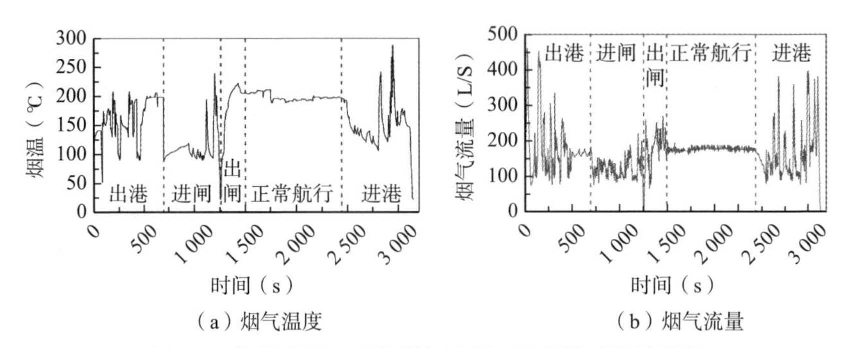

（a）烟气温度　（b）烟气流量

图4.1　船舶典型工况的烟气流量、温度瞬时排放特征

分析其原因，主要是与船舶各工况的发动机运行状态有关：离港阶段，船舶主机发动机启动，船舶以较慢的速度驶出，为避免与其他船舶碰撞，船民需不断改变发动机负荷来调整船舶航向与航速，使得船舶烟气温度和烟气流量也均随之不断上下波动；进入安全航道后，船舶开始加速，直至达到正常航行状态，此时船舶主机处于高负荷运行状态，船舶烟温与烟气流量均快速上升。进闸初期，船舶缓缓驶入船闸，此时船舶主机处于较低负荷状态，船舶烟气温度与流量均处于相对较低的水平；进入闸室后，船民通过不断改变发动机负荷来调整船舶航向和航速，以便调整船舶位置，将缆绳栓套在闸室两侧或相邻船舶的系船柱上，此时船舶排放烟气温度与流量出现不断波动状态，待船舶停靠完毕，船舶主机关闭，以等待出闸。出闸阶段，船舶主机重新启动，并持续加速至正常航行状态，此时船舶的主机处于高负荷运行状态，船舶排放烟气温度与烟气流量均持续上升。当船舶加速至正常航行阶段后，船舶以稳定航速前行，船舶排放的烟气温度和流量也处于较为稳定的水平。进港工况下，船舶首先从正常航行速度持续减速，船舶主机负荷逐渐降低，船舶烟气温度与流量也逐渐降低；即将到港靠泊时，船民往往会采取间歇性拉大主机功率的方式来调整船舶航向与航速，以避免停靠过程中与其他船碰撞，该阶段船舶的烟气温度与流量也处于上下波动状态。

对典型船舶在出港、进闸、出闸、正常航行、进港等不同工况下，船舶主机排烟温度与烟气流量变化情况的分析，可以看出，船舶发动机运行状态（负荷变化）是主机排烟温度、流量发生变化的重要原因。

（2）NO_x 瞬时排放特征

图 4.2 给出了不同工况条件下，典型船舶排放氮氧化物浓度的变化情况，可以看出：整体而言，除正常航行阶段，船舶排烟中 NO_x 的浓度处于较稳定水平外，其余工况下船舶排烟中 NO_x 的浓度均呈现出在某一浓度值附近大幅度上下波动。通常，船用柴油机的 NO_x 排放是由燃料缸内燃烧过程中产生的，其产生机理主要有 3 种。一种是燃料中的氮元素在燃烧过程中与氧结合生成燃料型 NO_x；另一种是高温条件下空气中的氮气与氧气反应生成热力型 NO_x；还有一种是浓混合区燃料燃烧的中间产物碳氢自由基团与空气中的 N_2 反应生成瞬时型 NO_x。在实际运行中，船舶主机负荷是影响 NO_x 排放浓度的主要原因，通常主机负荷越大，NO_x 的排放浓度、排放速率也越大。

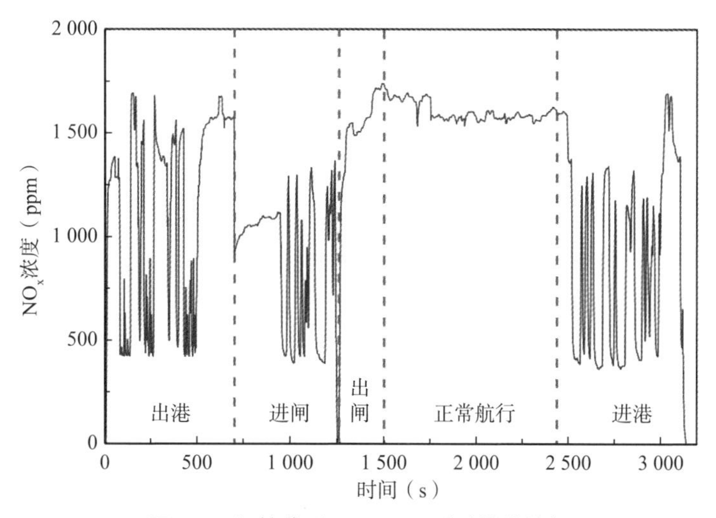

图 4.2　船舶典型工况 NO_x 瞬时排放特征

船舶离港时，船民为调整船舶航向与航速而不时地间歇性拉大主机功率，使得主机负荷变化波动较大，因此 NO_x 的排放浓度随之上下波动变化；后期船舶进入安全航道开始持续加速，船舶主机负荷持续上升，缸内燃烧温度也逐步上升，因此船舶排放的 NO_x 浓度随之快速增大，整体上 NO_x 的排放浓度较大；进闸阶段，船舶开始以较缓的速度驶入船闸，主机负荷相对较低，NO_x 浓度也保持在相对较低的水平（约 1 000ppm）；进入闸室后，船民为调整船舶位置，开始拉大主机功率，主机负荷出现较大波动，NO_x 排放浓度也因此上下波动，但该阶段整体 NO_x 排放浓度较低；出闸阶段，船舶处于持续加速阶段，与离港加速阶段类似，船舶主机负荷增大，NO_x 浓度持续增大；正常航行阶段，船舶以较为稳定的航速与负荷前行，此时持续的高温与富氧条件，使得船舶的 NO_x 排放浓度处于较高且稳定的水平，NO_x 的排放浓度大体稳定在 1 500ppm 左右；船舶进港阶段与船舶的离港有一定的相似性，即在靠近泊位附近，船民为调整船舶航向与航速不断改变主机负荷，使得 NO_x 浓度上下波动；此外，靠港前的持续减速使得 NO_x 浓度在前期处于持续下降状态。

对典型船舶在出港、进闸、出闸、正常航行、进港等不同工况下，船舶主机排烟中 NO_x 浓度变化情况的分析，可以看出，低负荷下排烟中 NO_x 浓度也相对较低，船舶发动机运行状态（负荷变化）是主机排烟中 NO_x 浓度发生变化的重要原因，即通过调节船舶发动机负荷可以部分实现对主机排烟中 NO_x 浓度的控制。

（3）PM 瞬时排放特征

一直以来，颗粒物（PM）都是船用柴油机的主要排放物之一，其组成成分主要为碳黑、硫酸盐、灰分以及可溶性有机成分（SOF）等。为探究东渡港区船舶各个工况条件下颗粒物的排放现状，采用 ELPI 对船舶尾气中的颗粒物浓度进行测试。图 4.3 为不同工况条件下，典型船舶 PM 排放的瞬时变化情况，类似于 NO_x，船舶在出港、出闸以及进港工况条件下，船舶的 PM 排放浓度呈现上下波动状态，且整体 PM 排放浓度较大；进闸阶段初期，船舶 PM 的排放处于低水平状态，后期呈现较大的上下波动状态；稳定航行状态，船舶 PM 排放浓度基本稳定在 220mg/m^3 的相对较低水平。分析 PM 浓度的变化原因，总体而言是由于船舶发动机的负荷变化造成的。

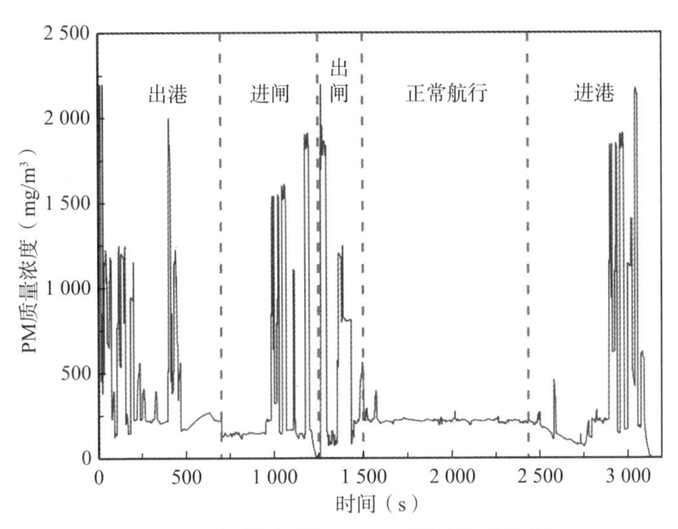

图 4.3　船舶典型工况 PM 瞬时排放特征

通常，柴油颗粒物（碳烟颗粒）是烃类燃料在高温缺氧环境下裂解的产物，其形成通常分为热解、成核、表面增长和凝聚、聚合及氧化几个阶段。热解是碳烟生成的控制步骤，是燃油在高温缺氧环境下发生裂解形成多环芳烃的过程；多环芳烃不断脱氢，聚合成以碳为主的碳核粒子；碳核粒子以碰撞凝结及表面反应两种机理，使气相烃等可溶性有机成分、硫酸盐等其他组分在其表面凝聚而长大成为 10～30nm 的碳烟基元，最后聚集成链状或团状的碳烟颗粒。

排烟中 PM 的浓度与烟气中碳烟颗粒生成的主要前驱体——碳核粒子直接相关。正常航行阶段，发动机处于稳定运行状态，缸内温度也较高，空燃比保持稳定较高水平，燃料燃烧更充分、更完全，不利于碳核粒子的生成，相应的烟气中碳烟颗粒浓度水平也就较低；进闸初期，由于船舶以相对稳定且较低航速进入船闸，船舶负荷低，空燃比较大，缸内烟温也相对较低，低温富氧状态不利于燃油裂解脱氢生产碳核粒子，从而导致 PM 浓度相对较低；进、出港及进闸后期，排烟中 PM 浓度间歇性出现峰值，这是由于船舶发动机负荷随着船民的操作间歇性变大，发动机喷油量增大，空燃比陡然降低，缸内燃烧向缺氧方向发展，从而造成更多碳烟粒子来不及氧化便被排出，导致 PM 浓度急剧增大；出闸工况，船舶处于加速状态，负荷较大，发动机喷油量增大，导致缸内出现富燃料缺氧状态，燃烧效率降低，不完全燃烧现象明显，从而导致 PM 浓度也相对较大。

（1）不同工况下船舶的排放因子

图 4.4 给出了测试船舶各个行驶工况的 NO_x 平均排放速率和平均排放因子。整体而言，船舶在正常稳定航行工况、进港、出港及出闸工况下，NO_x 排放速率较大，进闸工况因其绝大部分时间处于缓慢行驶状态，船舶主机负荷较低，因此 NO_x 的排放速率也相对较低。尽管船舶在进闸工况下 NO_x 排放速率较低，但其排放因子也与其他工况基本持平，其原因在于船舶进闸时，主机处于低负载状态，燃烧效率降低，其制动燃油消耗量随之上升，从而导致船舶主机 NO_x 排放因子的增大。

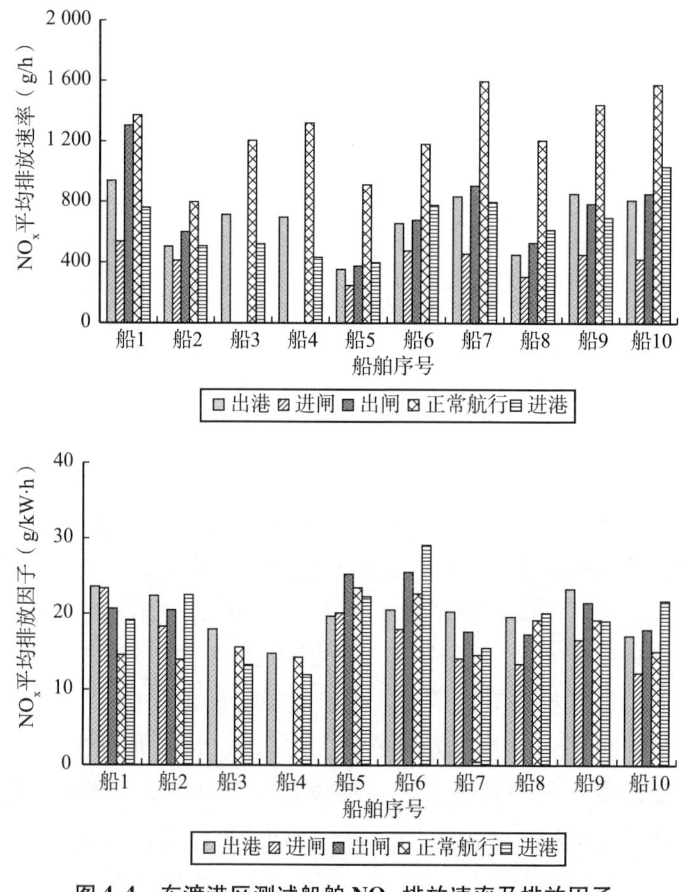

图 4.4 东渡港区测试船舶 NO_x 排放速率及排放因子

（2）测试船舶 PM 排放速率及排放因子

图 4. 5 显示了 10 艘测试船舶 PM_{10} 的排放速率及排放因子，可以看出船舶在正常航行与进闸阶段，颗粒物的排放处于相对较低水平，而进港、出港及出闸工况的船舶排放因子处于相对较高的水平，整体上符合柴油机的燃烧规律。

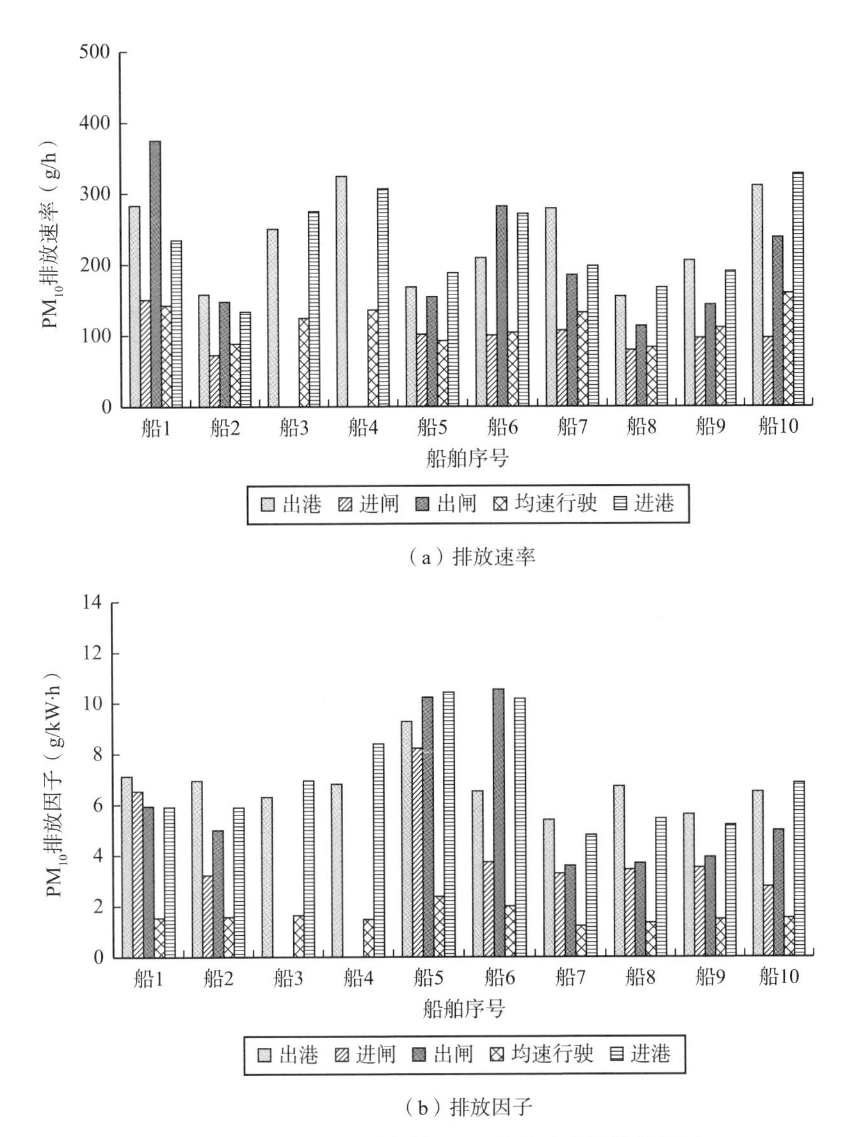

（a）排放速率

（b）排放因子

图 4. 5　东渡港区测试船舶 PM_{10} 排放速率及排放因子

4.2.3 我国区域港口群大气污染物排放清单与特征

在东渡港区主要大气污染源基本静态信息与动态活动水平数据采集的基础上，综合研究区域内主要大气污染源的各污染物排放因子，以船舶引擎功率估算等方法建立东渡港区船舶大气污染物排放清单、东渡港抵港船舶及港区主要大气污染源的大气污染物排放清单，系统分析不同静态信息与动态活动水平数据下的排放特征及大气污染物排放时空分布特征，并进行排放清单的不确定性分析。在强化研究区域内污染物排放特征的认识基础上，提高后续模拟研究结果的准确性，确保后续所提出的船舶与港口大气污染物排放控制措施的有效性。

（1）东渡港区船舶大气污染物排放清单

2017 年，东渡港区船舶共排放 0.163 万 t PM_{10}、0.144 万 t $PM_{2.5}$、1.655 万 t NO_x、0.0780 万 t SO_2、0.107 万 t CO、0.0487 万 t HC 以及 66.071 万 t CO_2，其中 PM 及 NO_x 排放量均高于蔡俊等人针对 2010 年东渡港区船舶 PM 及 NO_x 的排放结果，主要是由于船舶航运量的增加导致。

分船舶类型、分运行工况以及分时空的 2017 年东渡港区船舶大气污染物排放清单分别见表 4.18 ~ 表 4.21 所示。总体而言，所有类型船舶中，干货船的 PM_{10}、$PM_{2.5}$、NO_x、SO_2、CO、HC、CO_2 排放量最大，各污染物排放量分别达到 0.131 万 t、0.115 万 t、1.325 万 t、0.0624 万 t、0.0859 万 t、0.0390 万 t 以及 52.817 万 t；三等船（200 ~ 600 总吨）各类大气污染物的排放量最大，上述污染物排放量分别达到 0.106 万 t、0.093 万 t、1.08 万 t、0.051 万 t、0.070 万 t、0.032 万 t 以及 43.19 万 t；正常航行时的船舶大气污染物排放最大，上述污染物排放量分别达到 0.145 万 t、0.127 万 t、1.58 万 t、0.074 万 t、0.101 万 t、0.046 万 t 以及 62.89 万 t；船舶在沿线港口范围内排放 PM_{10}、$PM_{2.5}$、NO_x、SO_2、CO、HC 以及 CO_2 的总量分别为 71.29t、62.77t、295.21t、16.24t、24.56t、10.60t 以及 13 291.65t；在东渡港区排放 PM_{10}、$PM_{2.5}$、NO_x、SO_2、CO、HC 以及 CO_2 的总量分别为 1 448.16t、1 273.08t、15 798.55t、741.99t、1 012.90t、459.11t 以及 628917.60t；在航道船闸处排放 PM_{10}、$PM_{2.5}$、NO_x、SO_2、CO、

HC 以及 CO_2 的总量分别为 114.14t、100.37t、456.08t、22.11t、35.48t、17.59t，以及 18 499.86t。

表 4.18　　各类型船舶主要污染物排放清单

船舶类型	排放总量（t/a）						
	PM_{10}	$PM_{2.5}$	NO_x	SO_2	CO	HC	CO_2
干货船	1 308.09	1 149.99	13 249.17	623.54	858.64	389.67	528 166.35
化学品船	52.88	46.48	548.92	25.76	35.63	16.24	21 849.91
拖船	233.02	204.91	2 324.86	110.17	150.00	67.48	93 137.53
油船	17.46	15.37	192.48	9.71	13.29	6.95	8 120.00
集装箱船	5.85	5.15	62.55	3.07	4.23	1.88	2 580.86
其他船舶	16.29	14.32	171.84	8.09	11.15	5.07	6 854.45
共计	1 633.59	1 436.23	16 549.83	780.34	1 072.94	487.30	660 709.11

表 4.19　　不同吨级船舶主要污染物排放清单

船舶吨位分布		排放总量（t/a）						
		PM_{10}	$PM_{2.5}$	NO_x	SO_2	CO	HC	CO_2
一等	>1 600 吨位	5.84	5.14	55.40	2.63	3.76	1.73	2 233.88
二等	600～1 600 吨位	230.64	202.77	2254.16	106.79	149.99	68.55	90 439.68
三等	200～600 吨位	1 058.01	930.13	10 848.28	509.88	699.06	316.79	431 918.17
四等	50～200 吨位	305.70	268.82	3 050.83	144.55	197.77	90.28	122 233.47
五等	<50 吨位	33.39	29.38	341.17	16.48	22.36	9.95	13 883.88
合计		1 633.59	1 436.23	16 549.83	780.34	1 072.94	487.30	660 709.11

表 4.20　　东渡港区船舶不同运行工况的主要污染物排放清单

船舶行驶工况		排放总量（t/a）						
		PM_{10}	$PM_{2.5}$	NO_x	SO_2	CO	HC	CO_2
正常航行	主机	1 444.45	1 269.67	15 639.53	730.78	998.58	453.90	620 029.95
	辅机	3.71	3.41	159.01	11.20	14.31	5.21	8 887.65
	合计	1 448.16	1 273.08	15 798.54	741.98	1 012.89	459.11	628 917.60
泊岸行驶	主机	68.68	60.37	183.38	8.36	14.49	6.94	7 041.48
	辅机	0.04	0.04	1.75	0.12	0.16	0.06	97.73
	合计	68.73	60.41	185.13	8.49	14.65	7.00	7 139.21
进出闸	主机	113.20	99.50	415.54	19.26	31.84	16.26	16 234.08
	辅机	0.95	0.87	40.54	2.86	3.65	1.33	2 265.77
	合计	113.50	99.78	428.29	20.16	32.98	16.68	16 946.55
停泊	辅机	2.57	2.36	110.08	7.76	9.91	3.60	6 152.44
总排放	主机	1 626.32	1 429.54	16 238.46	758.40	1 044.91	477.11	643 305.51
	辅机	7.27	6.68	311.38	21.94	28.03	10.20	17 403.59
	合计	1 633.59	1 436.23	16 549.83	780.34	1 072.94	487.30	660 709.11

表 4.21　　东渡港区沿线港口船舶主要污染物排放清单

港口	排放总量（t/a）						
	PM_{10}	$PM_{2.5}$	NO_x	SO_2	CO	HC	CO_2
徐州	13.52	11.90	52.99	2.87	4.47	1.97	2 357.73
宿迁	6.29	5.53	22.57	1.25	2.07	0.95	1 025.12
淮安	9.62	8.47	36.91	2.02	3.09	1.35	1 653.93
扬州	5.25	4.62	22.75	1.26	1.92	0.83	1 027.94
镇江	6.15	5.42	26.63	1.48	2.19	0.93	1 205.95
常州	12.96	11.41	58.61	3.25	4.72	1.98	2 648.19
无锡	2.91	2.56	13.38	0.74	1.09	0.46	605.47
苏州	14.61	12.86	61.37	3.39	5.02	2.14	2 767.32
合计	71.29	62.77	295.21	16.24	24.56	10.60	13 291.65

（2）东渡港区船舶大气污染物排放特征

东渡港区船舶分类型排放占比、分运行工况排放占比以及时空排放分布特征如表 4.22 ~ 表 4.24 所示。

各类船舶中，干货船是污染物高值排放船型，各类污染物的排放贡献率均占 2017 年东渡港区船舶总排放量的 80% 左右。其次为拖船，各类污染物的排放贡献率均在 14% 左右；200 ~ 600 吨位范围的船舶大气污染物排放贡献最大，各类污染物的排放贡献率均在 65% 左右；上述特征与徐文文等人针对江苏全省内河船舶大气污染物排放的研究结果保持一致，主要取决于研究区域航行船舶的类型与总吨分布情况。

表 4.22　不同类型船舶主要污染物排放占比

船舶类型	排放占比（%）						
	PM_{10}	$PM_{2.5}$	NO_x	SO_2	CO	HC	CO_2
干货船	80.07	80.07	80.06	79.91	80.03	79.97	79.94
化学品船	3.24	3.24	3.32	3.30	3.32	3.33	3.31
拖船	14.26	14.27	14.05	14.12	13.98	13.85	14.10
油船	1.07	1.07	1.16	1.24	1.24	1.43	1.23
集装箱船	0.36	0.36	0.38	0.39	0.39	0.39	0.39
其他船舶	1.00	1.00	1.04	1.04	1.04	1.04	1.04
共计	100.00	100.00	100.00	100.00	100.00	100.00	100.00

表 4.23　不同吨级船舶主要污染物排放占比

船舶吨位分布		排放占比（%）						
		PM_{10}	$PM_{2.5}$	NO_x	SO_2	CO	HC	CO_2
一等	>1 600 吨位	0.36	0.36	0.33	0.34	0.35	0.35	0.34
二等	600 ~ 1 600 吨位	14.12	14.12	13.62	13.69	13.98	14.07	13.69
三等	200 ~ 600 吨位	64.77	64.76	65.55	65.34	65.15	65.01	65.37

续表

船舶吨位分布		排放占比（%）						
		PM_{10}	$PM_{2.5}$	NO_x	SO_2	CO	HC	CO_2
四等	50～200吨位	18.71	18.72	18.43	18.52	18.43	18.53	18.50
五等	<50 吨位	2.04	2.05	2.06	2.11	2.08	2.04	2.10
合计		100.00	100.00	100.00	100.00	100.00	100.00	100.00

表 4.24　港口与航道各污染物面积比排放比较

污染物		PM_{10}	$PM_{2.5}$	NO_x	SO_2	CO	HC	CO_2
区域面积（km^2）		1.92						
港口面积比排放量（t/km^2）		37.13	32.69	153.76	8.46	12.79	5.52	6 922.73
航道	面积（km^2）	92.45						
	面积比排放量（t/km^2）	15.66	13.77	170.89	8.03	10.96	4.97	6 802.79

各运行工况排放贡献方面，正常航行排放 > 进出闸排放 > 进出港泊岸行驶排放，对于船舶主机，各运行工况的排放占比大小顺序为：正常航行排放 > 进出闸排放 > 进出港泊岸行驶排放，分析其原因主要有两点：一是船舶在航道上航行时间较进出闸及进出港时间长，这是造成正常航行工况排放量占比最大的主要原因；二是在东渡港区航行船舶除包括抵达沿线港口的船舶外，还包括途径的船舶，船舶总艘次远大于到港船舶。因此，在运行时间相近的情况下，进出闸船舶大气污染物排放大于进出港泊岸行驶排放。对于船舶辅机，各运行工况的排放占比大小顺序为：正常航行排放 > 停泊排放 > 进出闸排放 > 泊岸行驶排放，这主要是由于正常航行与停泊时间长，进出闸、泊岸行驶时间短导致；船舶主机发动机是船舶大气污染物最主要的排放源，各污染物的排放贡献率均在 96% 以上，导致船舶总排放在运行工况方面的特征与船舶主机保持一致。

4.3 港口与船舶大气污染物排放的预测

4.3.1 预测方法概述

（1）预测模型的选用

关于预测方法的选用是值得进一步探讨的，因为现有的预测方法是非常多样化的，且有它们各自的优缺点。多元线性回归预测方法需要建立自变量与因变量的相关关系，再建立预测模型对目标进行预测，该模型需要一定的数据基础，且计算量较大，这容易加大预测结果的不稳定性，导致预测结果的失真；BP 神经网络预测模型与多元线性回归预测模型的缺点相似，它需要搜集大量的样本数据才能对目标进行预测，计算过程复杂，且当样本数据不足时，得到的预测结果也是存在很大偏差的；时间序列自回归模型是根据自身变量过去时间的统计数据，形成自身的时间序列变量，但该预测模型的精度会受到自身的时间序列变量的影响，若时间序列中的数据很容易受到外界因素的影响，则该预测模型的准确度也会大大降低。相对于前几类预测方法，灰色预测模型对于样本数据较少的序列的适用性还是很强的，样本数据的数量较少，但是呈现出明显的变化趋势，对于这样的样本序列进行预测时，灰色预测模型所得出的结果精确度是较高的。1982 年邓聚龙创立了灰色预测模型，主要是针对灰色系统的预测，用来解决某些领域未来发展的趋势问题。灰色系统是由两部分构成的，其中一个是能够直接获得的数据信息部分，另一个则是无法确定或者未知的数据信息部分。所有的预测模型都是通过已知部分得出未知部分，灰色预测模型同样如此，根据已知的离散数据通过累加或者累减等方式重新生成一组新的、有规律的时间序列，然后以新时间序列为基础，建立出研究问题所需要的数学模型，最后计算得出预测值。MATLAB 软件拥有强大的矩阵运算功能，因此本文通过 MATLAB 软件来解决灰色预测 GM（1，1）模型的算法问题，不仅程序编写简洁、算法准确而且预测精度被证实较高。

（2）灰色预测 GM（1，1）模型构建步骤

①级比检验：建模可行性分析。

设青岛市的船舶大气污染物排放量的离散原始数列为：$X^{(0)}=(x^{(0)}(1),x^{(0)}(2),x^{(0)}(3),\cdots,x^{(0)}(n))$，一共有 n 个观察值；对原始数据序列进行累加生成新数列：$X^{(1)}=(x^{(1)}(1),x^{(1)}(2),x^{(1)}(3),\cdots,x^{(1)}(n))$，$X^{(1)}(k)=\sum_{i=1}^{k}X^{(0)}(i)$，$k=1,2,3,\cdots,n$，首先，需对原始数列 $X^{(0)}$ 及新数列 $X^{(1)}$ 分别做准光滑性检验及准指数规律检验：

准光滑性检验：

$$\rho(t)=\frac{X^{(0)}(t)}{X^{(0)}(t-1)} \tag{4.1}$$

当 $t<3$ 时，如果 $\rho(t)<0.5$，则满足准光滑性检验；

准指数规律检验：

$$\delta^{(t)}=\frac{X^{(1)}(t)}{X^{(1)}(t-1)} \tag{4.2}$$

当 $t>3$ 时，如果 $1<\delta^{(1)}(t)<1.5$，则满足准指数规律检验。如若同时通过以上两项检验，则可以利用灰色预测模型进行预测。

②GM（1，1）模型构建。

根据原始数列 $X^{(0)}$ 及累加生成的新数列 $X^{(1)}$，GM（1，1）模型的原始形式可以表示为：

$$x^{(0)}(k)+\alpha x^{(0)}(k)=\mu \tag{4.3}$$

其中 α 为发展灰数，μ 为内生控制灰数；

GM（1，1）模型相对应的白化方程，也称为影子方程为：

$$\frac{dX^{(1)}}{dt}+\alpha X^{(1)}=\mu \tag{4.4}$$

上述白化方程对应的解为：

$$X^{(1)}(t)=\left[X^{(1)}(1)-\frac{\mu}{\alpha}\right]e^{-at}+\frac{\mu}{\alpha} \tag{4.5}$$

公式 2－(9) 也称为时间响应函数，是新数列 $X^{(1)}$ 的预测值；

根据原始预测值可以进行累加或累减及其他变化过程，可以得出 GM（1，1）模型 2－(7) 的时间相应序列，最后根据时间相应序列可以

计算得出原始数列 $X^{(0)}$ 的预测模拟值。

$$\hat{x}^{(0)}(k+1)=\hat{x}^{(1)}(k+1)-\hat{x}^{(1)}(k)=(1-e^{\alpha})e^{-\alpha k},\ k=1,2,3,\cdots,n \tag{4.6}$$

(3) 灰色预测 GM (1, 1) 模型计算原理

以下为 GM (1, 1) 模型的详细计算过程：公式 (4.9) 满足初始条件：当 $t=t_0$ 时，$X^{(1)}=X^{(1)}_{(t_0)}$ 的解是：

$$X^{(1)}_{t}=\left[X^{(1)}_{(t_0)}-\frac{\mu}{\alpha}\right]e^{\alpha(t-t_0)}+\frac{\mu}{\alpha} \tag{4.7}$$

对对等间隔取样的离散值（注意到 $t_0=1$）则为：

$$X^{(1)}_{(k+1)}=\left[X^{(1)}_{(1)}-\frac{\mu}{\alpha}\right]e^{-\alpha k}+\frac{\mu}{\alpha} \tag{4.8}$$

通过最小二乘法来估计常数 α 和 μ，因为 $X^{(1)}_{(1)}$ 作为初始值使用，所以将 $X^{(1)}_{(2)}$，$X^{(1)}_{(3)}$，…，$X^{(1)}_{(n)}$ 代入微分方程内：

$$\begin{aligned}&X^{(0)}_{(2)}+\alpha X^{(1)}_{(2)}=\mu\\&X^{(0)}_{(3)}+\alpha X^{(1)}_{(3)}=\mu\\&\cdots\\&X^{(0)}_{(n-1)}+\alpha X^{(1)}_{(n-1)}=\mu\\&X^{(0)}_{(n)}+\alpha X^{(1)}_{(n)}=\mu\end{aligned} \tag{4.9}$$

其中：

$$\begin{aligned}&X^{(0)}_{(2)}=\left[-X^{(1)}_{(2)},\ 1\right]\begin{bmatrix}\alpha\\ \mu\end{bmatrix}\\&X^{(0)}_{(3)}=\left[-X^{(1)}_{(3)},\ 1\right]\begin{bmatrix}\alpha\\ \mu\end{bmatrix}\\&\cdots\\&X^{(0)}_{(n)}=\left[-X^{(1)}_{(n)},\ 1\right]\begin{bmatrix}\alpha\\ \mu\end{bmatrix}\end{aligned} \tag{4.10}$$

由于 $\frac{\Delta X^{(1)}}{\Delta t}$ 涉及累加列 $X(1)$ 的两个时刻的值，因此 $X^{(1)}_{(i)}$ 取前后两个时刻的平均代替更为合理，即将 $X^{(1)}_{(i)}$ 替换为：$\frac{1}{2}\left[X^{(1)}_{(i)}+X^{(1)}_{(i-1)}\right]$，$i=1,2,3,\cdots,n$。

由此可得出：

$$\begin{bmatrix} X^0_{(2)} \\ X^0_{(3)} \\ \cdots \\ X^0_{(n)} \end{bmatrix} = \begin{bmatrix} -\frac{1}{2}[X^{(1)}_{(2)} + X^{(1)}_{(1)}]1 \\ -\frac{1}{2}[X^{(1)}_{(3)} + X^{(1)}_{(2)}]1 \\ \cdots \\ -\frac{1}{2}[X^{(1)}_{(n-1)} + X^{(1)}_{(n-1)}]1 \\ -\frac{1}{2}[X^{(1)}_{(n)} + X^{(1)}_{(n-1)}]1 \end{bmatrix} \begin{bmatrix} \alpha \\ \mu \end{bmatrix} \tag{4.11}$$

$$令\ Y_n = \begin{bmatrix} X^{(0)}_{(2)} \\ X^{(0)}_{(3)} \\ \cdots \\ X^{(0)}_{(n)} \end{bmatrix}，则\ B = \begin{bmatrix} -\frac{1}{2}[X^{(1)}_{(2)} + X^{(1)}_{(1)}]1 \\ -\frac{1}{2}[X^{(1)}_{(3)} + X^{(1)}_{(2)}]1 \\ \cdots \\ -\frac{1}{2}[X^{(1)}_{(n-1)} + X^{(1)}_{(n-1)}]1 \\ -\frac{1}{2}[X^{(1)}_{(n)} + X^{(1)}_{(n-1)}]1 \end{bmatrix} \tag{4.12}$$

$$U = \begin{bmatrix} \alpha \\ \mu \end{bmatrix},\ Y = BU \tag{4.13}$$

用最小二乘法估计为：

$$\hat{U} = \begin{bmatrix} \hat{\alpha} \\ \hat{\mu} \end{bmatrix} = (B^T B)^{-1} B^T Y \tag{4.14}$$

把估计值 $\hat{\boldsymbol{\alpha}}$ 和 $\hat{\boldsymbol{\mu}}$ 代入 2 -（9），得到时间响应方程：

$$\hat{X}^{(1)}_{(k+1)} = \left[X^{(1)}_{(1)} - \frac{\mu}{\alpha}\right] e^{-\hat{\alpha} k} + \frac{\hat{\mu}}{\hat{\alpha}} \tag{4.15}$$

由灰色预测方法的原理可知，$-\alpha$ 主要是控制系统发展规模，即反映预测的发展态势，被称为发展系数；μ 的大小反映数据变化的关系，被称为灰色作用量，其中：

当 $-\alpha < 0.3$ 时，GM（1，1）模型可用于中长期预测；

当 $0.3 < -\alpha \leqslant 0.5$ 时，GM（1，1）模型适用于短期预测，中长期预测效果不佳；

当$0.5 < -\alpha \leqslant 0.8$时，GM（1，1）模型的短期预测效果不佳；

当$0.8 < -\alpha \leqslant 1$时，GM（1，1）模型应当采用残差修正；

当$-\alpha > 1$时，不应采用GM（1，1）模型。

（4）马尔科夫模型。

根据灰色GM（1，1）模型精度检测表的标准，可以得出所建立模型的精度等级，精度等级较低的模型可以通过马尔科夫模型对其预测结果进行修正，该方法已得到广泛应用，具体步骤如下：

i. 划分状态区间

根据灰色GM（1，1）模型得出的误差范围以及样本数量，将其分为n个状态区间，区间范围可以表示为$E_i = [e_{1i},\ e_{2i}]$，$(i = 1,\ 2,\ 3,\ \cdots,\ n)$。状态区间划分的个数越多，修订后的预测结果更贴近原始数值，通常状态区间划分最适宜的个数为3~5个。

ii. 建立状态转移概率矩阵

在事件发展过程中，从某一时刻的状态E_i转变为下一时刻的状态E_j，这一事件发生的概率称为状态转移概率，即$P(E_i \rightarrow E_j) = P(E_j / E_i) = P_{ij}$。因此根据状态转移概率构建状态转移概率矩阵：

$$P = \begin{bmatrix} P_{11} & P_{12} & \cdots & P_{1n} \\ P_{21} & P_{22} & \cdots & P_{2n} \\ \cdots & \cdots & \cdots & \cdots \\ P_{n1} & P_{n2} & \cdots & P_{nn} \end{bmatrix} \tag{4.16}$$

其中，

$$\begin{cases} 0 \leqslant P_{ij} \leqslant 1,\ (i,\ j = 1,\ 2,\ \cdots,\ n) \\ \sum_{j=1}^{n} P_{ij} = 1,\ (i = 1,\ 2,\ \cdots,\ n) \\ P^{(m)} = P^{m} \end{cases} \tag{4.17}$$

iii. 预测值修订

通过状态转移概率矩阵可以得到预测事件所处的状态E_i，再根据灰色GM（1，1）模型得出的预测值$\hat{x}(k)$，利用预测事件所处的区间$E_i = [e_{1i},\ e_{2i}]$，通过以下公式得出马尔科夫模型的预测值：

$$\hat{Y}(k) = \hat{X}^{(0)}(k) \cdot [1 + 0.5(e_{1i} + e_{2i})] \tag{4.18}$$

4.3.2 算例分析

根据2009~2021年青岛港船舶排放清单（见表4.25）里NO_x、SO_2、CO、PM_{10}、VOC_s的大气污染物排放量数据，进行前期的数据处理过程，再建立相应的灰色预测模型，并检验预测模型的精度。对预测模型精度较低的VOC_s预测模型进行修正，通过马尔科夫模型使其预测精度达到最优。最后，对青岛港2022~2032年船舶大气污染物排放量进行预测。

表4.25　2009~2021年青岛港船舶大气污染物排放清单

年份	旅客吞吐量	货物吞吐量	集装箱吞吐量	NO_x	SO_2	CO	PM_{10}	VOC_s
2009	972	18 727	630.7	12 159.81	2 884.16	1 513.33	319.01	112.71
2010	999	22 438	770.2	14 163.18	3 350.36	1 734.05	366.16	120.72
2011	1 080	26 507	946.2	16 485.89	3 894.23	2 000.63	422.84	135.05
2012	1 055	30 029	1 002.4	18 263.05	4 304.49	2 185.91	462.68	135.05
2013	1 145	31 668	1 026.2	19 339.38	4560.05	2 320.72	491.08	144.10
2014	1 302	35 012	1 201.2	21 470.07	5 064.52	2 583.03	546.44	165.23
2015	791	37 971	1 302.0	21 761.19	5 097.57	2 504.47	532.38	123.27
2016	414	41 465	1 450.3	22 660.27	5 280.57	2 519.93	537.74	95.27
2017	333	45 782	1 552.2	24 715.05	5 751.41	2 722.97	581.69	92.06
2018	324	47 701	1 658.4	25 694.69	5 977.89	2 826.13	603.84	95.50
2019	288	49 749	1 743.6	26 675.44	6 202.80	2 923.61	624.92	95.66
2020	225	51 463	1 805.0	27 415.61	6 370.12	2 989.48	639.38	92.45
2021	215	51 314	1 830.9	27 313.30	6 345.73	2 976.35	636.62	92.59

（1）前期数据检验

由前文所述，在采用灰色预测模型—GM（1，1）模型之前，需对原始数列$X^{(0)}$及累加生成的新数列$X^{(1)}$分别进行准光滑性检验及准指数规律检验。采用2009~2021年的数据进行建模，并预测2022~2032年的大气污染物排放量。本节涉及 NO_x、SO_2、CO、PM_{10}、VOC_S 五种不同的大气污染物，因此我们分别对其进行数据检验。

①NO_x 排放量数据检验。

由表 4.25 可得 NO_x 排放量原始数据序列为 $X_{NO_x}^{(0)}$，

$X_{NO_x}^{(0)}$ =（12 159.81，14 163.18，16 485.89，18 263.05，19 339.38，21 470.07，21 761.19，22 660.27，24 715.05，25 694.69，26 675.44，27 415.61，27 313.30）

累加生成的新序列为 $X_{NO_x}^{(1)}$，

$X_{NO_x}^{(0)}$ =（12 159.81，26 322.99，42 808.88，61 071.93，80 411.31，101 881.38，123 642.57，146 302.84，171 017.89，196 712.58，223 388.02，250 803.63，278 116.93）

对以上序列进行检验，结果如表 4.26 和表 4.27 所示。

表 4.26　　NO_x 排放量原始数据序列准光滑性检验

t	1	2	3	4	5	6	7	8	9	10	11	12	13
$\rho(t)$	0	0	0.626	0.427	0.317	0.267	0.214	0.183	0.169	0.150	0.136	0.123	0.109

表 4.27　　NO_x 排放量新序列准指数规律检验

t	1	2	3	4	5	6	7	8	9	10	11	12	13
$\delta^{(1)}(t)$	0	0	1.626	1.427	1.317	1.267	1.214	1.183	1.169	1.150	1.136	1.123	1.109

②SO_2排放量数据检验。

由表 4.25 可得 SO2 排放量原始数据序列为 $X_{SO_2}^{(0)}$

$X_{SO_2}^{(0)}$ =（2 884.16，3 350.36，3 894.23，4 304.49，4 560.05，5 064.52，5 097.57，5 280.57，5 751.41，5 977.89，6 202.80，6 370.12，6 345.73）

累加生成的新序列为 $X_{SO_2}^{(1)}$，

$X_{SO_2}^{(1)}$ =（2 884.16，6 234.52，10 128.75，14 433.24，18 993.29，24 057.81，29 155.38，34 435.95，40 187.36，46 165.25，52 368.05，58 738.17，65 083.9）

对以上序列进行检验，结果如表 4.28 和表 4.29 所示。

表 4.28　　SO_2 排放量原始数据序列准光滑性检验

t	1	2	3	4	5	6	7	8	9	10	11	12	13
$\rho(t)$	0	0	0.626	0.425	0.316	0.267	0.212	0.181	0.167	0.149	0.134	0.122	0.108

表 4.29　　SO_2 排放量新序列准指数规律检验

t	1	2	3	4	5	6	7	8	9	10	11	12	13
$\delta^{(1)}(t)$	0	0	1.626	1.425	1.316	1.267	1.212	1.181	1.167	1.149	1.134	1.122	1.108

③CO 排放量数据检验。

由表 4.25 可得 CO 排放量原始数据序列为 $X_{CO}^{(0)}$

$X_{CO}^{(0)}$ = (1 513.33, 1 734.05, 2 000.63, 2 185.91, 2 320.72, 2 583.03, 2 504.47, 2 519.93, 2 722.97, 2 826.13, 2 923.61, 2 989.48, 2 976.35)

累加生成的新序列为 $X_{CO}^{(1)}$,

$X_{CO}^{(1)}$ = (1 513.33, 3 247.38, 5 248.01, 7 433.92, 9 754.64, 12 337.67, 14 842.14, 17 362.07, 20 085.04, 22 911.17, 25 834.78, 28 824.26, 31 800.61)

对以上序列进行检验，结果如表 4.30 和表 4.31 所示。

表 4.30　　CO 排放量原始数据序列准光滑性检验

t	1	2	3	4	5	6	7	8	9	10	11	12	13
$\rho(t)$	0	0	0.616	0.417	0.312	0.265	0.203	0.170	0.157	0.141	0.128	0.116	0.103

表 4.31　　CO 排放量新序列准指数规律检验

t	1	2	3	4	5	6	7	8	9	10	11	12	13
$\delta^{(1)}(t)$	0	0	1.616	1.417	1.312	1.265	1.203	1.170	1.157	1.141	1.128	1.116	1.103

④PM_{10}排放量数据检验。

由表 4.25 可得 PM_{10}排放量原始数据序列为 $X_{PM_{10}}^{(0)}$：

$$X_{PM_{10}}^{(0)}=(319.01,\ 366.16,\ 422.84,\ 462.68,\ 491.08,\ 546.44,\ 532.38,\ 537.74,\ 581.69,\ 603.84,\ 624.92,\ 639.38,\ 636.62)$$

累加生成的新序列为 $X_{PM_{10}}^{(1)}$：

$$X_{PM_{10}}^{(0)}=(319.01,\ 685.17,\ 1\,108.01,\ 1\,570.69,\ 2\,061.77,\ 2\,608.21,\ 3\,140.59,\ 3\,678.33,\ 4\,260.02,\ 4\,863.86,\ 5\,488.78,\ 6\,128.16,\ 6\,764.78)$$

对以上序列进行检验，结果如表 4.32 和表 4.33 所示：

表 4.32　　PM_{10}排放量原始数据序列准光滑性检验

t	1	2	3	4	5	6	7	8	9	10	11	12	13
$\rho(t)$	0	0	0.692	0.407	0.319	0.261	0.208	0.179	0.147	0.146	0.118	0.146	0.112

表 4.33　　PM_{10}排放量新序列准指数规律检验

t	1	2	3	4	5	6	7	8	9	10	11	12	13
$\delta^{(1)}(t)$	0	0	1.692	1.407	1.319	1.261	1.208	1.179	1.147	1.146	1.118	1.146	1.112

⑤VOC_S排放量数据检验。

由表 4.25 可得 VOC_S排放量原始数据序列为 $X_{VOC_S}^{(0)}$：

$$X_{VOC_S}^{(0)}=(112.71,\ 120.72,\ 135.05,\ 135.05,\ 144.10,\ 165.23,\ 123.27,\ 95.27,\ 92.06,\ 95.50,\ 95.66,\ 92.45,\ 92.59)$$

累加生成的新序列为 $X_{VOC_S}^{(1)}$：

$$X_{VOC_S}^{(1)}=(112.71,\ 233.43,\ 368.48,\ 503.53,\ 647.63,\ 812.86,\ 936.13,\ 1\,031.4,\ 1\,123.46,\ 1\,218.96,\ 1\,314.62,\ 1\,407.07,\ 1\,499.66)$$

对以上序列进行检验，结果如表 4.34 和表 4.35 所示：

表 4.34　　VOC_S排放量原始数据序列准光滑性检验

t	1	2	3	4	5	6	7	8	9	10	11	12	13
$\rho(t)$	0	0	0.692	0.407	0.319	0.261	0.208	0.179	0.147	0.146	0.118	0.146	0.112

表 4.35　　　　VOC_S排放量新序列准指数规律检验

t	1	2	3	4	5	6	7	8	9	10	11	12	13
$\delta^{(1)}(t)$	0	0	1.692	1.407	1.319	1.261	1.208	1.179	1.147	1.146	1.118	1.146	1.112

上文指出，当 $t>3$ 时，如果 $\rho(t)<0.5$，则满足准光滑性检验；当 $t>3$ 时，如果 $1<\delta^{(1)}(t)<1.5$，则满足准指数规律检验。如若同时通过以上两项检验，则可以利用灰色预测模型进行预测。通过我们对 NO_x、SO_2、CO、PM_{10}、VOC_S 五种不同的大气污染物分别进行检验后，得出以上五种大气污染物都通过了这两种检验，符合建模要求，因此可以使用 GM（1，1）模型进行大气污染物排放量的预测。

（2）船舶大气污染物排放量 GM（1，1）模型的建立

①NO_x 排放量 GM（1，1）模型的建立。

根据原始数据序列 $X_{NO_x}^{(0)}$ 以及累加形成的新数列 $X_{NO_x}^{(1)}$，对参数列 $\hat{U}=[\hat{\alpha},\hat{\mu}]^T$ 用最小二乘法进行估计得出以下数据：$\hat{U}=[\hat{\alpha},\hat{\mu}]^T=(B^TB)^{-1}B^TY=(-0.053,15\ 278.211)^T$，$-\alpha=0.053<0.3$，则该模型可以进行中长期预测。

由此可确立 NO_x 排放量预测模型的方程：GM（1，1）模型相对应的白化方程的时间响应方程为：$\hat{X}_{NO_x}^{(1)}(k+1)=302\ 400.0\times e^{0.053t}-290\ 244.0$，根据公式可以计算出新数列 $X_{NO_x}^{(1)}$ 的模拟值。按照（2－15）的公式可以得出 GM（1，1）模型的时间响应方程：$\hat{X}_{NO_x}^{(0)}(k+1)=15\ 506.5889\times e^{0.053t}$，计算出与原始数列 $X_{NO_x}^{(0)}$ 相对应年限的模拟预测值。

②SO_2 排放量 GM（1，1）模型的建立。

根据原始数据序列 $X_{SO_2}^{(0)}$ 以及累加形成的新数列 $X_{SO_2}^{(1)}$，对参数列 $\hat{U}=[\hat{\alpha},\hat{\mu}]^T$ 用最小二乘法进行估计得出以下数据：$\hat{U}=[\hat{\alpha},\hat{\mu}]^T=(B^TB)^{-1}B^TY=(-0.051,3\ 618.357)^T$，$-\alpha=0.051<0.3$，则该模型可以进行中长期预测。

由此可确立 SO_2 排放量预测模型的方程：GM（1，1）模型相对应的白化方程的时间响应方程为：$\hat{X}_{SO_2}^{(1)}(k+1)=73\ 959.0\times e^{0.051t}-71\ 075.0$，根据公式可以计算出新数列 $X_{SO_2}^{(1)}$ 的模拟值。按照（2－15）的公式可以得出 GM（1，1）模型的时间响应方程：$\hat{X}_{SO_2}^{(0)}(k+1)=3\ 670.9517\times e^{0.051t}$，

计算出与原始数列 $X_{SO_2}^{(0)}$ 相对应年限的模拟预测值。

③CO 排放量 GM（1，1）模型的建立。

根据原始数据序列 $X_{CO}^{(0)}$ 以及累加形成的新数列 $X_{SO_2}^{(1)}$，对参数列 $\hat{U}=[\hat{\alpha},\hat{\mu}]^T$ 用最小二乘法进行估计得出以下数据：$\hat{U}=[\hat{\alpha},\hat{\mu}]^T=(B^TB)^{-1}B^TY=(-0.041, 1\ 889.245)^T$，$-\alpha=0.041<0.3$，则该模型可以进行中长期预测。

由此可确立 CO 排放量预测模型的方程：GM（1，1）模型相对应的白化方程的时间响应方程为：$\hat{X}_{CO}^{(1)}(k+1)=47\ 288.0\times e^{0.041t}-45\ 775.0$，根据公式可以计算出新数列 $X_{CO}^{(1)}$ 的模拟值。按照 2－（15）的公式可以得出 GM（1，1）模型的时间响应方程：$\hat{X}_{CO}^{(0)}(k+1)=1\ 911.9760\times e^{0.041t}$，计算出与原始数列 $X_{CO}^{(0)}$ 相对应年限的模拟预测值。

④PM_{10}排放量 GM（1，1）模型的建立。

根据原始数据序列 $X_{PM_{10}}^{(0)}$ 以及累加形成的新数列 $X_{PM_{10}}^{(1)}$，对参数列 $\hat{U}=[\hat{\alpha},\hat{\mu}]^T$ 用最小二乘法进行估计得出以下数据：$\hat{U}=[\hat{\alpha},\hat{\mu}]^T=(B^TB)^{-1}B^TY=(-0.043, 398.387)^T$，$-\alpha=0.043<0.3$，则该模型可以进行中长期预测。

由此可确立 PM_{10}排放量预测模型的方程：GM（1，1）模型相对应的白化方程的时间响应方程为：$\hat{X}_{PM_{10}}^{(1)}(k+1)=9\ 682.3\times e^{0.043t}-9\ 363.3$，根据公式可以计算出新数列 $X_{PM_{10}}^{(1)}$ 的模拟值。按照（2－15）的公式可以得出 GM（1，1）模型的时间响应方程：$\hat{X}_{PM_{10}}^{(0)}(k+1)=403.3196\times e^{0.043t}$，计算出与原始数列 $X_{PM_{10}}^{(0)}$ 相对应年限的模拟预测值。

⑤VOC_S排放量 GM（1，1）模型的建立。

根据原始数据序列 $X_{VOC_S}^{(0)}$ 以及累加形成的新数列 $X_{VOC_S}^{(1)}$，对参数列 $\hat{U}=[\hat{\alpha},\hat{\mu}]^T$ 用最小二乘法进行估计得出以下数据：$\hat{U}=[\hat{\alpha},\hat{\mu}]^T=(B^TB)^{-1}B^TY=(-0.042, 152.326)^T$，$-\alpha=0.042<0.3$，则该模型可以进行中长期预测。

由此可确立 PM_{10}排放量预测模型的方程：GM（1，1）模型相对应的白化方程的时间响应方程为：$\hat{X}_{VOC_S}^{(1)}(k+1)=3\ 593.9-3\ 481.2\times e^{0.042t}$，根据公式可以计算出新数列 $X_{VOC_S}^{(1)}$ 的模拟值。按照 2－（15）的公式可以得出 GM（1，1）模型的时间响应方程：$\hat{X}_{VOC_S}^{(0)}(k+1)=150.72\times e^{0.042t}$，计算出

与原始数列 $X_{VOC_S}^{(0)}$ 相对应年限的模拟预测值。

（3）灰色预测 GM（1，1）模型的精度检验

根据 GM（1，1）模型所得出的时间响应方程，可以分别计算出 2009～2021 年这五种不同的大气污染物的模拟排放量，通过现有的数据及模型推算出的模拟数据，对建立的模型进行检验。

①NO_x 排放量 GM（1，1）模型检验。

通过 MATLAB 程序得出 GM（1，1）模型的时间响应方程，根据响应方程可以得出与原始数据相对应的模拟数据，对比分析 NO_x 排放量的原始数据与模拟数据，主要是通过计算残差及相对误差来分析模型的精度，分析结果如表 4.36 所示：

表 4.36　2009～2021 年 CO 排放量预测模型检验计算分析表

年份	实际数据 $x_{NO_x}^{(0)}$	模拟数据 $\hat{x}_{NO_x}^{(0)}$	残差 $\Delta^{(0)}(i)$	相对误差 $\Phi(i)$
2009	12 159.81	—	—	—
2010	14 163.18	16 344.72	-2 181.54	-0.1540
2011	16 485.89	17 228.16	742.27	0.0450
2012	18 263.05	18 159.34	103.71	0.0057
2013	19 339.38	19 140.85	198.53	0.0103
2014	21 470.07	20 175.42	1 294.65	0.0603
2015	21 761.19	21 265.90	495.29	0.0228
2016	22 660.27	22 415.33	244.94	0.0108
2017	24 715.05	23 626.88	1 088.17	0.0440
2018	25 694.69	24 903.91	790.78	0.0308
2019	26 675.44	26 249.97	425.47	0.0159
2020	27 415.61	27 668.79	-253.18	-0.0092
2021	27 313.3	29 164.29	-1 850.99	-0.0678

由上表可以看出，相对误差 $\Phi(i)$ 的绝对值基本上都小于 0.05，说明该模型可以称为残差合格模型；平均相对误差 $\bar{\Phi}(i) = \frac{1}{13}\sum_{i=1}^{13}\Phi(i) = 0.03666$，

表明模型的预测精确度较高，可以进行后期的中长期预测；根据公式（4.9）计算出均方差比，进行均方差比检验 $C=0.136$，根据公式（4.10）进行小误差概率 P 检验：$P=1$，因为 $C=0.136<0.35$，$P=1>0.95$，所以 NO_x 的预测模型精度为一级优秀。

②SO_2排放量GM（1，1）模型检验。

通过MATLAB程序得出GM（1，1）模型的时间响应方程，根据响应方程可以得出与原始数据相对应的模拟数据，对比分析 SO_2排放量的原始数据与模拟数据，主要是通过计算残差及相对误差来分析模型的精度，分析结果如表4.37所示：

表4.37　2009～2021年CO排放量预测模型检验计算分析表

年份	实际数据 $x_{SO_2}^{(0)}$	模拟数据 $\hat{x}_{SO_2}^{(0)}$	残差 $\Delta^{(0)}(i)$	相对误差 $\Phi(i)$
2009	2 884.16	—	—	—
2010	3 350.36	3 862.68	-512.32	-0.1529
2011	3 894.23	4 064.41	-170.18	-0.0437
2012	4 304.49	4 276.69	27.80	0.0065
2013	4 560.05	4 500.05	60.00	0.0132
2014	5 064.52	4 735.07	329.45	0.0651
2015	5 097.57	4 982.37	115.20	0.0226
2016	5 280.57	5 242.59	37.98	0.0072
2017	5 751.41	5 516.39	235.02	0.0409
2018	5 977.89	5 804.50	173.39	0.0290
2019	6 202.8	6 107.65	95.15	0.0153
2020	6 370.12	6 426.64	-56.52	-0.0089
2021	6 345.73	6 762.28	-416.55	-0.0656

由上表可以看出，相对误差 $\Phi(i)$ 的绝对值基本上都小于0.05，说明该模型可以称为残差合格模型；平均相对误差 $\bar{\Phi}(i)=\frac{1}{13}\sum_{i=1}^{13}\Phi(i)=0.03622$，表明模型的预测精确度较高，可以进行后期的中长期预测；根

据公式（4.9）计算出均方差比，进行均方差比检验 $C=0.140$，根据公式（4.10）进行小误差概率 P 检验：$P=1$，因为 $C=0.140<0.35$，$P=1>0.95$，所以 SO_2 的预测模型精度为一级优秀。

③CO 排放量 GM（1，1）模型检验。

通过 MATLAB 程序得出 GM（1，1）模型的时间响应方程，根据响应方程可以得出与原始数据相对应的模拟数据，对比分析 CO 排放量的原始数据与模拟数据，主要是通过计算残差及相对误差来分析模型的精度，分析结果如表 4.38 所示：

表 4.38　2009～2021 年 CO 排放量预测模型检验计算分析表

年份	实际数据 $x_{CO}^{(0)}$	模拟数据 $\hat{x}_{CO}^{(0)}$	残差 $\Delta^{(0)}(i)$	相对误差 $\Phi(i)$
2009	1 513.33	—	—	
2010	1 734.05	1 992.54	-258.49	-0.1491
2011	2 000.63	2 076.50	-75.87	-0.0379
2012	2 185.91	2 163.99	21.92	0.0100
2013	2 320.72	2 255.17	65.55	0.0282
2014	2 583.03	2 350.20	232.83	0.0901
2015	2 504.47	2 449.23	55.24	0.0221
2016	2 519.93	2 552.43	-32.50	-0.0129
2017	2 722.97	2 659.98	62.99	0.0231
2018	2 826.13	2 772.06	54.07	0.0191
2019	2 923.61	2 888.86	34.75	0.0119
2020	2 989.48	3 010.59	-21.11	-0.0071
2021	2 976.35	3 137.44	-161.09	-0.0541

由上表可以看出，相对误差 $\Phi(i)$ 的绝对值基本上都小于 0.05，说明该模型可以称为残差合格模型；平均相对误差 $\bar{\Phi}(i)=\frac{1}{13}\sum_{i=1}^{13}\Phi(i)=0.03582$，表明模型的预测精确度较高，可以进行后期的中长期预测；根据公式（4.9）计算出均方差比，进行均方差比检验 $C=0.173$，根据公式

（4.10）进行小误差概率 P 检验：$P=1$，因为 $C=0.173<0.35$，$P=1>0.95$，所以CO的预测模型精度为一级优秀。

④PM_{10}排放量GM（1，1）模型检验。

通过MATLAB程序得出GM（1，1）模型的时间响应方程，根据响应方程可以得出与原始数据相对应的模拟数据，对比分析PM_{10}排放量的原始数据与模拟数据，主要是通过计算残差及相对误差来分析模型的精度，分析结果如表4.39所示：

表4.39　2009～2021年PM_{10}排放量预测模型检验计算分析表

年份	实际数据 $x_{PM_{10}}^{(0)}$	模拟数据 $\hat{x}_{PM_{10}}^{(0)}$	残差 $\Delta^{(0)}(i)$	相对误差 $\Phi(i)$
2009	319.01		—	—
2010	366.16	420.85	-54.69	-0.1494
2011	422.84	439.14	-16.30	-0.0386
2012	462.68	458.23	4.45	0.0096
2013	491.08	478.15	12.93	0.0263
2014	546.44	498.93	47.51	0.0869
2015	532.38	520.62	11.76	0.0221
2016	537.74	543.25	-5.51	-0.0102
2017	581.69	566.86	14.83	0.0255
2018	603.84	591.50	12.34	0.0204
2019	624.92	617.21	7.71	0.0123
2020	639.38	644.03	-4.65	-0.0073
2021	636.62	672.03	-35.41	-0.0556

由上表可以看出，相对误差 $\Phi(i)$ 的绝对值基本上都小于0.05，说明该模型可以称为残差合格模型；平均相对误差 $\bar{\Phi}(i)=\frac{1}{13}\sum_{i=1}^{13}\Phi(i)=0.03572$，表明模型的预测精确度较高，可以进行后期的中长期预测；根据公式（4.9）计算出均方差比，进行均方差比检验 $C=0.167$，根据公式（4.10）进行小误差概率 P 检验：$P=1$，因为 $C=0.167<0.35$，

$P=1>0.95$，所以 PM_{10}的预测模型精度为一级优秀。

⑤VOC_S排放量 GM（1，1）模型检验。

通过 MATLAB 程序得出 GM（1，1）模型的时间响应方程，根据响应方程可以得出与原始数据相对应的模拟数据，对比分析 VOC_S排放量的原始数据与模拟数据，主要是通过计算残差及相对误差来分析模型的精度，分析结果如表 4.40 所示：

表 4.40　2009～2021 年 PM_{10}排放量预测模型检验计算分析表

年份	实际数据 $x_{VOC_S}^{(0)}$	模拟数据 $\hat{x}_{VOC_S}^{(0)}$	残差 $\Delta^{(0)}(i)$	相对误差 $\Phi(i)$
2009	112.71	—	—	—
2010	120.72	144.47	-23.75	-0.1967
2011	135.05	138.47	-3.42	-0.0253
2012	135.05	132.72	2.33	0.0172
2013	144.10	127.22	16.88	0.1172
2014	165.23	121.94	43.29	0.2620
2015	123.27	116.88	6.39	0.0519
2016	95.27	112.03	-16.76	-0.1759
2017	92.06	107.38	-15.32	-0.1664
2018	95.50	102.92	-7.42	-0.0777
2019	95.66	98.65	-2.99	-0.0313
2020	92.45	94.56	-2.11	-0.0228
2021	92.59	90.63	-1.96	0.0211

由上表可以看出，相对误差 $\Phi(i)$ 的绝对值基本上都小于 0.1，说明该模型可以称为残差合格模型；平均相对误差 $\bar{\Phi}(i)=\frac{1}{13}\sum_{i=1}^{13}\Phi(i)=0.08965$，表明模型的预测精确度较高，可以进行后期的中长期预测；根据公式（4.9）计算出均方差比，进行均方差比检验 $C=0.50$，根据公式（4.10）进行小误差概率 P 检验：$P=0.92$，因为 $C=0.50\leqslant0.50$，$0.8<(P=0.92)<0.95$，所以 VOC_S 的预测模型精度为二级良好。

（4）灰色 GM（1，1）模型精度改进

根据均方差比检验 C 及小误差概率 P 检验，参照表 2.1 中精度检验值，可以得出 NO_x、SO_2、CO 及 PM_{10} 的预测模型精度为一级优秀，VOC_S 的预测模型精度是二级良好，因此根据马尔科夫模型提高 VOC_S 的预测模型精度。

①划分状态区间。

按照 VOC_S 的 GM（1，1）模型的相对误差值，将 VOC_S 排放量预测情况划分为以下五个状态区间：$E_1(-0.1967, -0.1050)$，$E_2(-0.1050, -0.0132)$，$E_3(-0.0132, 0.0785)$，

$E_4(0.0785, 0.1703)$，$E_5(0.1703, 0.2620)$。划分结果如表 4.41 所示：

表 4.41　2009～2021 年 VOC_S 排放量的状态划分表

年份	2005	2006	2007	2008	2009	2010	2011	2012	2013	2014	2015	2016	2017
状态	E3	E1	E2	E3	E4	E5	E3	E1	E1	E2	E2	E2	E3

②建立状态转移概率矩阵。

在 3 个从 E_1 出发（转移出去）的状态中，有 1 个是从 E_1 到 E_1 的，有 2 个是从 E_1 到 E_2 的，可以得出 $p_{11}=1/3$，$p_{12}=2/3$；在 4 个从 E_2 出发的状态中，有 2 个是从 E_2 到 E_2 的，有 2 个是从 E_2 到 E_3 的，可以得出 $p_{22}=2/4$，$p_{23}=2/4$；在 3 个从 E_3 出发的状态中，有 2 个是从 E_3 到 E_1 的，有 1 个是从 E_3 到 E_4 的，可以得出 $p_{31}=2/3$，$p_{34}=1/3$；在 1 个从 E_4 出发的状态中，有 1 个是从 E_4 到 E_5 的，可以得出 $p_{45}=1$；在 1 个从 E_5 出发的状态中，有 1 个是从 E_5 到 E_3 的，可以得出 $p_{53}=1$。以此建立的状态转移概率矩阵如下：

$$P=\begin{bmatrix}1/3 & 2/3 & 0 & 0 & 0\\ 0 & 2/4 & 2/4 & 0 & 0\\ 2/3 & 0 & 0 & 1/3 & 0\\ 0 & 0 & 0 & 0 & 1\\ 0 & 0 & 1 & 0 & 0\end{bmatrix}$$

③预测值修订。

根据公式（2－18）对2009～2021年VOC_s的排放量预测值进行修正，以2006年的灰色预测值是144.47，其状态处于E_1，计算出经过马尔科夫模型修正后的预测值为$\hat{Y}_{(2006)}=144.47\times[1+0.5\times(-0.1967-0.1050)]=122.6767$，同理可以计算出2007～2017年的灰色马尔科夫预测值，并与灰色预测模型数值进行对比，结果如表4.42。

④精度检验。

VOC_S的GM（1，1）预测模型精度检验为二级良好，其中平均相对误差绝对值$\bar{\Phi}(i)=1/13\sum_{i=1}^{13}\Phi(i)=0.08965$，均方差比检验C＝0.50，小误差概率$P$检验：$P=0.92$；利用马尔科夫模型修正后的平均相对误差，均方差比检验$C=0.50$，小误差概率P检验：$P=1$，参照表4.42可以得出利用马尔科夫模型修正后的模型精度变为一级优秀。

表4.42　两种模型预测结果对比

年份	实际数据	灰色模型预测数据	残差	相对误差	马尔科夫预测数据	残差	相对误差
2009	112.71	—	—	—	—	—	—
2010	120.72	144.47	－23.75	－0.1967	122.6767	1.956701	0.016209
2011	135.05	138.47	－3.42	－0.0253	130.2864	－4.76358	－0.03527
2012	135.05	132.72	2.33	0.0172	137.0533	2.003308	0.014834
2013	144.10	127.22	16.88	0.1172	143.0462	－1.05383	－0.00731
2014	165.23	121.94	43.29	0.2620	148.2973	－16.9327	－0.10248
2015	123.27	116.88	6.39	0.0519	120.6961	－2.57387	－0.02088
2016	95.27	112.03	－16.76	－0.1759	95.1303	－0.13973	－0.00147
2017	92.06	107.38	－15.32	－0.1664	91.1817	－0.87827	－0.00954
2018	95.50	102.92	－7.42	－0.0777	96.8374	1.337428	0.014004
2019	95.66	98.65	－2.99	－0.0313	92.8198	－2.84022	－0.02969
2020	92.45	94.56	－2.11	－0.0228	88.9715	－3.4785	－0.03763
2021	92.59	90.63	－1.96	0.0211	93.5891	0.99907	0.01079

得到 2022 ~2032 年青岛港船舶大气污染物排放量预测值，如表 4.43 所示。

表 4.43　2022 ~2032 年青岛港船舶大气污染物排放量预测值

年份	NO_x/t	SO_2/t	CO/t	PM_{10}/t	VOC_s/t
2009	34 153. 49	7 878. 11	3 550. 98	763. 52	82. 42
2010	35 999. 49	8 289. 56	3 700. 61	796. 71	64. 96
2011	37 945. 27	8 722. 5	3 856. 54	831. 34	68. 99
2012	39 996. 22	9 178. 06	4 019. 04	867. 47	72. 57
2013	42 158. 02	9 657. 4	4 188. 38	905. 18	57. 2
2014	44 436. 66	10 161. 78	4 364. 86	944. 52	60. 75
2015	46 838. 47	10 692. 5	4 548. 78	985. 58	58. 23
2016	49 370. 09	11 250. 95	4 740. 45	1 028. 42	55. 82
2017	52 038. 55	11 838. 55	4 940. 19	1 073. 12	53. 5
2018	54 851. 24	12 456. 85	5 148. 35	1 119. 76	51. 28
2019	57 815. 96	13 107. 43	5 365. 29	1 168. 43	49. 15

（5）管理启示

①将治理监管的重点放到 NO_x、SO_2 及 PM_{10}的排放，尤其是 PM_{10}的船舶排放。NO_x 的排放量本就处于较高的水平，要控制 NO_x 的排放量要运用技术方面的研究，在燃油燃烧过程中脱硝或是燃烧后脱硝。要降低 SO_2 的排放量，需要严格把控燃油的含硫量，从根源上降低硫的排放。PM_{10}颗粒物的排放量相对较低，但其负外部性成本因子是最高的，表明其治理难度及对环境的损害能力，且 PM_{10}的排放量呈现出逐年上升的趋势，是将来治理环境的重中之重。颗粒物的产生主要是来自船舶发动机内燃油的不充分燃烧，因此要借助科学技术改造发动机装置，让燃油得到充分燃烧。对无法避免的污染物排放，做好后续排放处理措施，保证达到排放标准后再排放。

②降低船舶污染排放的同时，对港区内其他的燃油动力设备采取监管措施，改善港口区域的环境质量。青岛港这一区域的船舶排放量已经对整

个青岛市的空气环境质量产生了负面影响，分担率有持续上升的趋势，因此降低青岛港船舶排放量对青岛市大气污染物的排放分担率将是改善青岛城市空气环境质量的关键。降低区域内的污染排放，不能仅局限于船舶排放，港区内还有大量以燃油为动力来源的机械类设备，对其采取一定的监管措施的同时，也可以将部分设备直接替换为电力等清洁能源。

③发展港区岸电系统，按照船舶本身需求设定相应的供电频率。进入港区内的船舶为了维持生产生活的需要，需保持船舶的辅助发动机处于做工状态，这会源源不断地排放大气污染物，要改善这种状况就需要为船舶提供新的动力来源。港口岸电系统可以解决这一问题，通过使用陆地电源向主要船载系统供电，属于新兴技术，具有非常大的发展前景。此外，我国的用电频率为50Hz，美国的为60Hz，为了应对这种情况可以根据船舶本身的具体需求设置不同供电频率的岸电系统。岸电系统的使用可以大大降低港区内船舶的大气污染排放量。

④照船舶的类型、发动机类型、燃油的质量及排放处理能力等因素征收部分税收，税收的金额与船舶排放量呈正比关系，以此保护和鼓励绿色船舶，遏制甚至驱赶“灰色”船舶；根据税收成立专门的控制基金，针对有需要的船只进行升级改造，实现污染提前处理再排放。此外可以参照以上因素对游轮票价的燃油费部分进行灵活定价，令旅客分担一部分船舶排放所产生的负外部性成本。

⑤加强船舶运输企业的环保意识和社会责任感，并采取适当补贴等激励措施，尤其是船舶运输制造企业。鼓励船舶运输企业积极参与行业减排，以此扩大企业的声誉，也可以通过排放权进行交易获得相应的收益。对于致力于节能减排的船舶制造企业，政府可以给予一定的补贴。

本章参考文献

[1] 蔡亮亮. 改进的灰色马尔科夫模型及其对全国邮电业务总量的预测 [D]. 南京邮电大学，2013：1-42.

[2] 杜柏松，朱鹏飞，梁民仓，等. 基于灰色马尔科夫模型的深圳港集装箱吞吐量预测 [J]. 浙江海洋大学学报（自然科学版），2019（2）：180-187.

[3] 顾建，王伟，彭宜蔷，等. 基于STEAM的靠港船舶大气污染物

排放清单研究［J］. 安全与环境学报，2017（5）：1963－1968.

［4］江苏省交通运输厅 . 2017 江苏省交通运输统计年鉴［Z］.

［5］江苏省统计局 . 2018 年江苏统计年鉴［Z］.

［6］梁永贤，廖汝娥，颜敏，等 . 深圳港船舶大气污染物排放核算［J］. 环境科学导刊，2016，164（2）：31－35.

［7］彭传圣，乔冰 . 控制船舶大气污染气体排放的政策措施及实践［J］. 水运管理，2014，2：1－5.

［8］青岛市生态环境局 . 空气质量状况［DB/OL］，http：//hbj. qingdao. gov. cn/，2020.

［9］青岛市统计局 . 统计年鉴［DB/OL］，http：//qdtj. qingdao. gov. cn/，2020.

［10］谭建伟，宋亚楠，葛蕴珊，等 . 大连海域远洋船舶排放清单［J］. 环境科学研究，2014，12：1426－1431.

［11］万霖，何凌燕，黄晓锋 . 船舶大气污染排放的研究进展［J］. 环境科学与技术，2013，05：57－62.

［12］王天友，Song EricLim Khim，林漫群，等 . 燃油催化微粒捕集器微粒捕集与强制再生特性的研究［J］. 内燃机学报，2007，6：527－531.

［13］徐文文，殷承启，许雪记，等 . 江苏省内河船舶大气污染物排放清单及特征［J］. 环境科学，2019，40（6）：105－116.

［14］叶慧海，许允，肖宗成 . 柴油车排气微粒后处理器的研究［J］. 环境科学研究，2001，4：54－56.

［15］尹佩玲，黄争超，郑丹楠，等 . 宁波－舟山港船舶排放清单及时空分布特征［J］. 中国环境科学，2017，37（1）：27～37.

［16］中华人民共和国交通运输部 . 2018 年交通运输行业发展统计公报［Z］.

［17］Chen D，Wang X，Nelson P et al. Ship emission inventory and its impact on the PM 2. 5 air pollution in Qingdao Port，North China［J］. Atmospheric Environment，2017，166：351－361.

［18］Feng J，Zhang Y，Li S，Mao J，Patton A P，Zhou Y，Ma W，Liu C，Kan H，Huang C，An J，Li L，Shen Y，Fu Q，Wang X，Liu J,

Wang S, Ding D, Cheng J, Ge W, Zhu H, Walker K. Atmospheric Chemistry and Physics (Atmos. Chem. Phys.), 2019, 19 (9): 6167 - 6183.

[19] Navrud S, Ready R. Lessons learned for environmental value transfer [M]. Environmental Value Transfer: Issues and Methods, 2007.

[20] Ready R. Environmental value transfer: Issues and Methods [J]. European Review of Agricultural Economics, 2008, 35 (2): 290 - 259.

[21] Song S. Ship emissions inventory, social cost and eco-efficiency in Shanghai Yangshan port [J]. Atmospheric Environment, 2014, 82: 288 - 297.

[22] Yang X, Teng F, Wang G. Incorporating environmental co-benefits into climate policies: A regional study of the cement industry in China [J]. Applied Energy, 2013, 112: 1446 - 1453.

第5章　区域港口群碳足迹测算模型研究

港口是我国“一带一路”倡议的战略支点和重要枢纽，而事实上，港口主要依靠消耗石化能源开展生产作业，这就导致其成为碳排放大户。统计数据也显示：港口及船舶海运活动每年的碳排放已超过了全球排放总量2.7%。2011年，德班会议以及2013年欧盟航海碳税等事件，倒逼吞吐量已居全球第一的我国港口业加快走低碳发展之路。当前，我国港口业温室气体量增难控、能源利用效率不高等“高碳化”问题仍未能有效解决，难以跟上发达国家港口“低碳化”建设节拍。因此，加快建设低碳港口，既是绿色港口建设的核心问题，也是港口业转型的现实问题。

5.1　基于能源消耗视角的低碳港口形成驱动因素研究

加快建设低碳港口，需要做深做细大量的基础工作。其中，港口碳足迹驱动因素是最基本的工作之一，对明确和完善降低港口碳排放的方向和具体策略具有非常重要的作用。事实上，尽管当前港航业学界围绕港口碳足迹测算、建设路径等方面进行了较详细研究，但整体上仍处于定性阶段。另外，港口业界也采取了使用岸电、更新装卸设备等降低碳排放措施，但从更深层次挖掘有效措施仍有待深入研究。为此，本章拟针对港口群碳足迹测算及驱动因素进行研究，以期为我国打造一流绿色港口提供参考。

5.1.1 港口碳足迹驱动因素结构

从查阅和梳理碳足迹影响因素现有相关文献来看，大致分为内因和外因两类。

（1）内部因素

港口碳足迹的形成内因主要包括技术、管理、结构三种因素。技术因素方面，包括船舶设计水平、工艺设备和操作水平、港口基础设施等。如李（Li）等对阻碍我国低碳港口发展的龙门吊等港口基础设施因素进行了分析。刘和葛（Liu & Ge）利用排队论研究了优化集装箱码头起重机布局使得 CO_2 排放最小化的问题。于（Yu）等分析了不确定性下的集装箱码头电动轮胎式龙门起重机的碳效率配置。唐国磊等指出采用同贝同步装卸作业方案可保证装卸效率并有效减少集卡在港碳排放。徐胜和马艳敏提出了我国应当通过设立低碳排放标准、调整能源消费结构、开发清洁能源并引进低碳技术等措施，推进低碳港口发展。贝里奇曼和郑（Berechman & Tseng）计算高雄港的污染物排放时发现集装箱船、散货船和卡车是碳足迹的主要贡献者。管理因素方面，包括能源、装卸和生产调度、运输路线管理等，如杨书臣总结了日本低碳港口建设经验，包括变革管理体制、完善低碳港口法制、推进技术开发、构筑低碳物流系统和推进行政管理绿色化。花冈和雷格米（Hanaoka & Regmi）研究认为要通过干港的发展、多式联运货运方式来减少温室气体排放。张亚敏指出港口碳排放影响因素包括港口的规划及设计、港口管理、装卸设备、装卸工艺及辅助生产设施、工作人员操作技术水平、节能意识等。匡海波和牛文元在分析港口生态承载力等约束下，构建了集装箱港口多期投资优化决策理论模型。彭（Peng）等在考虑航道降低速度、减少泊位辅助时间、使用岸电和替代燃料和提高港口设备的工作效率四种情境下，对集装箱港口码头操作碳减排策略进行了仿真研究。蔡（Tsai）等重点分析了台中港主要温室气体和空气污染物的九个减排策略和三项管理行动。而结构因素方面，包括港口消耗能源结构等，尽管在国家层面或其他高能耗行业领域得到较广泛研究，但是目前基于能源消耗角度的港口碳足迹结构因素研究尚未得到高度重视。

（2）外部因素

总体来看，港口碳足迹外部影响因素包括区位、产业和政策。区位因素包括地理位置、经济潜力和区域职能等，如姜超雁和真虹认为低碳港口建设需要加强地主港管理、港口间错位发展等。产业因素包括临港产业类型、规模、结构等，如姜冠男对临港产业集群结构与低碳港口发展的关系进行了研究。沈玉芳等采用协同发展理论，对长三角地区产业群、城市群和港口群的低碳发展状况及其协同状况进行了实证分析，认为长三角在推进三大群体协同方面具有很大的空间，并提出了推进长三角地区产业群、城市群和港口群协同低碳发展的对策措施。政策因素包括经济、能源和环保政策等，类似内因中的结构因素，学术界也尚未开展专门的研究。

5.1.2 港口碳足迹测算和驱动因素分解模型

（1）港口碳足迹测算和驱动因素分析思路

沿着“提出问题→分析问题→解决问题”的脉络，本章对港口碳足迹测算和驱动因素进行研究。设定这三个步骤：一是构建基于能耗的港口碳足迹测算模型，根据港口消耗不同种类的能源，乘以对应的碳排放因子，计算得到对应的碳足迹总量。为增加碳足迹可比性，将港口生产的货物吞吐量转化成单位货物吞吐量碳足迹。碳足迹测算的基本过程为：首先确定港口碳足迹源头的能源能耗，其次确定港口各种能源能耗碳足迹，第三步确定港口碳足迹总量，最后确定港口单位货物吞吐量碳足迹。二是构建基于 LMDI 的港口碳足迹驱动因素分析模型。对港口碳足迹从能源消耗的角度进行驱动因素分解，深入分析其能源消耗结构和能源消耗效率的影响效应。三是构建港口碳足迹和节能减排资金投入的演进模型。获得港口节能减排资金投入与单位货物吞吐量碳足迹的共同演进关系，为更好节能减排资金投放低碳港口建设重点领域提供决策参考。

不同于现有港口碳足迹测算角度，本章从港口能源消耗角度来测算港口碳足迹及分析驱动因素，主要有两点考虑：一是一定期限内的能源消耗量易统计。尽管当前港口生产主要设备、主要环节能源消耗量数据难系统获取，但是可以通过港口企业柴油、燃料油和电力等日常采购量汇总估算年消耗量得到。二是能较好地客观分析能源消耗结构和能源消耗效率对港口碳足迹的影响效应。

另外，本章对港口碳足迹测算只考虑港口生产过程中能源消耗所产生的碳足迹，不考虑靠港船舶、基础建设活动等产生的碳足迹。具体地，港口碳足迹来源包括与港口生产装卸、卸载及运输过程中能源消耗所产生的碳足迹，涉及能源主要有柴油、汽油、电力、煤炭、天然气等。根据能源类型的不同，将能源消费产生的碳足迹分为直接碳足迹和间接碳足迹，直接碳足迹为终端能源消费（如柴油、汽油、煤炭、天然气等）产生的碳足迹，间接碳足迹为电力消费产生的碳足迹。本章将电力合并考虑为一种能源。在这里，主要从港口消耗的柴油、汽油、电力、煤炭、天然气等能源的碳排放角度来进行研究。

基于能源消费的港口碳足迹测算及驱动因素分析思路见图 5.1。

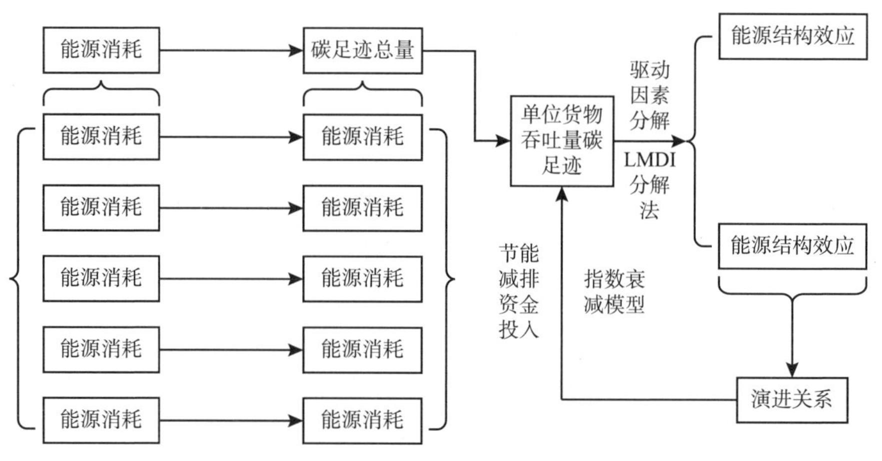

图 5.1　港口碳足迹测算及驱动因素分析研究思路

（2）能源消费视角下的港口碳足迹测算模型

港口碳足迹主要来自其生产运营过程当中各种能源消耗。从港口重点环节能源消耗来看，主要集中在装卸、搬运、仓储等关键环节，其中港口装卸作业是最关键环节，能源消耗和碳排放量在总体能源消耗中占比接近 80%。从港口重要设备能源消耗来看，主要集中在泊位、堆场、岸边装卸机械、水平搬运机械及堆场装卸机械等设备，重点包括岸桥、集卡和轮胎式起重机等。

因此，根据港口对柴油、燃料油、电力、煤炭等主要能源消耗量，构建港口第 t 年度（$t=0$，1，2，…，T）港口碳足迹测算公式，可以表示为：

$$C_t = \sum_i C_{it} \tag{5.1}$$

其中，C_t 为港口第 t 年的碳足迹总量；C_{it} 为第 t 年第 i 种能源的碳足迹。式（5.1）中，第 t 年第 i 种能源的碳足迹 C_{it} 计算式为：

$$C_{it} = E_{it}F_{it} \tag{5.2}$$

其中，E_{it} 为第 t 年第 i 种能源的消耗量，Fit 为第 t 年第 i 种能源的碳足迹排放因子，即在第 t 年每消耗一单位第 i 种能源产生的碳足迹。

（3）港口碳足迹影响因素分解

当前，碳足迹影响因素分析主要有两种方法：结构分解法（SDA）和指数分解法（IDA）。其中，结构分解法是以投入产出表及其数据为基础的一种比较静态分析法。而指数分解法是对各个解释变量的微分展开，以其他解释变量的报告期或基期指标值为权数的一种比较动态分析法。上述指数分解法都是以 Kaya 恒等式为基础，将目标变量分解成多个因素变量乘积的形式。其中 IDA 法又可以分为基于 Divisia、Laspeyres 等细分方法。上述各种模型具有自身特点和使用场合。

本章采取基于 Divisia 的 IDA 法（LMDI）构建港口碳足迹影响因素分解模型，理由有：一是本章港口碳足迹影响因素分解使用的是不同类型能源直接消耗加总数据，而 LMDI 能够有效地避免 Laspeyres 分解过程中出现剩余项情况。二是本章港口碳足迹影响因素较少，且数据序列时期较短，而 LMDI 适用于对含有较少因素、较少数据情况进行分解，并适合处理时间序列数据比较，能避免 SDA 法需从投入产出角度获取较高质量、较多数据进行分析的不足。港口碳足迹总量和分解的各种影响因素关系如下：

$$C_t = \sum_i C_{it} = \sum_i \frac{C_{it}}{E_{it}} \times \frac{E_{it}}{C_t} \times \frac{E_t}{B_t} \times B_t \tag{5.3}$$

其中，C_t 为港口第 t 年度碳足迹总量；C_{it} 为第 t 年第 i 种能源的碳足迹；E_t 为港口第 t 年能源消耗总量；E_{it} 为港口第 t 年第 i 种能源的消费量；B_t 为港口第 t 年货物吞吐量。

定义：能源结构因素 $S_{it} = E_{it}/E_t$，即第 t 年第 i 种能源在港口能源消费中的份额；能源效率因素 $I_t=E_t/B_t$，即第 t 年港口单位货物吞吐量的能源消耗。因此，港口第 t 年单位货物吞吐量碳足迹可以表示成：

$$A_t = \frac{C_t}{B_t} = \sum_i F_{it}S_{it}I_t \tag{5.4}$$

其中，A_t 为港口第 t 年单位货物吞吐量碳足迹；F_{it} 为港口第 t 年能源碳排放强度；S_{it} 为港口第 t 年能源结构；I_t 为港口第 t 年的能源效率因素。

式（5.4）显示，港口第 t 年单位货物吞吐量碳足迹 A_t 的变化由当年的能源碳排放强度、能源结构、能源效率因素的变化所引起。

故第 t 期相对于基期 $t=0$ 的港口单位货物吞吐量碳足迹的变化，可以表示为：

$$\Delta A_t = A_t - A_0 = \sum_{it} F_{it}S_{it}I_t - \sum_{it} F_{i0}S_{i0}I_0 = \Delta A_{Ft} + \Delta A_{St} + \Delta A_{It} + \Delta A_{rsdt} \tag{5.5}$$

$$D_t = \frac{A_t}{A_0} = D_{Ft}D_{St}D_{It}D_{rsdt} \tag{5.6}$$

其中，ΔA_{Ft}、D_{Ft} 为港口第 t 年能源碳排放强度因素；ΔA_{St}、D_{St} 为港口第 t 年能源结构因素；ΔA_{It}、D_{It} 为港口第 t 年能源效率因素；ΔA_{rsdt}、D_{rsdt} 为港口第 t 年分解余量。

式（5.5）中的 ΔA_{Ft}、ΔA_{St}、ΔA_{It} 分别表示港口第 t 年各因素变化对港口单位货物吞吐量碳足迹变化的贡献值。而式（5.6）中的 D_{Ft}、D_{St}、D_{It} 表示港口第 t 年各因素变化对港口单位货物吞吐量碳足迹变化的贡献率。

对式（5.6）进行 LMDI 分解，分解结果如下：

$$\begin{aligned} \Delta A_{Ft} &= \sum_i W_{it}\ln\left(\frac{F_{it}}{F_{i0}}\right) \\ \Delta A_{St} &= \sum_i W_{it}\ln\left(\frac{S_{it}}{S_{i0}}\right) \\ \Delta A_{It} &= \sum_i W_{it}\ln\left(\frac{I_{it}}{I_{i0}}\right) \end{aligned} \tag{5.7}$$

其中：

$$W_{it} = \frac{A_{it} - A_{i0}}{\ln(A_{it}/A_{i0})} \tag{5.8}$$

由此得到：

$$\Delta A_{rsdt} = \Delta A_t - (\Delta A_{Ft} + \Delta A_{St} + \Delta A_{It}) = \Delta A_t - A_0 - \sum_i W_{it} \ln \frac{A_{it}}{A_{i0}} = 0 \tag{5.9}$$

对式（5.6）两边取对数，可以得出：

$$\ln D_t = \ln D_{F_t} + \ln D_{S_t} + \ln D_{I_t} + \ln D_{rsdt} \tag{5.10}$$

对照式（5.5）和式（5.10），设各项相应成比例，即有：

$$\frac{\ln D_t}{\Delta A_t} = \frac{\ln D_{Ft}}{\Delta A_{Ft}} = \frac{\ln D_{St}}{\Delta A_{St}} = \frac{\ln D_{It}}{\Delta A_{It}} = \frac{\ln D_{rsdt}}{\Delta A_{rsdt}} \tag{5.11}$$

另设：

$$\frac{\ln D_t}{\Delta A_t} = \frac{\ln A_{Ft} - \ln A_0}{A_{Ft} - A_0} = W_t \tag{5.12}$$

则可得到港口第 t 年各因素变化对港口单位货物吞吐量碳足迹变化的贡献率：基于 LMDI 的港口碳足迹驱动因素分析模型，从更高层面考察港口碳足迹变动的影响因素，提高了碳足迹驱动因素的解析力度和解释深度，深化了对港口碳足迹能源消耗来源的解释，对能源消耗采取细化措施降低港口碳排放量更具有指导性和针对性。

$$\begin{aligned} D_{Ft} &= \exp(W_t \Delta A_{Ft}) \\ D_{St} &= \exp(W_t \Delta A_{St}) \\ D_{It} &= \exp(W_t \Delta A_{It}) \\ D_{rsdt} &= 1 \end{aligned} \tag{5.13}$$

（4）港口单位货物吞吐量碳足迹与节能减排资金投入演进关系分析

港口碳足迹除了与能源消耗直接相关之外，还与减排资金投入存在共同演进效应。因此，本章还将考察港口单位货物吞吐量碳足迹与减排资金投入因素的演进关系。碳足迹排放强度与节能减排资金投入共同演进效应存在三个方面特点：一是负相关性。一般而言，随着减排资金投入的加大，碳足迹排放强度会相应地降低。二是时滞性。节能减排资金投入包括设备投资、研发投资、行为投资等，其中设备投资短期见效快，而研发投资、行为投资等对碳足迹排放强度则会产生慢慢释放的效果，因此导致单位货物吞吐量碳足迹有滞后效应。三是减排刚性。由于港口装卸设备不可能短期内全部更新成新能源设备等，会导致港口单位货物吞吐量碳足迹在较长时期内有个较低的理想水平。随着港口碳减排治理的深入，单位货物吞吐量碳足迹也逐渐向这个理想水平逼近。因此，本章构建如下指数衰减模型，来分析单位货物吞吐量碳足迹 A_t 与节能减排资金投入 X_t 的共同演进关系：

$$A_t = \alpha \exp^{-\sum_{j=0}^{k}(\beta_j X_{t-j})} \tag{5.14}$$

其中，参数 α 待估计常数，βj 为第 j 年滞后项待估计参数，k 为滞后项。

式（5.14）的含义是：第 t 年度单位货物吞吐量碳足迹 A_t 受到前 j 年的节能减排资金投入的累积效应影响，具体来说，就是第 t 年度单位货物吞吐量碳足迹 A_t 受第 t，$t-1$，…，$t-j$，$t-k$ 年节能减排资金投入 X_t 的影响，且碳减排资金投入的年份越往前，影响越小，且存在指数衰减的关系。

需要指出的是，港口节能减排资金投入来源主要包括港口企业自筹、交通运输部用于节能减排设备更新和新能源技术研发等专项资金补贴，地方政府节能减排专项扶持基金等。这里的港口节能减排资金投入可以通过这些相关项汇总相加而得。事实上，我国港口节能减排实践中，这些专项资金还包括用于硫化物等其他温室气体排放治理，但是占比一直非常低。这一点，不同于 IMO 船舶 2020 年“限硫令”致使船舶硫减排投资激增，港口面临的节能减排更多还是集中到碳减排投资上。因此，本章将近年来港口节能减排资金投入默认为全部用于碳排放治理上。

将其对数化，则有：

$$\ln A_t = \ln\alpha - \sum_{j=0}^{k}(\beta_j X_{t-j}) \tag{5.15}$$

借助式（5.15）拟合模型可以解决基于 LMDI 的港口碳足迹驱动因素分析模型无法纳入的节能减排资金投入因素对港口单位货物吞吐量碳足迹的影响，从而更能深入分析港口碳足迹的影响因素及其影响程度。

5.1.3 算例研究

2012 年 7 月，上海市人民政府发布了《关于开展碳排放交易试点工作的实施意见》，试点在 2013 ~ 2015 年，对上海市行政区域内航空、港口、机场、铁路、商业、宾馆、金融等非工业行业 2010 ~ 2011 年任何一年 CO_2 排放量 1 万吨及以上的重点排放企业，实施碳排放交易试点。当年，港口上市公司上海国际港务（集团）股份有限公司（以下简称：上港集团，股票代码 600018）纳入了首批试点单位。为此，本章对上港集团碳足迹进行深入分析。

（1）数据采集

分析 2011 ~ 2021 年，上港集团碳足迹情况，所需数据包括以下三个方面。

①排放因子，主要是指上港集团各类消耗能源的 CO_2 排放因子，见表 5. 1 和表 5. 2。上港集团位于华东区域，因此表 5. 1 中电力碳足迹排放因子取自年度的中国区域电网基准线排放因子数据。折标准煤系数采集引自百度文献，由于国内尚未有权威部门发布统一的直接能源的碳排放因子数据，本章仍引用《IPCC 碳排放计算指南（2006）》直接能源的碳排放因子缺省值数据。

表 5. 1　　　　华东区域电网基准线碳排放因子

年份	EF_{grid}，OM，y（吨 CO_2/千千瓦时）	EF_{grid}，OM，y（吨 CO_2/千千瓦时）
2011	0. 8046	0. 4923
2012	0. 8086	0. 5483
2013	0. 8112	0. 5945
2014	0. 8095	0. 6861
2015	0. 8100	0. 7125
2016	0. 8244	0. 6889
2017	0. 8367	0. 6622
2018	0. 8592	0. 6789
2019	0. 8825	0. 6826
2020	0. 9540	0. 8236

注：表中 OM 为电量边际排放因子的加权平均值；BM 为容量边际排放因子的加权平均值。

表 5.2　　能源的折标准煤系数和碳排放因子

能源种类	折标准煤系数	碳排放系数
柴油	1.4571	0.5921
燃料油	1.4286	0.6185
电力（千千瓦时）	0.1229	见表 5.1

注：碳排放因子来自《IPCC 碳排放计算指南（2006）》。

②港口能源消耗量。上港集团能源消耗种类主要是柴油、燃料油和电力三种，其中柴油和燃料油是直接消耗能源，而电力则是间接消耗能源。2011～2021 年上港集团能源消耗数据见表 5.3。

表 5.3　　上港集团 2011～2021 年能耗原始数据

年份	柴油（吨）	燃料油（吨）	电力（万千瓦时）
2011	128 585	51 262	27 853
2012	109 233	53 368	27 468
2013	123 852	53 608	30 542
2014	130 139	56 692	34 495
2015	127 066	55 628	36 085
2016	122 260	57 760	35 961
2017	120 324	70 955	35 682
2018	110 763	65 965	38 732
2019	102 549	63 687	39 320
2020	94 507	66 879	40 621
2021	88 873	74 100	41 022

资料来源：上港集团 2011～2021 年历年可持续发展报告。

③港口其他数据。港口货物吞吐量和节能减排专项资金，主要来自上港集团历年发布的《可持续发展报告》以及《上港集团财务报告》。这两个因素的数据见表 5.4。

表 5.4　上港集团 2011～2021 年港口吞吐量和节能减排资金原始数据

年份	港口货物吞吐量（万吨）	节能减排资金收入（万元）
2011	36 900	18 000
2012	36 500	33 700
2013	42 800	69 446
2014	48 400	69 446
2015	50 900	75 705
2016	54 300	81 105
2017	53 900	84 686
2018	51 300	88 730
2019	51 400	96 481
2020	56 100	105 880
2021	56 100	17 000

注：节能减排资金投入为年度累计数，每年节能减排资金数据来源上港集团 2011～2021 年历年可持续发展报告和年度披露报告，其中部分年度节能减排资金数据来自年度披露报告中政府补贴中涉及减排项目资金加总代替。

（2）上港集团碳足迹计算

运用式（5.1）、式（5.2）和表 5.1～表 5.3 有关数据，对 2011～2021 年上港集团能源消费产生的碳足迹进行测算，具体过程有两点。一是关于港口电力能源碳足迹的测算。由于电量边际排放因子的加权平均值 OM 是电力系统中所有电厂的总净上网电量燃料总消耗产生的碳足迹测算得出，而 BM 是电力系统中所有电厂新增装机容量的燃料总消耗产生的碳足迹测算得出，因此本章选择表 5.1 中电量边际排放因子的加权平均值 OM 作为电力碳足迹排放因子。二是关于港口直接能源碳足迹的测算。柴油和燃料油根据表 5.3 中消耗量乘以对应表 5.2 中的碳排放因子得出。上港集团 2011～2021 年碳足迹详细结果见表 5.5。

表 5.5　上港集团 2011～2021 年三种能源消耗碳足迹和合计总量

年份	柴油（吨）	燃料油（吨）	电力（吨）	合计（吨）	单位货物吞吐量碳足迹（万吨）
2011	76 135.18	31 705.55	265 717.62	373 558.35	10.1235
2012	64 676.86	33 008.11	242 405.10	340 090.07	9.3175
2013	7 332.77	33 156.55	262 416.86	368 906.18	8.6193
2014	77 055.30	35 064.00	288 619.67	400 738.97	8.2797
2015	75 235.78	34 405.92	297 484.74	407 126.44	7.9986
2016	72 390.15	35 724.56	291 284.10	399 398.81	7.3554
2017	71 243.84	43 885.67	28 845.79	403 975.30	7.4949
2018	65 582.77	40 799.35	314 193.98	418 051.19	8.1984
2019	60 719.26	39 390.41	317 941.52	420 576.11	8.1333
2020	55 957.59	41 364.66	326 836.57	4 241 558.82	7.5608
2021	52 621.70	45 830.85	330 063.01	428 515.82	7.6384

结果表明：11 年来，上港集团能源消费碳足迹总量整体呈缓慢增长趋势，从 2011 年的 37.36 万吨上升到 2021 年的 42.85 万吨，年均增长率仅为 1.47%，增长率的变化幅度较大；2012 年碳足迹同比下降了 8.96%，而 2013～2015 年保持正向增长趋势，增长率分别达到 8.47%、8.63% 和 1.59%；2016 年略负增长 1.9%，2021 年同比增长 4.11%，2019 年增速降至 -0.6% 左右，2021 年同比增长了 1.03%。其中，柴油碳足迹由 2011 年的 7.61 万吨下降至 2020 年的 5.26 万吨，累计下降 30.88%，年均下降 3.09 个百分点，成为上港集团碳足迹唯一下降的能源。燃料油碳足迹由 2011 年的 3.17 万吨增长至 2021 年的 4.59 万吨，累计上升 44.55%，年均增长 4.46 百分点。电力消耗产生的碳足迹由 2011 年的 26.57 万吨显著增长至 2021 年的 33.01 万吨，累计上升 24.22%，年均增长 2.42 个百分点。

图 5.2 是根据表 5.5 绘制的三种能源消耗碳足迹占比情况。从图 5.2 来看，上港集团碳足迹中的电力碳足迹占比一致保持较高水平，11 年平

均占比达到了 73.45%，且占比呈现出上升趋势，由 2008 年的 71.13% 升至最高 2017 年 77.06%，再略降至 2021 年 77.02%。电力消耗大幅增加，导致上港集团的电力碳足迹占比大幅上升了 2.31 个百分点。燃料油碳足迹占比 2008 年为 8.49%、2021 年为 10.07%，上升了 2.21 个百分点。而柴油碳足迹占比则呈现与电力碳足迹相反的趋势，即占比不断下降，且累计下降幅度基本等于电力和燃料油两者碳足迹占比累计上升幅度。上港集团碳足迹总量逐年增加，主要是由电力和燃料油能源消费量逐年增长所致，且电力能源消费是港口碳足迹的主要来源；而碳足迹增长率变化的主要原因在于电力能源消费量增长较快，远远超过直接能源消费量，且增速较快。

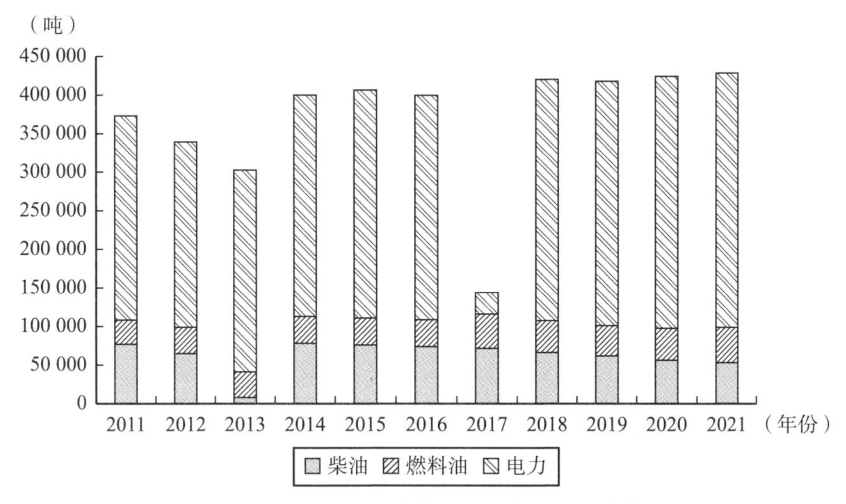

图 5.2　上港集团三种能源消耗碳足迹结构情况

（3）单位货物吞吐量碳足迹驱动因素分析

由于能源碳排放强度（Fit）是固定的，所以 $\Delta AF=0$，$DF=1$。因而，影响上港集团单位货物吞吐量碳排放的因素主要为能源结构因素（Sit）和能源效率因素（It）。根据式（5.7）和式（5.13），并以 2011 年为基年，计算出的能源结构、能源效率对上港集团单位货物吞吐量碳足迹产生的效应见表 5.6。

表 5.6　上港集团 2011～2021 年能源结构和能源效率对单位货物吞吐量碳足迹产生的效应

年份	单位货物吞吐量碳足迹		能源结构		能源效率	
	ΔA	D	ΔA_S	D_S	ΔA_t	D_t
2012	-0.806	92.04%	0.1214	301.65%	-0.2671	8.82%
2013	-1.5042	85.14%	0.0231	123.35%	-0.808	0.06%
2014	-1.8438	81.79%	0.0733	194.80%	-0.9828	0.01%
2015	-2.125	79.01%	0.0623	176.24%	-1.176	0.00%
2016	-2.7681	72.66%	0.0098	109.27%	-1.7475	0.00%
2017	-2.6286	74.03%	-0.0583	58.85%	-1.6046	0.00%
2018	-1.9252	80.98%	0.1423	364.65%	-0.8472	0.05%
2019	-1.9902	80.34%	0.05	157.53%	-0.8856	0.03%
2020	-2.5628	74.69%	0.1304	327.41%	-1.4575	0.00%
2021	-2.4851	75.45%	0.0622	176.07%	-1.3746	0.00%

如表 5.6 所示，能源结构对上港集团单位货物吞吐量碳足迹的减少，有较弱的负向驱动效应。而能源效率对单位货物吞吐量碳足迹，具有显著的正向的驱动作用。

能源结构效应方面，表 5.6 显示 2012～2021 年 ΔA_S 除了 2017 年为负数外，其他年份都略大于 0，D_S 也是除了 2017 年为 58.85%，其他年份都超过 100%。由表 5.2 和表 5.3 可知，当前我国电力间接能源的实际碳排放系数仍较大（主要是火力发电，需要消耗大量煤炭等直接能源，加上转换效率等问题，导致我国电力的实际碳排放系数较大）。上港集团这些年下大力气采取“油改电”等措施，导致电力消耗大幅增加。这说明，当前我国这种能源结构的调整，对港口减少碳足迹还未起到显著的减缓作用。

能源效率效应方面，表 5.6 显示 2012～2021 年 ΔA_t 全部都为负数，2012 年贡献值达到最大值为 -0.2671，D_t 除了 2012 年为 8.82% 外，其他年份碳足迹贡献率都不足 0.1%。这充分说明，上港集团这些年单位货物吞吐量碳足迹的显著下降，主要源自能源效率的提高。

（4）碳足迹与节能减排资金投入演进关系

单位货物吞吐量碳足迹和港口节能减排资金投入之间演化趋势见图 5.3。在图 5.3 中，单位货物吞吐量碳足迹和港口节能减排资金投入之间呈现“剪刀差”状态，随着港口节能减排资金投入不断加大，单位货物吞吐量碳足迹整体处于下降态势。利用表 5.4 和表 5.5 中单位货物吞吐量碳足迹和节能减排资金投入数据，计算得出相关系数达到了 -0.6198，呈现负线性相关状态。这说明港口节能减排资金投入在很大程度上降低了碳排放量。

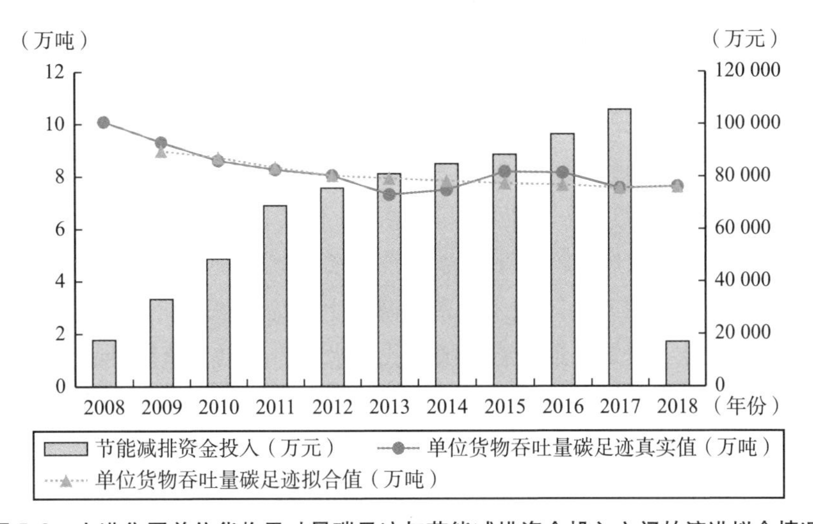

图 5.3　上港集团单位货物吞吐量碳足迹与节能减排资金投入之间的演进拟合情况

利用式（5.15），以单位货物吞吐量碳足迹为因变量、节能减排资金投入为自变量进行回归。通过对比不同滞后项 k 拟合效果调整系数 R^2，得到了滞后项为 1 年时，效果比较好的拟合方程。其调整系数 R^2 为 0.683，主要参数 $\alpha = 2.246$，$\beta_0 = -3.230E-7$，$\beta_1 = -1.977E-6$。因此，共同演进关系模型可写成：

$$\ln A_t = \ln 2.246 + 3.23E-7X_t + 1.977E-6X_{t-1} \tag{5.16}$$

图 5.3 是上港集团单位货物吞吐量碳足迹与节能减排资金投入之间的演进拟合情况。可以看出，上港集团节能减排资金投入对降低单位货物吞吐量碳足迹效果较为显著。说明港口加大节能减排资金投入，采取降低碳

排放先进的技术和管理，能促使单位货物吞吐量碳足迹显著下降。

（5）主要观点及建议

主要观点如下：

①自2011年以来，受电力和燃料油能源消费量逐年增长影响，上港集团能源消费碳足迹总量整体呈缓慢增长趋势，且电力能源消费是上港集团碳足迹的主要来源（占比超过70%）、电力能源消费量增长较快导致上港集团碳足迹增长率增长较快。

②过去的11年中，上港集团单位货物吞吐量碳足迹的抑制作用主要来自能源效率的提高，而能源结构的调整对单位货物吞吐量碳足迹的影响作用不大。

③近10年来，上港集团单位货物吞吐量碳足迹和节能减排资金投入演进关系呈现逐年“剪刀差”方向发展，节能减排资金的投入对降低单位货物吞吐量碳足迹效果较为显著。

④自2011年以来，能源结构对抑制上港集团碳足迹减少的作用仍很弱，我国电力仍以煤生产为主的能源结构未发生根本性变化。在当前形势下，通过推进“油改电”技术改造对降低上港集团单位货物吞吐量碳足迹效果不很明显。但是长远来看，随着我国水电、风电、核能等零碳的电力能源革命，必将最终导致上港集团的碳排放大幅下降。

有关建议如下：

基于以上结论，本章对上港集团提出以下建议：在加大碳排放治理资金投入的同时，有针对性强化三个方面的建设：

①继续加大设备更新改造，大力提高能源使用效率。重点推进装卸环节设备更新改造，进一步优化装卸工艺和设备选型设计，替代耗能高、效率低的岸桥、轮胎式集装箱门式起重机、集卡等老旧设备，加快推进港区电网供电的“油改电”技术改造工作，大量采用能量反馈技术，提高能源利用效率。

②继续优化生产流程和管理，推动碳足迹强度继续下降。通过优化港区布局和码头布局，科学统筹港口科学生产调度，基于减排角度进一步完善“装卸→搬运→仓储”等关键流程，提高货物和集装箱装卸作业效率，降低卡车空驶率等。同时，对照节能减排标准，学习新加坡、纽约、伦敦、长滩等国际绿色港口建设经验，系统梳理生产管理薄弱环节，强化管

理减排的效应。

③继续加强碳减排技术创新，着力提高清洁能源占比。在当前我国能源结构短期调整优化较难实现的情况下，上港集团可充分利用新能源技术创新政策扶持契机，因地制宜，联合新能源相关技术企业探索港区的太阳能、潮汐能、风能等利用技术和模式等，提高自身清洁能源的占比。

5.2 基于 Gamma 分布的低碳港口形成机理拟合模型构建

数据显示：目前全球港口航运业的温室气体排放量占全球总量的2.6%。港口业作为排放温室气体大户，在当前国家落实碳减排战略的背景下，节能减排、绿色增长的压力巨大。事实上，低碳港口的形成依赖于：一方面，能源消耗结构优化和碳减排技术的迭代升级。另一方面，港口内部自身碳减排建设：通过技术进步，比如淘汰高能耗的装卸设备、使用岸电设施等。通过优化管理，比如优化装卸流程、提升接驳效率等。通过规模经营，比如港口业务增长、港口群整合等。然而，在全国各港口纷纷采取措施推动碳减排过程中，出现了高投入、但碳减排效果不佳的突出问题。根本原因之一低碳港口形成机理尚不清楚。长此以往不摸清、不把握低碳港口形成机理，一方面，可能导致交通管理部门制定港口业碳减排相关政策和措施存在较大偏差；另一方面，可能导致一些港口碳减排抓手不够、效果有待提升。因此，低碳港口形成机理需要深入地分析。

5.2.1 不含影响因素的拟合模型

用 Gamma 函数模拟低碳形成机理的演化，其形式如下：

$$d_t = N\frac{1}{\beta^{\alpha}\Gamma(\alpha)}t^{\alpha-1}e^{-t/\beta} \tag{5.17}$$

其中，$\Gamma(\alpha) = \int_0^{\infty} t^{\alpha-1}e^{-t}\mathrm{d}t$，$\alpha$ 为待估参数

令：

$$\eta = N\frac{1}{\beta^{\alpha}\Gamma(\alpha)e^{-1/\beta}} \tag{5.18}$$

$$\gamma = (\alpha - 1)\beta \tag{5.19}$$

则式（5.17）可写作：

$$d_t = \eta t^{(\gamma/\beta)}e^{(1-t)/\beta} \tag{5.20}$$

其中：N、γ 和 β 分别为在该时期内的单位货物吞吐量碳排放量总和、最高值和衰减速度；η 为在第 1 年的单位货物吞吐量碳排放量。

对式（5.19）进行对数化变换，得到：

$$\begin{aligned} y_t &= \ln(d_t) = \ln(\eta t^{(\gamma/\beta)}e^{(1-t)/\beta}) + \varepsilon_t = \ln(\eta) + (\gamma/\beta)\ln(t) + (1-t)/\beta + \varepsilon_t \\ &= \ln(\eta) + \lambda\ln(t) + \theta(1-t) + \varepsilon_t \end{aligned} \tag{5.21}$$

其中，$\lambda = \gamma/\beta$，$\theta = 1/\beta$，ε_t 为残差。

5.2.2 含有影响因素的拟合模型

为深入分析低碳港口形成机理的驱动因素，通过构建含有影响因素的低碳形成机理分析模型。式（5.21）中 $\ln(\eta)$ 项可替换为低碳形成机理特有影响因素比如港口规模、技术效应、低碳投资等的函数。一般地，采取这些影响因素的线性函数，其表达式为：

$$\ln(\eta) = f(X) = c + \sum b_j\ln(x_j) \tag{5.22}$$

其中，c 为常数项，X 为港口单位货物吞吐量碳排放量的影响因素向量，x_j 为第 j 个影响因素分量，b_j 为各影响因素的待估参数。

综合式（5.21）和式（5.22），得到低碳低碳形成机理的影响因素分析模型，如下：

$$\begin{aligned} y_t &= \ln(\eta) + \lambda\ln(t) + \theta(1-t) + \varepsilon_t = c + \sum b_j\ln(x_j) \\ &\quad + \lambda\ln(t) + \theta(1-t) + \varepsilon_t \end{aligned} \tag{5.23}$$

需要指出的是，模型中未纳入衡量政策效应和管理效应的指标，这是因为政策效应和管理效应无量化的度量指标。同时，政策效应更多是通过政策扶持技术创新和管理优化等方式间接促进碳减排的。因此，我们这里不予考虑。

5.2.3 算例研究

本章选择日照港为研究对象，分析港口低碳形成机理。其理由如下：第一，日照港 2021 年货物吞吐量居全国沿海港口第 7 位，是我国典型的碳排放大港，于 2014 年被交通部确定的首批全国绿色港口主题性试点港口。第二，日照港碳排放相关数据较易获取。查阅大量数据库和年鉴，咨询相关港口企业家，发现我国港口碳排放直接和间接数据缺乏。但是，我们通过间接获得日照港能源消耗数据。

（1）数据采集和碳排放量的转换计算

本章采集日照港 1991 ~ 2021 年生产能源综合单位消耗量，间接测算碳排放量。数据来源：一是 1991 ~ 2005 年数据来源于文献；二是 2006 ~ 2021 年来源日照港（上海证券交易所上市代码：600017）2017 ~ 2021 年度《企业社会责任报告》。另外，采集了日照港对应年份的货物吞吐量以及我国单位 GDP 能源消耗，见表 5.7。

表 5.7　日照港碳排放相关指标和原始数据

年份	货物吞吐量（万吨）	生产能源综合单耗（吨标煤/万吨吞吐量）	单位 GDP 能源消耗（吨标煤/亿元）
1991	425	22.50	7.19
1992	650	20.00	6.18
1993	840	16.00	5.70
1994	925	13.00	5.27
…	…	…	…
2019	33 700	3.92	0.62
2020	35 062	3.68	0.59
2021	36 000	3.61	0.54

将生产能源综合单位消耗量（万吨吞吐量/吨标准煤）转换成碳排放量，需要获取标准煤的碳排放系数。

记 d_t 为第 t 年的港口单位货物吞吐量碳排放值，at 为第 t 年的港口生产能源综合单位消耗量，Ce 为 CO_2 排放系数，等于2.457吨 CO_2/吨标煤（国家发改委能源研究所标准），B_t 为第 t 年的港口货物吞吐量。那么，港口单位货物吞吐量碳排放量的转换公式为：

$$d_t = a_t \times C_e \tag{5.24}$$

港口碳排放总量：

$$D_t = B_t \times d_t \tag{5.25}$$

运用式（5.24）和式（5.25），结合表5.7数据，可计算出日照港口单位货物吞吐量碳排放值和碳排放总量。详见表5.8。

表5.8　日照港口单位货物吞吐量碳排放值和碳排放总量

年份	标准煤（吨）	碳排放总量（吨 CO_2）	单位货物吞吐量碳排放量（吨 CO_2/万吨吞吐量）
1991年	9 563	23 495	55.28
1992年	13 000	31 941	49.14
1993年	13 440	33 022	39.31
1994年	12 025	29 545	31.94
…	…	…	…
2019年	131 946	324 192	9.62
2020年	129 179	317 394	9.05
2021年	1 299 883	319 367	8.87

（2）形成机理拟合结果分析

①不含影响因素的形成机理。

运用式（5.21）和表5.8数据，拟合结果见表5.9.

表5.9　不含影响因素的形成机理拟合参数估计值

参数	总体	阶段1	阶段2	阶段3
$\ln(\eta)$	3.955 (0.000)	3.969 (0.000)	2.852 (0.000)	2.499 (0.000)

续表

参数	总体	阶段 1	阶段 2	阶段 3
λ	-0.150 (0.008)	-0.192 (0.153)	-0.096 (0.242)	-0.022 (0.286)
θ	0.043 (0.000)	0.033 (0.141)	0.025 (0.320)	0.040 (0.001)
R^2	0.968	0.854	0.955	0.995

注：置信区间为 95%。

因此，日照港不含影响因素的低碳形成机理模拟方程为：

$$d_t = 52.196t^{-0.15}e^{0.043(1-t)} \tag{5.26}$$

$$d_t = \begin{cases} 52.932t^{-0.192}e^{0.033(1-t)}, & \text{阶段 1} \\ 17.322t^{-0.196}e^{0.025(1-t)}, & \text{阶段 2} \\ 12.170t^{-0.022}e^{0.040(1-t)}, & \text{阶段 3} \end{cases} \tag{5.27}$$

结合表 5.9 和图 5.4 和图 5.5 来看，全阶段和三个阶段的日照港低碳演化拟合效果较好。

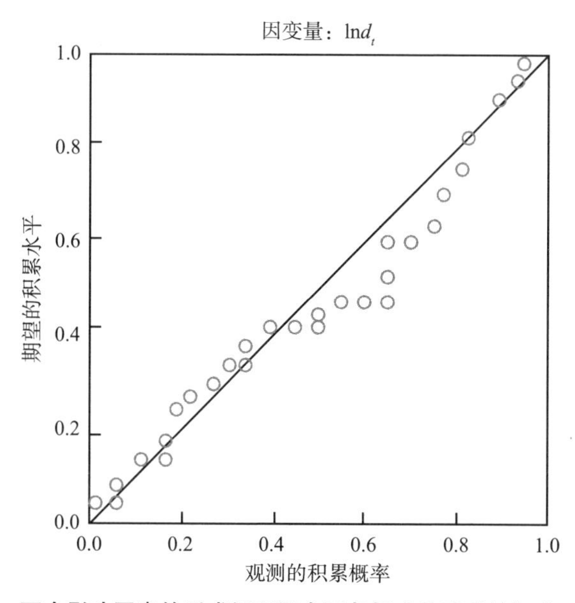

图 5.4　不含影响因素的形成机理拟合回归标准化残差的标准 P-P 图

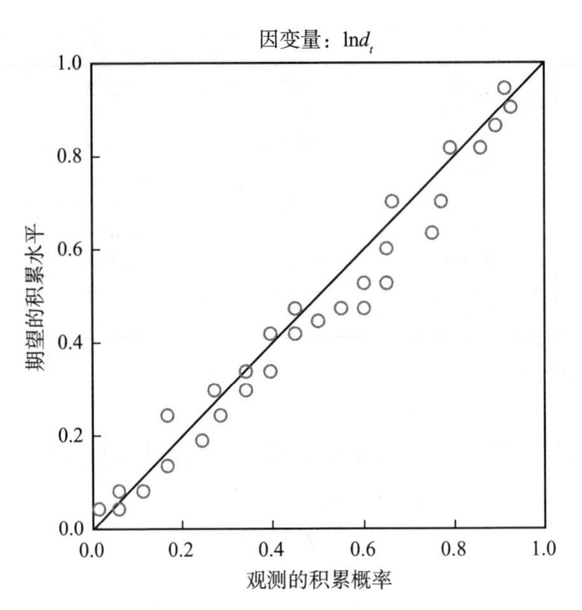

图 5.5　含影响因素的形成机理拟合回归标准化残差的标准 P－P 图

②含有影响因素的形成机理。

运用式（5.24），结合表5.7 和表5.8 数据，计算结果见表5.10。

表 5.10　　含影响因素的形成机理拟合参数估计值

参数	总体	阶段 1	阶段 2	阶段 3
c	4.919 (0.000)	8.749 (0.001)	4.339 (0.100)	－0.653 (0.754)
λ	－0.356 (0.000)	－0.048 (0.796)	－0.041 (0.811)	－0.119 (0.114)
θ	0.072 (0.001)	0.044 (0.397)	－0.003 (0.984)	0.090 (0.040)
b_1	0.028 (0.719)	－0.624 (0.117)	－0.179 (0.448)	0.302 (0.202)
b_2	－0.530 (0.001)	－0.460 (0.149)	0.011 (0.988)	－0.891 (0.148)
R^2	0.983	0.957	0.971	0.998

注：置信水平为95%。

同样，日照港含影响因素的低碳形成机理模拟方程为：

$$d_t = 136.866 x_1^{0.028} x_2^{-0.53} t^{-0.356} e^{0.072(1-t)} \tag{5.28}$$

$$d_t = \begin{cases} 6\,304.381 x_1^{-0.624} x_2^{-0.46} t^{-0.048} e^{0.044(1-t)}, & \text{阶段 1} \\ 76.631 x_1^{-0.179} x_2^{0.011} t^{-0.041} e^{-0.003(1-t)}, & \text{阶段 2} \\ 0.52 x_1^{0.302} x_2^{-0.891} t^{-0.119} e^{0.09(1-t)}, & \text{阶段 3} \end{cases} \tag{5.29}$$

尽管全阶段拟合系数 b_1 不显著，但是整体拟合效果是好的。三个阶段拟合效果都较好。

通过 Gamma 模型模拟分析日照港低碳演化的一些特征和规律：一是在日照港低碳形成机理拟合方面，不含影响因素和含有影响因素形成机理 Gamma 模拟模型的全阶段拟合效果非常理想。含有影响因素的形成机理模型的拟合程度好于不含影响因素的形成机理模型。二是在日照港低碳形成影响因素方面。随着技术和能源效应不断提升，日照港碳排放强度相应不断下降。随着港口吞吐量规模的增加，港口单位货物吞吐量碳排放量呈现较小幅度的降低，但不明显。日照港单位货物吞吐量碳排放量衰减速度随着时间迁移逐渐下降。三是在日照港低碳形成机理解释方面。日照港低碳港口形成机理就是依靠政策扶持，通过港口能源消耗结构优化、低碳技术创新升级、管理体系优化等相互协作，促进港口低碳化的一个过程。从形成历史看，低碳港口形成是一个从自发，到探索，再到强化碳减排建设的一个渐进过程。从形成路径来看，经历了由规模效应→规模效应、能源效应、技术效应→政策效应、技术效应、管理效应三个过程。从形成原因看，日照港的低碳化过程中，规模因素贡献越来越低，能源消耗结构优化和碳减排技术的迭代升级的贡献越来越大。

（3）低碳演化趋势分析

下面，对日照港 2022 ~ 2030 年的单位货物吞吐量碳排放量指标进行趋势分析。

不含影响因素的低碳形成机理 Gamma 模拟模型得到的预测值，见表 5.12 第 2 列。

含有影响因素的低碳形成机理 Gamma 模拟模型涉及两个变量，因此通过情景分析法来进行预测。对于日照港 2022 ~ 2030 年货物吞吐量年均增长率，由于 2030 年前我国港口业务增速很难维持较高增速。鉴于此，结合文献设置日照港的2022～2030年货物吞吐量年均增幅分为高增长10%、中增长5%、低增长0三档。根据2014年达成的2030年减排协议，将我国单位GDP能耗2022～2030年期间的年均降幅设置了高效率8%、中效率5%、低效率2%三档。合计9种组合情景详见表5.11。结合表5.11和式（5.29），得到了各种情景下的2022～2030年日照港单位货物吞吐量碳排放量预测值，详见表5.12第3～第11列。从表5.12可以看出，情景9为单位货物吞吐量碳排放量预测值最小值，2030年预测值仅为3.43，较2021年下降了61.34%.2018～2030年期间，无论哪种情景，日照港低碳化越来越呈现缓慢下降的趋势，说明低碳化难度越来越大。这也意味着日照港以往碳减排措施效果持续减弱甚至不起作用，需要更多依靠能源效应、技术效应和管理效应上来。事实上，随着我国经济转型升级，日照港原来以大宗原材料为主的货种结构调整将导致其吞吐量规模不会呈现过去高速增长的态势。另外，我国能源结构优化和技术升级将显著提升碳减排效率。因此，在这一进程中，日照港很可能处于情景9中。

表5.11　　2018～2030年日照港单位货物吞吐量碳排放量预测情景假设

变量	单位GDP能耗（技术和能源效应）		
货物吞吐量（规模效应）	情景1	情景2	情景3
	高增长+高效率	高增长+中效率	高增长+低效率
	（10%，8%）	（10%，5%）	（10%，2%）
	情景4	情景5	情景6
	中增长+高效率	中增长+中效率	中增长+低效率
	（5%，8%）	（5%，5%）	（5%，2%）
	情景7	情景8	情景9
	低增长+高效率	低增长+低效率	低增长+低效率
	（0%，8%）	（0%，5%）	（0%，2%）

表 5.12　　2022 ~ 2030 年日照港单位货物吞吐量碳排放量预测值

年份	不含影响因素	含影响因素								
		情景 1	情景 2	情景 3	情景 4	情景 5	情景 6	情景 7	情景 8	情景 9
2022	6.77	7.47	6.62	6.10	7.16	6.94	6.06	7.11	6.53	6.02
2023	6.46	7.21	6.29	5.69	6.91	6.24	5.65	6.85	6.19	5.60
2024	6.16	6.72	5.97	5.32	6.66	5.91	5.27	6.60	5.86	5.22
2025	5.88	6.50	5.67	4.97	6.43	5.61	4.92	6.36	5.55	4.86
2026	5.61	6.28	5.39	4.64	6.20	5.32	4.59	6.13	5.26	4.53
2027	5.35	6.07	5.12	4.34	5.99	5.05	4.29	5.91	4.98	4.23
2028	5.11	5.87	4.87	4.06	5.78	4.80	4.00	5.70	4.73	3.94
2029	4.88	5.67	4.63	3.80	5.59	4.55	3.74	5.50	4.48	3.68
2030	4.66	5.49	4.40	3.55	5.40	4.33	3.49	5.30	4.25	3.43

总体看，日照港低碳建设要真正达到情景 9 的效果，一是着眼提升技术和能源效应，继续加强技术改造和能源结构优化。二是着眼提升管理效应，继续推动流程创新。三是着眼提升合作效应，加强与国际大港在碳排放合作力度。

本章以日照港为例，建立了基于 Gamma 的不含影响因素和含有影响因素拟合模型，揭示了低碳港口形成机理。根据日照港低碳形成机理数理分析结果显示：随着技术和能源效应的提升，碳排放强度相应下降；随着港口吞吐量规模的增加，碳排放强度较小幅度降低；碳排放强度衰减速度随着时间迁移显著下降。日照港 2022 ~ 2030 年的低碳演化趋势情景模拟分析结果表明：低增长 + 高效率（0，2%）情景下单位货物吞吐量碳排放量值最小。

该算例的启示在于以下三点：首先，低碳港口建设应该将重心逐渐转向提升技术和能源效应上来，通过继续加强港口碳减排技术改造和能源结构优化，实现碳排放强度不断降低。其次，低碳港口建设要强化管理效应提升，尤其是继续推动港口业务流程创新和优化。最后是要强化合作，加强与新加坡、汉堡等国际性低碳大港在碳排放技术、管理等方面合作强度。

本章参考文献

[1] 彭传圣．港口碳排放核算方法——以新加坡裕廊港2010年碳足迹报告为例 [J]. 港口经济，2012 (7)：5-9.

[2] 唐国磊，秦明，赵晓艺，等．集卡调度方式对集装箱港区碳排放的影响 [J]. 水运工程，2019 (6)：46.

[3] 徐胜，马艳敏．低碳港口构建标准及发展对策研究 [J]. 中国港口，2013 (6)：6-8.

[4] Bailey D, Solomon G. Pollution Prevention at Ports: Clearing the Air [J]. Environmental Impact Assessment Review, 2004, 24 (7/8): 749-774.

[5] Kwon Y, Lim H, Lim Y, Lee H. Implication of activity-based vessel emission to improve regional air inventory in a port area [J]. Atmospheric Environment, 2019, 203: 262-270.

[6] Liao C H, Tseng P H, Cullinane K et al. The Impact of an Emerging Port on the Carbon Dioxide Emissions of Inland Contain Etransport: An Empirical Study of Taipei Port [J]. Energy Policy, 2010, 38 (9): 5251-5257.

[7] Li J, Liu X, Jiang B. An Exploratory Study on Low-carbon Ports Development Strategy in China [J]. The Asian Journal of Ship ping and Logistics, 2011, 27 (1): 91-111.

[8] Liu D, Ge Y E. Modeling Assignment of Quay Cranes Using Queueing Theory for Minimizing CO_2 Emission at a Container Terminal [J]. Transportation Research Part D, 2018, 61 (Part A): 140-151.

[9] Martínez-Moya J, Vazquez-Paja B, Maldonado J A G. Energy efficiency and CO_2 emissions of port container terminal equipment: Evidence from the port of Valencia [J]. Energy Policy, 2019 (131): 312-319.

[10] Misra A, Panchabikesan K, Gowrishankar S K, Ayyasamy E, Ramalingam V. GHG emission accounting and mitigation strategies to reduce the carbon footprint in conventional port activities - A case of the port of Chennai [J]. Carbon Management, 2017, 8 (1): 45-56.

[11] Tsai Y T, Liang C J, Huang K H, Hung K H, Liang J J. Self-management of greenhouse gas and air pollutant emissions in Taichung Port,

Taiwan [J]. Transportation Research Part D: Transport and Environment, 2018, 63: 576-587.

[12] Villalba G, Gemechu E D. Estimating GHG Emissions of Marine Ports-the Case of Barcelona [J]. Energy Policy, 2011, 39 (3): 1363-1368.

[13] World Ports Climate Initiative. Carbon Foot printing for Ports, Guidance Document Draf [S]. World Ports Climate Initiative Scope 1&2 CO_2 Calculator, 2010.

[14] World Ports Climate Initiative. Carbon Foot printing for Ports, Guidance Document Draft [S]. World Ports Climate Initiative Scope 1&2 CO_2 Calculator, 2011.

[15] World Ports Climate Initiative. Carbon Foot printing Guidance Document [DB/OL]. http://wpci. Iaphworldports. org/carbon-foot printing/index. html, 2008.

[16] Yu D Y, Li D, Sha M et al. Carbon-efficient Deployment of Electric Rubber-tyred Gantry Cranes in Container Terminals with Workload Uncertainty [J]. European Journal of Operational Research, 2019, 275 (2): 552-569.

第6章　基于系统动力学的区域港口环境承载能力评价

6.1　区域港口环境承载指标体系研究

环境承载力是指在社会经济发展的范围内、特定地区和人口的一定水平下的社会经济开发资源环境对该区域的人口规模与经济规模的支撑力。与物理上的“扶持”的概念相近，环境承载力是指对人口、社会和经济开发的资源和环境条件的支援。它具有巨大的规模以及明确的方向，而且技术条件以及社会经济的发展都是影响它的重要因素。同时，环境承载力是具有一定范围的，其主要取决于五种资源支持的能力、环境运输的能力、社会文明的程度、经济发展的效率和技术发展的进步水平。其中，前两个因素直接影响环境承载力，另外三个因素潜在影响着地区资源开发及环境承载力。另一方面，环境承载力包括资源环境压力下的社会经济系统支撑。同时，它还可以作为这两者之间关系的判定标准，然后对规划区域的环境资源的运输状态进行决定。当规划区域的环境承载力在承受范围内时，社会经济体系的压力必定小于资源环境体系的压力。反之，如果规划区域的环境承载力已经超负荷，社会经济体系的压力一定大于资源环境体系的压力。港口环境承载力指的是在一定时期和一定范围内，港口生态系统维系其自身健康、稳定发展的潜在能力及所能承受的人类各种社会经济活动的能力（张亚冬等，2008）。

6.1.1　指标体系建立原则

指标的选取和建立评价指标体系是评价过程最先需要完成的一步，也是至关重要的步骤。而对港口环境承载力进行评价也不例外，合理、科学地选取评价指标将对评价结果的可信度产生重要的影响（OOBA et al.，2015）。本书主要遵循以下相关准则，并结合港口的环境承载力相关定义与内涵进行评价指标的选取。

（1）系统全面性

涉及港口环境承载力的影响因素复杂多样。因此，评价港口的环境承载力是一个系统工作过程，并且需要选出完整的、多视角的指标，体现港口环境承载力实际水平和发展阶段。这些指标不能简单罗列，应当综合全面考虑反映港口环境承载力的相关影响因素，遵循系统性原则将各种影响因素构成港口环境承载力的评价指标体系。

（2）科学性

理论与实际相结合得到的评价指标体系，可以抽象描述客观实际。但每个评价指标体系都会涉及多个因素，港口环境承载力也同样是这样。在设计评价指标体系时，把影响因素从抽象的形式转换成具体量化的评价指标前，需要遵循科学、标准的原则。建立的指标体系不仅要保证其完整性，又要有清晰的层次感。

（3）针对性

港口环境承载力的评价指标需要具有很强的针对性，这一特点是不同于其他传统评价的，而这样的评价指标能全面体现港口环境承载力的特点，保证了科学性以及评价的效果。

（4）可操作性

评价指标的可操作性是选取和建立评价指标体系必须严格遵守的原则。建立的指标体系不仅要求大小合适，还要体现评价指标和目标之间的关系。切忌评价指标体系层次过多或者层次过少，前者容易导致细化问题产生交叉问题，后者不能系统全面反映港口环境承载力水平。另外还要兼顾数据可得性，这样才能使评价指标具有较强的操作性。

（5）定性与定量相结合

港口的环境承载力涉及众多影响因素，因此建立的港口环境承载力评价指标体系也是一个复杂综合的系统。港口环境承载力评价指标体系包含的指标既有可以量化的指标因素，也有不能量化的定性指标因素。两者结合使用可以弥补双方在评价过程中的不足，指标传达出的信息既有广度又有深度，其评价效果远大于单独使用的效果。因此，建立评价指标体系要遵循定量和定性相结合的准则。

（6）稳定性与发展性

由于经济、社会和生活都会在一段时期后发生变化，评价指标体系的构成和数量在保持相对稳定的同时，也应当随着客观环境的变化而进行相应的改变，体现指标体系较强的适用性。

（7）统一性

评价港口环境承载力时为了体现可比性，要在评价过程中消除评价指标单元之间的差异。

（8）绝对指标和相对指标相结合

港口环境承载力评价指标从统计角度分析，应当采用相对指标和绝对指标的结合，不仅包含反映总量、规模的因素，还有体现速度、比率、结构等因素。

6.1.2 指标体系框架构建

生态承载力已成为反映生态系统可持续发展能力的重要指标，因而，指标体系的建立对生态系统承载力的研究至关重要（Bendewald，2013）。不仅生态系统内环境（大气环境、水环境、噪声环境等）和自然资源（能源、水资源、土地资源、岸线资源等）状态直接影响生态系统承载能力，同时，以社会和经济情况为间接表现的人类活动对生态系统服务的消耗能力也影响生态系统的可持续发展能力（王瑞，2014）。已有研究一般将生态承载力指标分为生态系统状态、资源环境和人类活动三方面（郭子坚等，2017）。本书根据科学性、全面性、简明性、可操作性和层次性等原则，结合港口生态承载力的系统动力学模型，从环境纳污能力、资源供给能力和人类支持能力三个方面选取一般指标，通过多重共线性分析进行筛选，构建港口生态承载力综合评价指标体系，包括目标层、分目标层、准则层和指标层4个层次，共22个指标。为消除原始数据间量纲和量级的影响，通过现状值与理想状态值的比值对各指标进行无量纲化处理。不同时期的理想状态参比值根据各发展阶段的国家标准或行业规定确定，采用主成分分析法计算各指标权重。

6.1.3 指标体系层次分析

本书根据港口自然—经济—社会复合生态系统的特征，以港口生态承载力作为评价目标，从资源供给能力、环境纳污能力、人类支持能力三方面出发，运用目标分层法，构建多级递阶的指标体系。其中，资源供给能力测度指标主要从能源、水资源、土地资源及岸线资源四个方面筛选出反映港口资源利用特性的指标。环境纳污能力主要从大气环境、水环境、固体废物、噪声环境四个方面展开，并充分考虑港口生产的主要污染源。人类支持能力主要考虑社会经济进步、管理与建设水平和技术进步，侧重于人类对污染排放控制、资源利用优化、综合管理与技术投入及生态建设的支持（见图 6.1）。

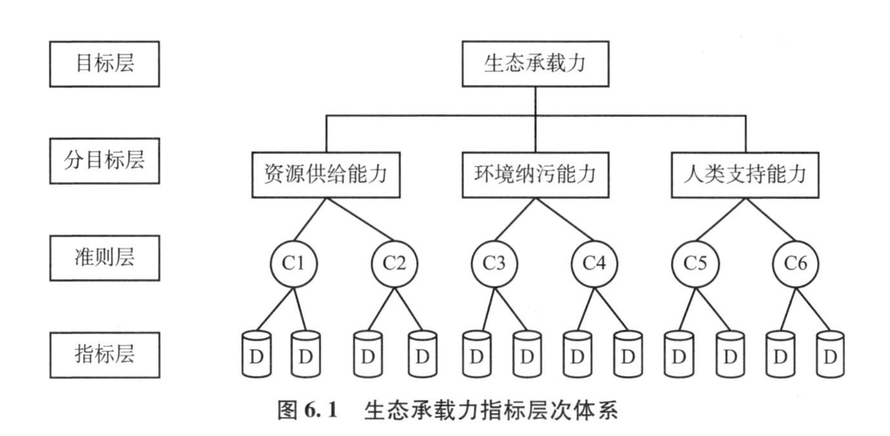

图 6.1　生态承载力指标层次体系

6.1.4 指标体系层次的构建方法

（1）多目标模型最优化方法

多目标模型最优化方法有其特定的思路，它的思路就是采用一种大系统分解协调的思路，这个系统可以分解成很多个分支系统，这些分支系统的运作方式有很多种，其中它们可以在一起协调运行，也可以分开运作。多目标模型中也有着核心的模型，称为总控模型，各分支系统之间存在着某种关系，这种关系可以在核心模型中被提取出来。在这个系统中有许多个变量，变量之间也存在着许多必然的联系，利用这些联系就可以对整个系统内的各个关系进行总体上的分析和判断。利用各个分支系统也可以建立模型，这些分支系统的模型也有着自己特定的功能，它们可以用来对整个系统中的局部系统状态进行分析。有一些学者已经运用这种方法进行了有关承载力的一些分析，比较有代表性的就是冉圣宏等一些学者，他们进行分析的对象是北海市，最后计算出了环境承载力的指数，并且对北海市的环境情况进行了可行性的意见和建议（冉圣宏等，1998）；另外，蒋晓辉等学者也运用这种方法对环境的承载状况进行了分析（蒋晓辉等，2001）。这种方法是定量研究承载力的一种方法，但是美中不足的是运用该方法要求的数据量非常大，并且模型的求解不是很容易。

（2）系统动力学

系统动力学方法的起源是在美国的麻省理工学院，它是在1956年创立的。最初它是一门研究信息反馈系统的学科，后来发展为用于承载力的定量研究。它把要研究的目标看成一个统一整体，整体的内部又分成不同的模块，这些模块之间存在着一种关系，在该方法中还用到数学中的一阶微分方程，模块之间的这种关系就是通过该方程来体现的。我们在运用这种方法进行承载力研究时，可在事先制定的几种不同的环境发展方案中选择出最适宜的发展方案。国内外都有运用系统动力学方法来进行承载力研究的学者，例如：英国的学者，其研究的方法已经得到了国际上的普遍认可（Castellani，2012），还有我国的学者张祺等，他们也进行了一系列的分析研究，建立了基于系统仿真的港口生态承载力动态评价模型，同样得到了比较好的结果（张祺等，2017）。系统动力学方法的不足之处是由于方法本身的原因可能会导致一些不合理的结论。

（3）指标评价法

该评价方法是对目标的整体综合情况进行评价，它的基础是数学方法，在运用中要建立许多指标来描述整体的状况。指标评价法可分为多种方法，例如矢量模法、模糊评价法、主成分分析法等。下面对部分方法进行简要的说明。

首先来说明矢量模方法，整个方法的运用是在一个维空间中进行的，为了描述整体的环境状况建立个指标，并且用到了矢量这个数学概念，矢量是既有大小又有方向的量，这个矢量会随着人类经济活动的变化而发生改变，大小和方向都会发生变化。在运用这种方法时，对于具有不同发展方式的经济环境，其承载状况也不同。在这个多维空间中计算出矢量的模，这些模的大小是不一样的，它们反映的是不同发展方式下的环境承载力的大小。该方法的不足是：由于此方法涉及要建立指标体系，但是指标体系中各指标的重要程度是不一样的，这就需要确定权重，而此方法中权重的确定不是很客观，导致得出的结论会不准确。

模糊综合评价法是一种基于模糊数学的综合评价方法。该综合评价法根据模糊数学的隶属度理论把定性评价转化为定量评价，即用模糊数学对受到多种因素制约的事物或对象做出一个总体的评价（张树奎等，2009）。但是由于模型自身的原因，模糊综合评价法有很多缺点，在实际的计算过程中存在严重的信息遗失现象，这就导致了结论不正确的可能性大大增强。

（4）物元分析法

物元分析法主要是研究解决矛盾问题的规律和方法，是系统科学、思维科学和数学交叉的边缘科学，是贯穿自然科学和社会科学而应用较广的横断学科。物元分析法求出各个因素与质量等级的关联度，然后通过权重进行汇总，得出整个评价方案与评价等级的关联度，通过判断评价方案与哪个等级关联程度最大来判断评价方案处于哪个等级。其应用技术是物元变换方法。

通过以上对承载力研究的一些方法的分析中可以看到，指标评价法主要在城市生态承载力的研究上取得了一定的成果，其优点是考虑的因素较全面、应用较灵活。它适用于评价指标层次较多的情况，但其缺陷和不足是所需资料较多，评价过程比较复杂和庞大。系统动力学方法对城市环境综合承载力未来进行预测比较有用，但是缺点是它不能对现在的承载状态进行判断，不能判定其是合理还是不合理，具体的实际意义很有限。在定量研究承载力的方法中还有一种方法就是多目标模型最优化法。这种方法虽然比较新颖也为承载力的研究开辟了新的道路，但是使用该方法的条件比较苛刻，比较重要的一点就是要查大量的数据，这是有一定难度的，就算研究者有条件得到庞大的数据也不一定能得到想要的结论，因为还存在着模型求解的问题，也是非常困难的。因而，在本书的研究中，选取了以系统动力学构建模型进行指标评价分析。

6.1.5 港口区域环境承载力影响因素分析

影响港口环境承载力的因素，包括生态环境系统和社会经济系统两大方面内容，经过分析选取如下几个主要影响因素。

（1）港口的自然条件

港口的环境承载力在很大程度上受其自然条件的限制。所以在考虑评价指标时必须考虑到港口相关的自然条件。港口的发展受到其自然条件的约束，如果忽略自然条件对其的影响，港口的环境承载力将成为一句空谈。自然条件是港口环境承载力的先决条件，是其基础和本质。包括港口所处的海洋环境的污染承载力情况都要考虑自然条件的影响。港口是一些海洋生物生长和其他生物、微生物生存的载体，区域林地的数量、质量和利用率是区域港口环境承载力大小的关键因素。在这方面主要考虑几个具体的影响因素：港口所处地域的气候条件、港口本身的通航条件、当地的水文地质条件等。

（2）港口软硬件条件

港口的软硬件条件也会对港口的环境承载力产生重要的影响。港口的软硬件条件和自然条件综合在一起考虑才是港口的内部影响因素。二者都是港口环境承载力本质的影响因素。在某种程度上决定了港口运营能力的大小，决定了港口的环境容量。比如港口的基础设施水平、港口自身管理水平、港口技术水平等。其中港口的技术水平对港口环境承载力同时具有正面和负面的影响。技术进步首先满足了大规模利用港口环境资源的需求，然后又使开发替代资源、节约使用港口资源和降低生产活动的污染排放等成为可能，从而缓解了港口环境资源供需之间的矛盾。技术进步对于港口环境承载力提高的作用表现在多方面，新材料、新能源的发现和使用减轻了经济发展对港口物质资源的压力。最后，技术进步提高了货运过程中消耗资源的利用率，因而减轻了未充分利用资源的排放，污染处理技术也降低了污染物质扩散的范围，需要海洋净化和吸收的污染物质在减少。

（3）周边及腹地交通条件

港口本身的建设就是对当地交通条件的一种改变。港口周边的交通条件是否便捷，在某种程度上决定了其运营利润，从港口运输的货物是否可以很快地送至目的地，港口是一个不能脱离社会经济而存在的个体，所以在考虑港口的环境承载力时，其腹地交通条件也是一个十分重要的因素，而且目前世界各国都在探讨交通可持续发展的问题。港口的交通条件在很大的程度上也对当地居民的生活产生了很大的影响，从而对港口的人口因素有一定的作用。在这方面应该重点考虑如下的因素：腹地公路交通、水上交通、国际航线、通管道条件等。

（4）社会经济条件

港口是不能脱离社会经济而独立存在的。人们建立港口的目的一方面是为了方便人们的生活，加强物资交流，而另一方面也是为了获取一定的利益。考虑其社会经济条件应主要考虑腹地人口、腹地工业基础、腹地对外贸易、与国家政策的一致性等。其中人口是一个十分复杂的因素，人口较少固然有助于港口的生态环境保护，却不利于港口利益的活动和港口的正常运营。而过于密集的人口又会对港口的生态环境产生极大的影响，从而影响区域经济发展。

（5）能源资源条件

港口区的生产、使用和维修过程中将耗费各种资源。此外，服务于港口相关腹地的各种交通工具和交通设施建设、运营和维修均将占用资源，其中主要用于交通系统的自然资源有：土地资源、能源资源和矿产资源。资源水平在某种程度上决定了港口的发展潜力，一个资源匮乏的港口是没有太大的发展潜力的。

（6）环境污染水平

港口相应的环境质量标准、当地及外地的污染源包括港口所处的海洋环境的污染承载力情况、当地居民排放的生活污水等情况即产生的生活垃圾、固体废物等都将影响港口的环境承载力。在考虑这些影响因素时，应考虑港口维持正常运营对周围生态环境的影响，如所造成的大气、噪声、水等的污染情况。

6.1.6 指标体系构建流程及指标筛选

参考生态承载力和复合生态系统理论，本研究中的港口生态承载力是指港口水陆域范围内。在达到一定生活质量和环境标准下，在生态系统的弹性限度内，系统的供给能力和纳污能力及所能支撑的社会经济规模和人口规模（张娇凤，2016）。港口生态承载力可从资源的可持续供给能力、环境纳污能力及人类支持能力进行描述。本书根据港口自然—经济—社会复合生态系统的特征，以港口生态承载力作为评价目标，从资源供给能力、环境纳污能力、人类支持能力三方面出发，运用目标分层法，构建多级递阶的指标体系。其中，资源供给能力测度指标主要从能源、水资源、土地资源及岸线资源四个方面筛选出反映港口资源利用特性的指标。环境纳污能力主要从大气环境、水环境、固体废物、噪声环境四个方面展开，并充分考虑港口生产的主要污染源。人类支持能力主要考虑社会经济进步、管理与建设水平和技术进步，侧重于人类对污染排放控制、资源利用优化、综合管理与技术投入及生态建设的支持。

在指标筛选过程中，遵循科学性、针对性、简明性、可操作性和全面性的基本原则，从生态承载力的内涵出发，考虑港口生态承载特性及已有的可持续发展指标、各类规划指标和环境、资源、社会经济的考核指标等，并尽可能与系统动力学模型的输出参数对接。基于以上原则进行指标初步筛选，得到一般指标体系。然后采用多重共线性分析消除变量间共线性带来的误差，从而得到最终的港口生态承载力的评价指标体系。

本研究基于以上的指标层次体系和指标筛选原则，以港口生态承载力为评价目标，建立了包含资源供给能力、环境纳污能力和人类支持能力三个分目标层，大气环境、水环境、固体废物、噪声环境、能源、水资源、土地资源、岸线资源、社会经济进步、管理与建设水平、技术进步等 11 个准则层及 22 个指标的港口生态承载力的评价指标体系（见图 6.2）。

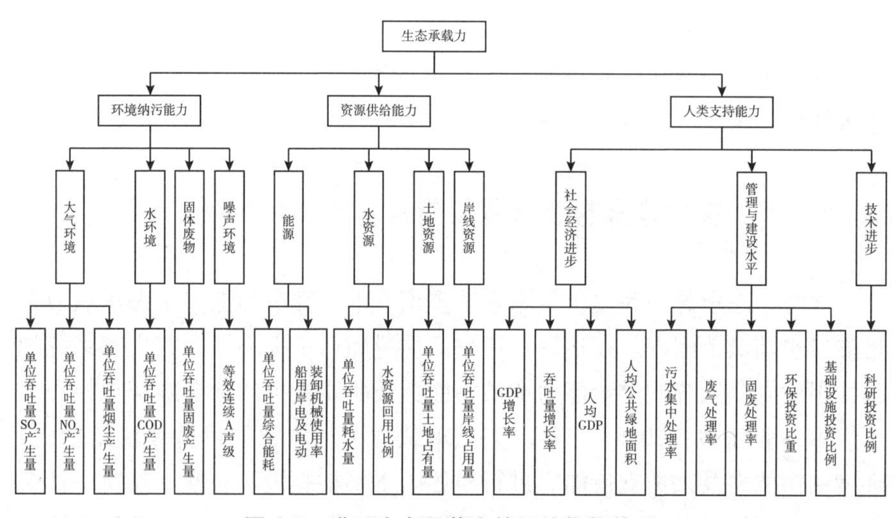

图 6.2　港口生态承载力的评价指标体系

6.2 港口区域环境承载力系统动力学模型构建

6.2.1 港口生态环境系统分析

港口生态系统分析是实现港口生态系统行为模拟的基础。港口生态系统位于城市陆地生态系统和海洋生态系统的交叉地带，资源、环境条件优越，与人类社会经济发展密切相关。目前，关于港口生态系统的研究非常少，港口生态系统的定义、边界尚没有一个公认的研究成果，因此，有必要在开展港口生态系统行为模拟及生态承载力评价之前，对港口生态系统的基本属性开展理论研究。

生态系统是指在一定地区内，生物与其所处非生物环境（物理环境）之间进行着连续的物质和能量交换而形成的生物学功能单位。任何一个正常运转的生态系统时刻与外界环境发生着物质循环和能量交换。如从外界环境获得太阳能和营养物质，向外界排放热量和代谢物，故生态系统行为往往受到外界环境的影响，生态系统自身属于一个半开放的动态系统。同时，生态系统具有自我调节能力，在受到外力或人为干扰时，在一定限度内，生态系统可以通过反馈机能实现自我调节，维持相对平衡状态，故生态系统也属于一个反馈系统。生态系统分为自然生态系统和人工生态系统，其中人工生态系统相对复杂，是以人为主的生态系统，动植物种类稀少，人类活动对自然生态系统的影响作用较大，人工生态系统是自然生态系统与人类社会经济系统两者的复合生态系统。

港口一般建设在海岸、河口或内河上，位于陆地与水域的交接地带。港口是水陆交通枢纽，主要提供物流服务、信息服务、商业及产业增值服务。港口生产运营过程中并不产生物质和能量，而是不断地从外界环境获取物质和能量，而且会向外界环境排出大量的污染物，如含油污水、洗舱水、生活污水、港口装卸机械及在港船舶释放的大气污染物、粉尘等，港口与周边生态环境相互作用、相互影响，构成了一个半开放、动态的生态系统，即港口生态系统。港口生态系统位于城市陆地和海洋两大生态系统的交叉带，属于海岸带生态系统的一部分，受到城市和海洋两大生态系统的共同影响，一方面港口生态系统资源丰富、生物多样性高、梯度变化快，另一方面港口生态系统受城市和海洋的扰动频繁，生态脆弱度高。港口港界由港口总体规划确定，将港口的水陆域与其外围区域区分出来，便于对港口进行有效的管理。港口的空间尺度相对较小，根据《海港总体设计规范（JTS165－2013）》，集装箱干线码头的平均陆域纵深为800～1 200m。故狭义上的港口生态系统边界是指港口的港界。海岸带范围的定义是；海岸带的内界通常在海岸线的陆侧10km附近，外界在向海侧扩展至15m等深线附近。考虑到港口生产运营对进港航道水深和码头前沿水深具有明确的要求，目前第六代集装箱船及万箱位船的吃水至少为14m，要求航道水深和码头前沿水深达到15m以上，30万吨级散货船满载吃水可达23m，且有逐渐增加的趋势，必然引起港口水深的增加。借鉴前人研究成果考虑到港口生态系统与周边海岸带物质能量交换频繁，相互影响较大，以及船舶大型化带来港口水深的增加，故广义上的港口生态系统边界定义为向海岸线的陆侧推进10km和向海侧推进至25m等深线形成的区域边界。

港口地处水陆交互地带，除了兼具两大生态系统特征外，港口生态系统还具有独特特征，主要表现在以下几个方面。

生物多样性高。港口位于水陆过渡地带，与相邻生态系统相比，群落结构更加复杂，这里不仅是众多水生、陆生生物的栖息地，还存在某些能适应多变生境的边缘物种或特有物种，生物物种丰富，梯度变化高。

高度开放性。港口是区域交通枢纽、货物集散中屯、物流加工中屯、信息服务中屯，物质、能量交换频繁，经济、社会活动密切，系统每天有大量的船舶、车辆、货物、人员等流入流出，对外活动密切，生态系统开放性高。

高生产力。随着服务业发展和信息技术的提升，港口除了提供货物装卸、暂存、换装、转运等基础服务外，还增加了加工、包装、配送、信息处理等物流增值服务，吸引了金融、保险、法律、信息等服务业向港口集聚，使得港口在资源配置上发挥日益重要的作用，呈现高生产力的特点。

生态脆弱性。港口位于城市生态系统和海洋生态系统的生态交错区，特殊的区域位置使得港口生态系统应对外界变化时更易敏感。加之港口开发强度高，建设、运营过程中向周边环境输出大量的污染物和废弃物，同时突发事件如火灾、爆炸、溢油、化学危险品泄漏等事故频发，使得港口生态系统抗干扰能力逐渐变差，生态脆弱性显著。

6.2.2 港口群生态环境系统结构分析

港口生态系统是以人类活动为主导的自然—经济—社会复合生态系统。这个系统内部各要素之间相互作用、彼此影响，形成了一个复杂体系。其中资源、环境、社会经济是三个亚层次的要素，通过协同作用促进复合生态系统的发展。港口生态系统作为开放的复杂巨系统，其协调发展的影响因素十分复杂，但系统内各子系统间的相互影响、相互作用是内在原因。因此，有必要在建立系统仿真模型之前，深入挖掘系统内部协调发展机制，探讨系统协调发展演进过程。

港口资源子系统为港口生产活动提供能源、水、土地、岸线等资源，是整个生态系统的物质基础。港口环境子系统为人类活动和港口生产提供空间，容纳生产生活排放的污染，承载资源，是整个生态系统的空间支持。港口社会经济子系统从资源、环境子系统中获取生产要素，实现物质再生产功能的同时伴随着资源的消耗和环境污染物的排放。此外，港口社会经济子系统为资源、环境子系统的完善、提升提供物质和资金支持。

综合来看，港口社会经济子系统的发展与其他子系统之间存在着冲突和协调两种关系：港口社会经济子系统的发展会增加资源消耗和占用，使资源存量减少，同时会带动技术进步和非生产性投资，促进资源利用率提高及开发可再生资源，提高资源存量；港口社会经济子系统的发展会增加污染排放，降低环境质量，同时会提高环保投资和环境改造技术水平，提升环境纳污能力。资源子系统和环境子系统的关系是环境是资源的载体，环境质量会影响资源的存量水平（如森林资源等）和质量水平（如水资源等）。综上，港口社会经济、资源、环境子系统间相互作用，通过协同作用促进系统的可持续发展（见图6.3）。

港口生态系统内的协同作用通过各子系统间的彼此联系、相互作用、相互协调和子系统内部的反馈机制得以实现。港口生态系统内各子系统间的协同行为具体表现为如下几点。

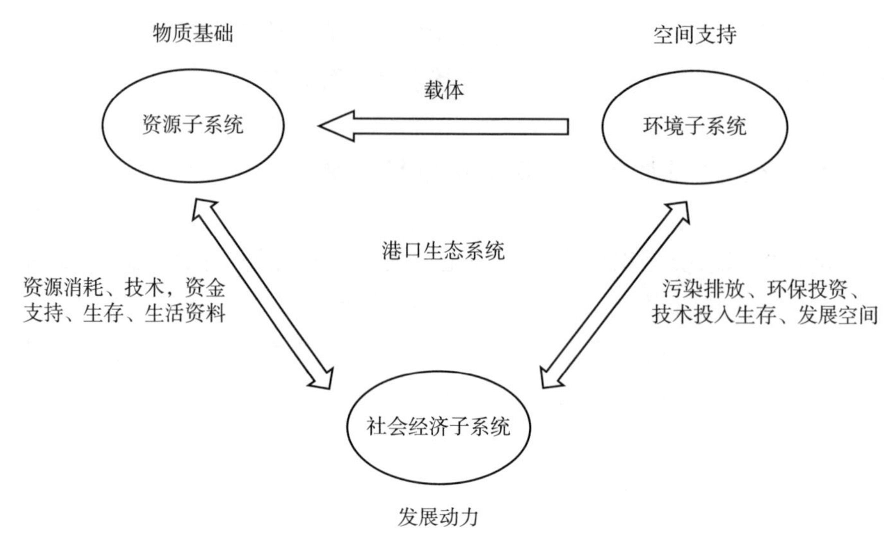

图 6.3　港口生态系统概念模型

（1）港口创造的产值会带动区域经济发展，而区域经济需求增长和航运发展会提高区域经济外向性，进一步扩大对外贸易需求，从而增加港口吞吐量，带动港口生产；

（2）港口的社会生产势必会导致能源、水资源等资源消耗和土地、岸线等资源占用，资源供应不足会制约港口发展及区域经济增长；

（3）港口生产中会对周边环境造成水污染、空气污染、噪声污染等，环境污染严重反过来会制约港口及区域发展；

（4）随着港口和区域经济发展，资源利用技术和可再生资源研发水平提高，资源利用率提高，可利用的资源存量增多，资源危机对港口生产的阻力得以缓解；

（5）随着港口和区域经济发展，环保投资增加，环境改造技术水平提高，环境污染得到治理和改善，港口发展与环境污染的矛盾得以协调。

根据港口自然—经济—社会复合生态系统的特征分析，选取表征各子系统特征的主要变量来反映系统内的重要因素，并确定各个变量间的因果反馈关系。

社会经济子系统主要通过港口吞吐量、就业人口、消费额、区域GDP、税收收入、固定资产投资、绿色 GDP、贸易额、港口收入、港口建设投资、环保投资、资源消耗经济损失成本、环境污染经济损失成本等来反映。其中，港口吞吐量、就业人口、税收收入、固定资产投资、区域 GDP、贸易额为状态变量，表现社会经济要素随时间的积累，绿色 GDP、环保投资、资源消耗经济损失成本、环境污染经济损失成本等为辅助变量，作为与其他子系统的接口，体现社会经济子系统对资源、环境子系统的作用及资源消耗、环境污染对社会经济子系统的反馈。

一方面，港口吞吐量的增加，不仅可以带来港口收入的增加，还会带动港口相关产业的就业，刺激消费，这些都会促进区域 GDP 的增长，进而带动税收收入，提高区域固定资产投资。固定资产投资的增加又进一步带动了港口建设投资增加和港口设施资源规模扩大，促进码头岸线资源负荷增大，从而带动港口吞吐量发展。同时，固定资产投资的增长会进一步刺激消费，形成良性循环。此外，港口收入的增加，会带动港口建设投资，港口设施资源规模随之扩大，从而带动码头岸线资源负荷，促进港口生产。

另一方面，港口吞吐量的增加，会通过港口对区域经济的直接贡献及间接贡献（带动港口相关产业发展、刺激消费）促进区域 GDP 的增长，带动贸易额的增加，而贸易额增加会产生更多的港口需求，促进港口生产，增加港口吞吐量，形成一条正反馈回路（见图 6.4）。

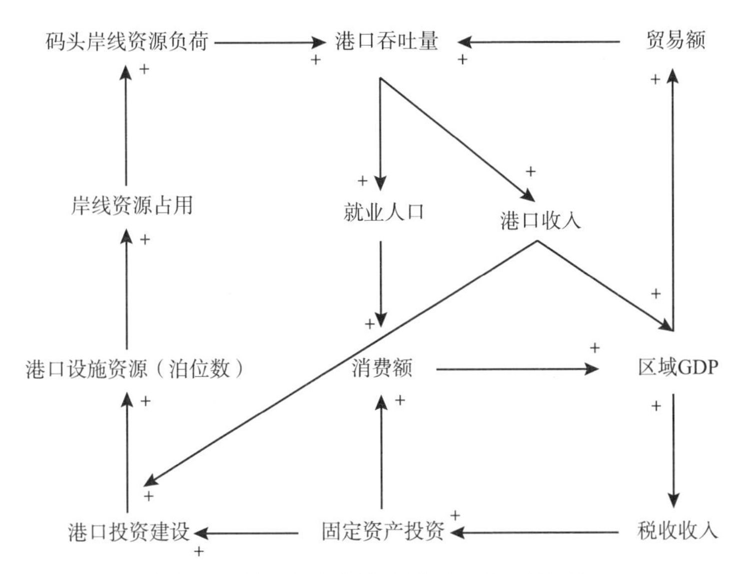

图 6.4　港口社会经济子系统因果反馈回路

资源子系统。根据港口资源和能源的利用特性，选取港口设施资源（泊位数）、土地资源占用量、岸线资源占用量、能源消耗量、水资源消耗量、单位吞吐量土地占用量、单位吞吐量岸线占用量等作为主要变量。其中，港口设施资源（泊位数）为状态变量，反映码头泊位随时间的积累，单位吞吐量土地占用量、单位吞吐量岸线占用量等作为辅助变量接口。

港口资源子系统的因果反馈回路建立在港口社会经济子系统反馈回路的基础上，一方面，港口吞吐量的增加，会导致能源和水资源的消耗，资源消耗经济损失成本增加，制约了绿色 GDP 的增长，从而制约贸易额和港口吞吐量的增加，这是一个负反馈环。另一个方面，港口吞吐量的增加，会促进区域 GDP 的增长，从而带动政府税收、固定资产投资、港口建设投资的增加（或者港口吞吐量的增加，带动港口收入增加，港口建设投资随之增多），港口设施资源规模相应扩大，港口占用土地面积及岸线长度增加，资源消耗经济损失成本增加，制约了绿色 GDP 的增长，从而制约贸易额和港口吞吐量的增加，这又是一条负反馈回路（见图 6.5）。

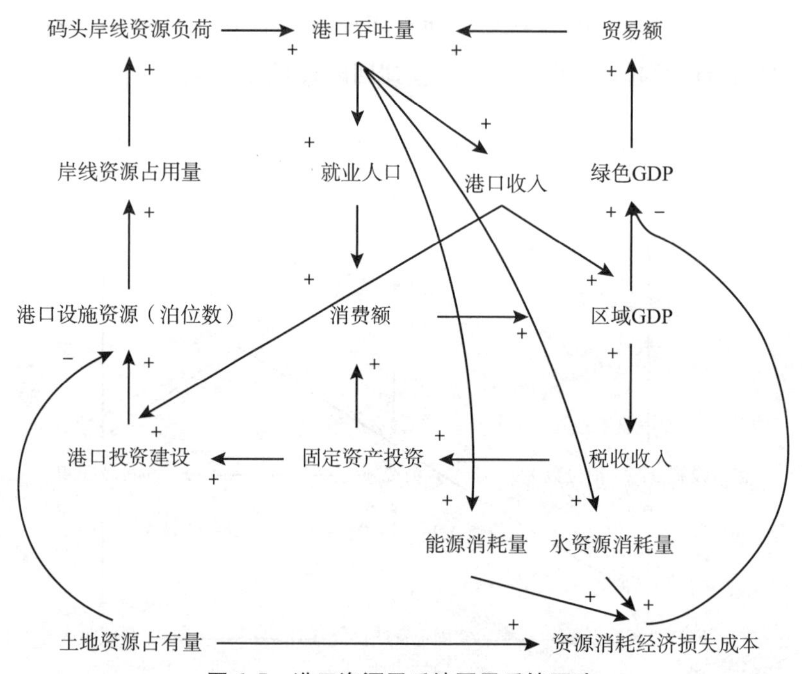

图 6.5 港口资源子系统因果反馈回路

环境子系统。港口生产会对周边环境产生水污染、大气污染、固废污染，考虑到港口生态环境的主要污染源，选取COD作为水污染的测度指标，烟尘、SO_2、NO_2为空气污染的测度指标，固体废物为固废污染的测度指标。港口环境子系统可通过环境水平（污染存量）、环境压力（污染产生量）及环境抗逆（污染处理量）来反映其中，表征环境水平的污染存量（COD存量、烟尘存量、SO_2存量、NO_2存量、固废存量）为状态变量，表征环境压力的污染产生量和环境抗逆的污染处理量为速率变量，其他变量如污水集中处理率、烟尘处理率、SO_2处理率、NO_2处理率、固废处理率等为辅助变量。

港口环境子系统的因果反馈回路建立在港口社会经济子系统反馈回路的基础上，一方面，港口吞吐量的增加，会产生更多的水、大气、固废污染物，污染存量相应累积增多，使得环境污染经济损失成本增加，制约绿色GDP的增长，从而制约贸易额和港口吞吐量的增加，这是一个负反馈环。

另一方面，港口吞吐量的增加，会带动区域经济发展，区域经济总量的增加会促进环保投资加大，环保设施投入和污染治理技术提高，使得污染处理量增加，从而缓解污染存量的增加，环境污染经济损失成本随之减少，对绿色GDP增长的制约作用相应减小，从而带动贸易额和港口吞吐量的增加，为正反馈回路（见图6.6）。

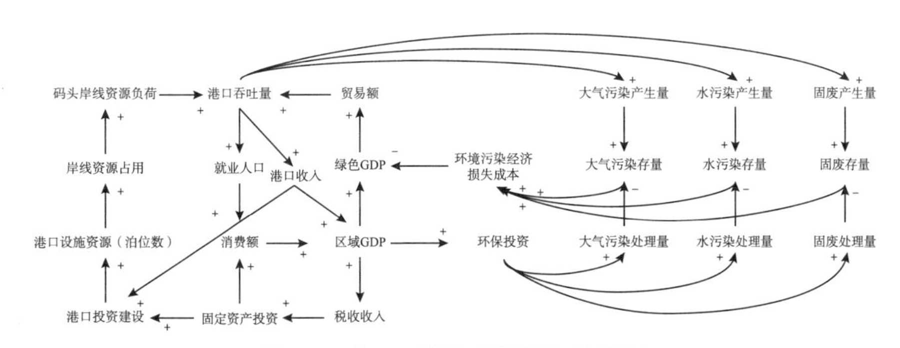

图6.6　港口环境子系统因果反馈回路

港口生产是港口资源、环境、社会经济子系统相互联系的纽带，故以反映港口生产经营活动的港口吞吐量作为组合三个子系统的接口，将以上几个子模块整合起来，如图6.7所示。

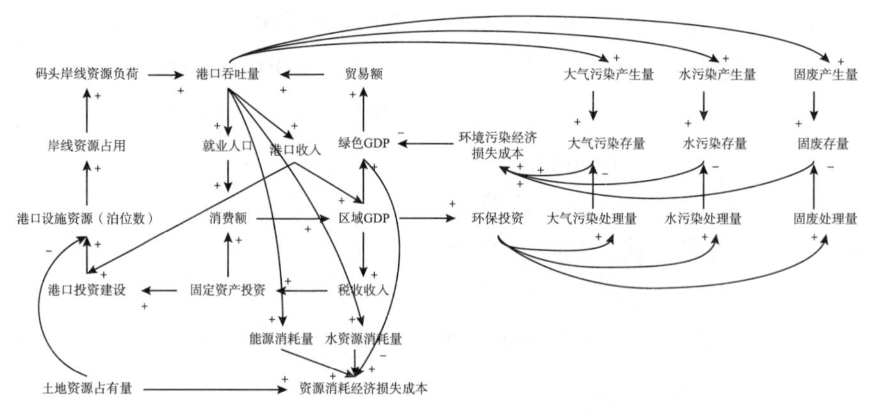

图 6.7 港口生态系统主要因果反馈回路

6.2.3 环境承载力模型主要参数说明

（1）模型参数输入

对于大部分常量参数，根据调查数据及统计资料，通过算数平均、回归法等方法确定，如吞吐量对就业的影响系数、港口建设投资对港口设施资源（泊位数）的影响系数、港口设施资源（泊位数）对岸线资源占用量的影响系数、港口设施资源（泊位数）对土地资源占用量的影响系数等。

对于部分变量间呈非线性关系的情况，运用表函数予以定义。模型中定义了单位吞吐量综合能耗、单位吞吐量耗水量、单位吞吐量 SO_2 产生量、单位吞吐量 COD 产生量、贸易额对港口吞吐量的影响等表函数。

此外，模型中还有一些重要变量间的关系通过借鉴国际上或类似发展程度区域的关系式，如人均 GDP 与教育投资比例、科研投资比例、基础设施投资比例、环保投资比重、人均绿地面积等之间的关系，并且根据研究区域历史数据对关系式进行修正后再运用到具体参数的计算中。

（2）评价指标权重确定

客观赋权法是一种依据客观环境，基于各指标间的联系程度或提供的信息量确定权重的方法，其判断结果不依赖人的主观判断，更加客观科学。本研究使用客观赋权法中的主成分分析法确定权重。

主成分分析法主要利用因子分析得到各项指标值所对应的特征根占方

差贡献率的大小来确定，一般来说，指标值对原始数据负载的信息量越大，指标权重越大。本研究运用统计分析软件的主成分分析功能，对港口生态承载力的评价指标体系进行指标权重确定，步骤如下：

①计算相关系数矩阵 R，$R=\begin{pmatrix} r_{11} & \cdots & r_{1n} \\ \cdots & \cdots & \cdots \\ r_{n1} & \cdots & r_{nn} \end{pmatrix}$。

②求特征根 λ_g 和特征向量 $L_g(g=1, 2, \cdots, n)$；

③求方差贡献率。将特征根按照大小顺序排列，方差贡献率表示因子对系统评价的贡献，对于第 g 个主成分，其方差贡献率为 $\lambda_g / \sum_{g=1}^{n} \lambda_g$。特征根越大，表示该主成分的影响程度越大。主成分分析法的原则是选择尽可能少的 k 个主成分（$k \leqslant n$）用于分析，k 值根据累计方差贡献率 $\lambda_g / \sum_{g=1}^{n} \lambda_g \geqslant 85\%$ 并且特征值 $\lambda_g \geqslant 1$ 确定；

④主成分转换；对于每一个特征根，都对应有一个特征向量 $L_g=(L_{g1}, L_{g2}, \cdots, L_{gn})$，则主成分可以表达为 $F_g=L_{g1}R_1^*+L_{g2}R_2^*+\cdots+L_{gn}R_n^*$（$g=1, 2, \cdots, n$；$R^*$ 为数据均值化结果），下标 g 表示第 g 主成分；

⑤各指标的权重值等于各主成分的方差贡献率为权重，对贡献矩阵 $L_k=(L_1, L_2, \cdots, L_n)$ 加权平均的归一化值。

根据权重确定方法计算评价指标权重，具体运用因子分析法得到各主成分的特征值、方差贡献率和成分矩阵，各指标的权重值等于以各主成分的方差贡献率为权重，对贡献矩阵加权平均的归一化值，各指标权重值如表6.1所示。

表6.1　港口生态承载力评价指标权重

目标层	分目标层	准则层	指标层	权重
港口生态承载力（P）	环境纳污能力（A）	大气环境（A1）	单位吞吐量 SO_2 产生量（A11）	0.041
			单位吞吐量 NO_2 产生量（A12）	0.043
			单位吞吐量烟尘产生量（A13）	0.030

续表

目标层	分目标层	准则层	指标层	权重
港口生态承载力（P）	环境纳污能力（A）	水环境（A2）	单位吞吐量COD产生量（A21）	0.073
		固体废物（A3）	单位吞吐量固废产生量（A31）	0.017
		噪声环境（A4）	等效连续A声级（A41）	0.020
	资源供给能力（B）	能源（B1）	单位吞吐量综合能耗（B11）	0.084
			船用岸电及电动装卸机械使用率（B12）	0.031
		水资源（B2）	单位吞吐量耗水量（B21）	0.025
			水资源回用比例（B22）	0.022
		土地资源（B3）	单位吞吐量土地占用量（B31）	0.058
		岸线资源（B4）	单位吞吐量岸线占用量（B41）	0.064
	人类支持能力（C）	社会经济进步（C1）	GDP增长率（C11）	0.032
			吞吐量增长率（C12）	0.030
			人均GDP（C13）	0.050
			人均公共绿地面积（C14）	0.029
		管理与建设水平（C2）	污水集中处理率（C21）	0.062
			废气处理率（C22）	0.048
			固废处理率（C23）	0.021
			环保投资比重（C24）	0.082
			基础设施投资比例（C25）	0.044
		技术进步（C3）	科研投资比例（C31）	0.094

6.3 算例分析

以某港区为例，调查及统计港口吞吐量、泊位数、就业人口、港口收入、港口建设投资等社会经济运行指标U及单位吞吐量综合能耗、单位吞吐量NO_2产生量、单位吞吐量SO_2产生量、单位吞吐量烟尘产生量、单位吞吐量COD产生量等资源环境测度指标的变化规律，实现仿真模型参数输入，应用港口生态承载力的复合评价模型，对该港区的生态承载状况进行现状分析，并通过参数敏感性分析识别主要影响因子，设计仿真方案，预测港区生态承载状况的演变趋势。

6.3.1 生态承载状况现状分析

在模型参数输入、指标权重计算后，以某港区为例，运用建立的复合评价模型对该港区的生态承载现状进行分析，即对2013～2021年该港区目标层生态承载状况及三个分目标层（环境纳污能力、资源供给能力、人类支持能力）承载状况进行分析与评价。

（1）目标层承载状况分析

总体来看，2013～2021年，该港区生态承载状况介于1.99～3.62之间，始终处于超载状态，但随着时间推移，生态承载状况呈现逐年下降趋势，表明该港区生态承载状况逐步改善，超载的状态逐渐缓和。由2013年的3.62下降到2021年的1.99，年均降幅达到7.2%。其中，2014年的降幅最大，下降幅度达到10.3%。整体来看，降幅趋缓，生态承载状况虽然得到改善，但短期内仍处于超载状态（见表6.2）。

表6.2　港区生态承载状况现状分析

年份	生态承载状况	增幅（%）
2013	3.62	—
2014	3.25	-10.28
2015	3.00	-7.59
2016	2.77	-7.69
2017	2.55	-7.93
2018	2.35	-7.82
2019	2.23	-5.32
2020	2.04	-8.40
2021	1.99	-2.57
年均增幅		-7.22

（2）分目标层承载状况分析

根据前文对港口生态系统的分析，港口生态系统是一个多因素结合作用的复合生态系统，因此本小节在港区生态承载状况总体评价的基础上，对三个分目标层及其下的准则层的承载状况进行分析评价，期望找到影响该港区生态承载状况变化的主要原因。

根据该港区分目标层承载状况数据，2013～2021年三个分目标层均处于超载状态。其中，人类支持能力承载状况超载最多，其次是资源供给能力，环境纳污能力承载状况超载相对较少。人类支持能力、资源供给能力、环境纳污能力均呈现逐年下降趋势。其中，资源供给能力降幅最大，年均降幅达到7.38%，说明2013～2021年资源供给能力承载状况改善幅度最大，其次是环境纳污能力，人类支持能力降幅最小，年均降幅为7.16%，说明近9年来人类支持能力发展缓慢，成为制约该港区生态承载状况改善的主要原因。总体上，该港区三个目标层承载状况均呈缓和趋势，但短期内仍将维持超载的状态，尤其是人类支持能力有待进一步提高，在加快社会经济发展的同时，还应提高该港区的管理与建设水平，加大技术投入（见表6.3）。

表6.3　港区分目标层承载状况现状分析

年份	环境纳污能力		资源供给能力		人类支持能力	
	承载状况	增幅（%）	承载状况	增幅（%）	承载状况	增幅（%）
2013	3.34	—	3.48	—	3.82	—
2014	2.95	-11.54	3.09	-11.07	3.46	-9.47
2015	2.52	-14.54	2.96	-4.19	3.22	-6.97
2016	2.36	-6.60	2.72	-8.20	2.97	-7.75
2017	2.18	-7.49	2.28	-16.02	2.84	-4.37
2018	2.03	-6.79	2.18	-4.60	2.57	-9.33
2019	1.96	-3.44	2.14	-1.75	2.38	-7.38
2020	1.86	-5.14	1.96	-8.24	2.16	-9.51
2021	1.83	-1.46	1.88	-4.14	2.11	-2.20
年均增幅		-7.21		-7.38		-7.16

①环境纳污能力承载状况分析。

由表6.4可知，2013～2021年该港区环境纳污能力承载状况处于超载状态，但超载程度逐年降低，由2013年的3.34降低至2021年的1.83，年均降幅达到7.21%。其中，2015年降幅最大，达到14.54%，总体来看环境纳污能力超载状态逐渐缓和，但缓和速度放慢，后期发展乏力。

表6.4　　港区环境纳污能力承载状况现状分析

年份	环境纳污能力承载状况			
	水环境	大气环境	固体废物	噪声环境
2013	3.35	3.85	2.51	1.18
2014	2.93	3.43	2.22	1.18
2015	2.36	3.08	2.01	1.16
2016	2.31	2.74	1.89	1.15
2017	2.08	2.65	1.33	1.15
2018	2.02	2.35	1.25	1.15
2019	2.00	2.22	1.18	1.11
2020	1.94	2.03	1.13	1.09
2021	1.87	2.06	1.08	1.09
年均增幅（%）	-7.01	-7.51	-10.0	-0.90

根据环境纳污能力承载状况现状分析表，环境纳污能力中水环境承载状况超载程度最大，其次是大气环境，固体废物、噪声环境超载程度较小，固体废物承载状况在2021年由超载转变为满载，噪声环境承载状况在2020年由超载过渡到满载。水环境、大气环境和固体废物承载曲线呈逐年下降趋势，承载状况逐渐改善，其中固体废物承载状况改善最快，由2.51下降至1.08，年均降幅达到10.0%，从超载向满载靠近，其次是水环境，年均降幅为7.51%，大气环境次之，年均降幅为7.01%。噪声环境承载状况始终处于1.09～1.18之间，年际变化很小，向满载状态缓慢发展。总体来看，港区水环境和大气环境承载状况超载较多且发展缓慢，成为制约环境纳污能力发展的主要原因。

②资源供给能力承载状况分析。

由表6.5可知，2013～2021年该港区资源供给能力承载状况始终处于超载状态，但承载状况逐年改善，由2013年的3.48降低至2021年的1.88，年均降幅达到7.38%。其中，2017年降幅最大，达到16.02%，总体来看资源供给能力呈波动下降趋势，超载状态逐渐缓和。由港区资源供给能力承载状况现状分析表可知，资源供给能力中能源超载程度最大，其次依次是岸线资源、土地资源、水资源。各准则层承载状况逐渐改善。其中，岸线资源和土地资源下降最快，分别由2013年的3.69、3.45下降至2021年的1.46、1.37，年均降幅均达到10.94%，表明岸线资源、土地资源承载状况发展迅速，逐渐向满载状态靠近。水资源承载下降相对较慢，年均降幅为6.39%，能源承载下降最慢，年均降幅为5.35%。由此可知，港区能源承载状况超载最多且改善缓慢，是制约资源供给能力发展的最主要原因，其次是岸线资源和土地资源超载问题。

表6.5　港区资源供给能力承载状况现状分析

年份	资源供给能力承载状况			
	能源	水资源	土地资源	岸线资源
2013	3.80	2.11	3.45	3.69
2014	3.40	1.94	3.04	3.25
2015	3.42	1.81	2.75	2.94
2016	3.07	1.72	2.59	2.76
2017	2.88	1.46	1.80	1.92
2018	2.78	1.39	1.67	1.79
2019	2.81	1.34	1.54	1.65
2020	2.53	1.29	1.46	1.56
2021	2.45	1.25	1.37	1.46
年均增幅（%）	-5.35	-6.39	-10.94	-10.94

③人类支持能力承载状况分析。

由表6.6可知，2013～2021年该港区人类支持能力承载状况始终处于超载状态，但承载状况逐年改善，由2013年的3.82降低至2021年的

2.11，年均降幅达到 7.16%，其中 2020 年降幅最大，达到 9.51%，总体来看人类支持能力逐年下降，超载状态逐渐缓和。

表 6.6　　港区人类支持能力承载状况现状分析

年份	人类支持能力承载状况		
	社会经济进步	管理与建设水平	技术进步
2013	2.49	3.94	4.97
2014	2.42	3.59	4.33
2015	2.33	3.41	3.77
2016	2.31	3.14	3.34
2017	2.14	3.07	3.10
2018	2.03	2.74	2.83
2019	1.86	2.55	2.60
2020	1.72	2.26	2.45
2021	1.63	2.24	2.36
年均增幅（%）	-5.17	-6.80	-8.88

根据人类支持能力各准则层承载状况的数据分析，人类支持能力中技术进步超载最多，其次是管理与建设水平，社会经济进步超载相对较少。技术进步、管理与建设水平、社会经济进步的承载能力呈逐年下降趋势。其中，技术进步发展最快，由 2013 年的 4.97 下降至 2021 年的 2.36，年均降幅达到 8.88%，说明虽然港区技术进步方面处于落后状态。但近 9 年科研投入与技术支持发展很快，管理与建设水平的承载能力波动下降，年均降幅为 6.80%，社会经济进步的承载能力变化幅度较小，平稳发展。总体来看，港区技术进步、管理与建设水平相对落后是制约人类支持能力发展的瓶颈，应逐步加大港区环保及技术投入，加强基础设施建设，提高管理水平。

6.3.2　生态承载状况动态预测

（1）预测方案设计

为了解该港区生态承载状况的发展趋势，对其进行动态预测。根据该港区的生态承载状况及其主要影响因子，结合区域实际情况和相关规划，在预测港区生态承载状况未来发展趋势时，分别设置自然发展方案和综合调控方案两种预测方案：

①自然发展方案（方案一）。

自然发展方案是指按照该港区现有发展趋势向前推进，具体参数设定根据各参数历史数据建立曲线回归模型进行预测。部分参数的预测方程如下：

科研投资比例：$y(t)=2.830E-6\Delta t^3-1.611E-4\Delta t^2+0.00301\Delta t+0.00863$

单位吞吐量单位能耗：$y(t)=-1.137LN(\Delta t)+7.714$

人均绿地面积：$y(t)=0.00170\Delta t^3-0.978\Delta t^2+1.859\Delta t+12.591$

废气处理率：$y(t)=-1.343E-4\Delta t^2+0.0360\Delta t-0.0826$

式中，$y(t)$ 表示 t 年份的参数值，Δt 表示预测年份与起始年份的时间差。

②综合调控方案（方案二）。

综合调控方案是在现有发展趋势的基础上加以调整，针对限制港区生态承载状况发展的主要因素，设置调控参数取值，对系统进行政策调控，从而达到改善该港区生态承载状况的目的（见表 6.7）。

表 6.7　两种方案下主要参数设置

年份	科研投资比例		单位吞吐量 COD 产生量		单位吞吐量 SO_2 产生量		单位吞吐量综合能耗	
	方案一	方案二	方案一	方案二	方案一	方案二	方案一	方案二
2022	0.0259	0.0254	0.00197	0.00176	0.00759	0.00666	5.285	5.065
2023	0.0262	0.0261	0.00173	0.00147	0.00747	0.00608	5.047	4.731
2024	0.0264	0.0279	0.00157	0.00111	0.00739	0.00569	4.879	4.508
2025	0.0265	0.0288	0.00143	0.00106	0.00733	0.00541	4.748	4.342
2026	0.0267	0.0313	0.00131	0.00092	0.00727	0.00519	4.642	4.211
2027	0.0268	0.0336	0.00121	0.00080	0.00723	0.00501	4.552	4.103
2028	0.0269	0.0356	0.00112	0.00079	0.00719	0.00487	4.474	4.012

续表

年份	科研投资比例		单位吞吐量 COD 产生量		单位吞吐量 SO_2 产生量		单位吞吐量综合能耗	
	方案一	方案二	方案一	方案二	方案一	方案二	方案一	方案二
2029	0.0269	0.0375	0.00108	0.00076	0.00716	0.00474	4.405	3.934
2030	0.0270	0.0393	0.00102	0.00071	0.00713	0.00462	4.343	3.865
2031	0.0271	0.0411	0.00097	0.00066	0.00710	0.00453	4.287	3.803
2032	0.0271	0.0417	0.00092	0.00062	0.00708	0.00444	4.236	3.748
2033	0.0272	0.0423	0.00088	0.00056	0.00706	0.00436	4.190	3.698
2034	0.0272	0.0428	0.00084	0.00051	0.00704	0.00428	4.146	3.652
2035	0.0273	0.0433	0.00081	0.00046	0.00702	0.00422	4.106	3.610
2036	0.0273	0.0438	0.00077	0.00043	0.00700	0.00416	4.068	3.571
2037	0.0274	0.0443	0.00074	0.00039	0.00698	0.00410	4.033	3.535
2038	0.0274	0.0447	0.00073	0.00035	0.00697	0.00405	3.999	3.501

根据该港区生态承载状况现状分析结果，人类支持能力发展滞后、环境污染严重、资源消耗过度是港区生态承载状况面临的主要问题。具体来说，港区技术进步和管理与建设水平相对落后、水环境和大气环境污染超标、能源消耗超载严重是港区生态承载状况的主要制约因素。因此，调控方案参数设定应从以上几个方面着手。结合参数敏感性分析中识别的港区生态承载状况的主要影响因子，选取环保投资比重、单位吞吐量综合能耗、污水集中处理率、科研投资比例、单位吞吐量烟尘产生量、单位吞吐量耗水量、单位吞吐量 S 化产生量、单位吞吐量 NO_2 产生量、单位吞吐量 COD 产生量、GDP 增长率作为仿真调控参数，其他参数设置与自然发展方案保持一致。GDP 增长率、污水集中处理率等主要依据区域发展规划确定，环保投资比重、科研投资比例等参考国际上发达国家相应指标水平。

（2）不同方案下生态承载状况预测分析

基于两种预测方案，运用复合评价模型对该港区 2022 ~ 2038 年的生态承载状况进行动态预测与分析评价，对比两种方案下港区生态承载状况的变化趋势。

①目标层承载状况预测。

总体来看，在两种方案下 2022 ~ 2038 年港区的生态承载状况呈下降走势，生态承载状况均呈现好转态势（见表 6.8）。不同的是，自然发展方案中生态承载状况降幅较小，年均降幅仅为 0.86%，生态承载状况改善缓慢，2038 年达到 1.700，仍处于超载状态。综合调控方案中生态承载状况降幅较大，年均降幅达到 3.17%，生态承载状况发展较快，2038 年达到 1.150，接近满载状态，生态承载状况得到明显改善。比较两方案可知，同年综合调控方案的承载状况优于自然发展方案，且两方案数据指标相差越来越大，说明综合调控方案下生态承载状况的改善效果非常明显，2038 年综合调控方案生态承载状况的改善效率达到 32.35%。

表 6.8　两种方案下港区生态承载状况预测分析

年份	生态承载状况		增幅（%）	
	方案一	方案二	方案一	方案二
2022	1.952	1.926	—	—
2023	1.923	1.811	-1.49	-5.97
2024	1.889	1.705	-1.77	-5.85
2025	1.867	1.629	-1.16	-5.04
2026	1.847	1.555	-1.07	-3.95
2027	1.831	1.493	-0.87	-3.99
2028	1.808	1.430	-1.26	-4.22
2029	1.793	1.387	-0.83	-3.01
2030	1.770	1.330	-1.28	-4.11
2031	1.758	1.286	-0.68	-3.31
2032	1.740	1.256	-1.02	-2.33
2033	1.726	1.228	-0.80	-2.23
2034	1.720	1.212	-0.35	-1.30
2035	1.713	1.191	-0.41	-1.73
2036	1.708	1.172	-0.29	-1.60

续表

年份	生态承载状况		增幅（%）	
	方案一	方案二	方案一	方案二
2037	1.704	1.163	-0.23	-0.77
2038	1.700	1.150	-0.23	-1.12
年均增幅			-0.86	-3.17

②分目标层承载状况预测。

由两种方案下港区分目标层承载状况预测分析可知（见表6.9），2022~2038年，自然发展方案下港区环境纳污能力、资源供给能力、人类支持能力承载状况改善缓慢，承载状况年均降幅分别为1.01%、0.81%、0.83%，综合调控方案下港区环境纳污能力、资源供给能力、人类支持能力承载状况发展较快，承载状况年均降幅分别为3.14%、3.04%、3.24%。综合调控方案中对参数进行优化调整后，分目标层承载状况逐渐接近满载状态，港区环境纳污能力承载状况在2033年由超载状态变化为满载状态，2038年达到1.008，较自然发展方案改善34.80%，资源供给能力承载状况2038年达到1.105，接近满载状态，较自然发展方案改善31.80%，人类支持能力承载状况2038年达到1.233，处于超载状态，较自然发展方案改善31.84%。总体来看，综合调控方案中三个分目标层承载状况均有明显改善，调控效果明显。

表6.9　两种方案下港区分目标层承载状况预测分析

年份	环境纳污能力		资源供给能力		人类支持能力	
	方案一	方案二	方案一	方案二	方案一	方案二
2022	1.820	1.680	1.846	1.810	2.066	2.088
2023	1.772	1.536	1.832	1.668	2.037	1.997
2024	1.739	1.433	1.806	1.565	1.999	1.887
2025	1.715	1.372	1.788	1.492	1.974	1.784
2026	1.692	1.313	1.760	1.426	1.960	1.720
2027	1.670	1.283	1.743	1.388	1.947	1.634

续表

年份	环境纳污能力		资源供给能力		人类支持能力	
	方案一	方案二	方案一	方案二	方案一	方案二
2028	1.653	1.238	1.712	1.346	1.926	1.554
2029	1.638	1.212	1.709	1.302	1.905	1.504
2030	1.630	1.177	1.683	1.248	1.876	1.438
2031	1.615	1.133	1.678	1.223	1.863	1.383
2032	1.599	1.107	1.667	1.200	1.840	1.347
2033	1.582	1.087	1.662	1.180	1.822	1.312
2034	1.569	1.064	1.657	1.161	1.818	1.300
2035	1.563	1.047	1.638	1.146	1.817	1.275
2036	1.558	1.032	1.629	1.132	1.815	1.251
2037	1.552	1.024	1.621	1.119	1.812	1.245
2038	1.546	1.008	1.620	1.105	1.809	1.233
年均增幅（%）	-1.01	-3.14	-0.81	-3.04	-0.83	-3.24

其一，环境纳污能力承载状况预测。

根据两种方案的环境纳污能力承载状况预测分析，2022～2038年在两种状况下，水环境和大气环境承载状况变化较大，固体废物和噪声环境略有改善。自然发展方案下水环境、大气环境、固体废物、噪声环境承载状况年均降幅分别为0.78%、1.46%、0.09%、0.48%，承载状况改善缓慢，综合调控方案下水环境、大气环境、固体废物、噪声环境承载状况年均降幅分别为3.34%、3.53%、0.80%、0.72%，承载状况发展较快。在综合调控方案下，环境纳污能力各准则层承载状况逐渐由超载状态发展为满载状态。其中，水环境承载状况在2032年由超载转变为满载，2038年达到0.956，较自然发展方案改善41.23%。大气环境承载状况在2038年过渡为满载状态，承载状况达到1.099，较自然发展方案改善33.00%；固体废物承载状况在2030年转变为满载状态，2038年达到1.022，较自然发展方案改善3.31%，噪声环境始终处于满载状态，略有改善，2038年达到0.941，较自然发展方案改善4.85%。可见，针对制约环境纳污能力发展的主要影响因子进行优化调整，可有效地改善环境纳污能力承载状况，促进承载状况向良性发展过渡（见表6.10）。

表6.10　　两种方案下港区环境纳污能力承载状况预测分析

年份	水环境		大气环境		固体废物		噪声环境	
	方案一	方案二	方案一	方案二	方案一	方案二	方案一	方案二
2022	1.840	1.646	2.074	1.952	1.072	1.163	1.068	1.057
2023	1.795	1.527	2.012	1.733	1.071	1.139	1.053	1.036
2024	1.764	1.426	1.963	1.583	1.070	1.123	1.042	1.021
2025	1.740	1.367	1.932	1.513	1.069	1.114	1.034	1.009
2026	1.721	1.315	1.899	1.423	1.068	1.113	1.028	0.999
2027	1.705	1.283	1.862	1.386	1.067	1.112	1.022	0.991
2028	1.692	1.238	1.836	1.325	1.066	1.112	1.017	0.984
2029	1.683	1.203	1.807	1.304	1.065	1.111	1.013	0.978
2030	1.682	1.164	1.786	1.264	1.064	1.100	1.009	0.972
2031	1.673	1.125	1.758	1.197	1.063	1.088	1.003	0.967
2032	1.664	1.099	1.728	1.163	1.062	1.076	1.000	0.963
2033	1.656	1.087	1.691	1.123	1.061	1.071	0.998	0.958
2034	1.649	1.050	1.665	1.115	1.060	1.060	0.995	0.954
2035	1.642	1.020	1.660	1.112	1.059	1.051	0.993	0.951
2036	1.635	0.994	1.654	1.110	1.058	1.037	0.991	0.947
2037	1.630	0.983	1.647	1.102	1.058	1.031	0.989	0.944
2038	1.624	0.956	1.640	1.099	1.057	1.022	0.986	0.941
年均增幅（%）	-0.78	-3.34	-1.46	-3.53	-0.09	-0.80	-0.48	-0.72

其二，资源供给能力承载状况预测。

由两方案下港区资源供给能力承载状况的预测分析可知，2022～2038年，在自然发展方案下，港区能源、岸线资源、土地资源、水资源变化平缓，年均降幅分别为0.90%、0.40%、0.71%、0.99%，承载状况改善缓慢。在综合调控方案下，能源、水资源承载状况发展较快，年均降幅分别达到3.50%、3.00%；岸线资源、土地资源承载状况发展速度适中，年均降幅分别为1.86%、1.99%。综合调控方案下资源供给能力中能源承载状况逐渐由严重超载向轻微超载发展，2038年达到1.351，较自然发展方案改善35.36%，但仍是制约资源供给能力改善的最大因素，岸线资源承载状况在2021年由超载过渡为满载，2038年达到0.984，较自然发展方案改善26.84%；土地资源承载状况在2026年转变为满载状态，2038年达到0.913，较自然发展方案改善22.43%；水资源承载状况在2025年过渡为满载状况，继而在2032年发展为可载状态，2038年达到0.749，较自然发展方案改善24.65%。由此可见，在综合调控方案下，资源供给能力得到明显改善，岸线资源、土地资源、水资源逐渐步入良性发展，能源承载状况有待提高。

表6.11　两种方案下港区资源供给能力承载状况预测分析

年份	能源		岸线资源		土地资源		水资源	
	方案一	方案二	方案一	方案二	方案一	方案二	方案一	方案二
2022	2.417	2.389	1.434	1.329	1.319	1.259	1.165	1.219
2023	2.411	2.169	1.417	1.257	1.292	1.195	1.125	1.181
2024	2.377	2.021	1.406	1.186	1.273	1.139	1.099	1.137
2025	2.353	1.901	1.397	1.172	1.258	1.114	1.081	1.096
2026	2.308	1.801	1.389	1.143	1.246	1.086	1.066	1.058
2027	2.284	1.747	1.383	1.130	1.236	1.061	1.055	1.024
2028	2.231	1.683	1.378	1.110	1.228	1.047	1.045	0.991
2029	2.230	1.623	1.373	1.082	1.220	1.022	1.037	0.961
2030	2.186	1.532	1.369	1.066	1.213	1.005	1.030	0.932
2031	2.179	1.499	1.365	1.052	1.207	0.990	1.024	0.905
2032	2.164	1.470	1.361	1.040	1.202	0.977	1.018	0.880
2033	2.157	1.443	1.358	1.028	1.197	0.964	1.013	0.855
2034	2.151	1.419	1.355	1.018	1.192	0.952	1.009	0.832
2035	2.118	1.401	1.352	1.009	1.188	0.941	1.005	0.810

续表

年份	能源		岸线资源		土地资源		水资源	
	方案一	方案二	方案一	方案二	方案一	方案二	方案一	方案二
2036	2.104	1.385	1.350	1.000	1.184	0.931	1.001	0.789
2037	2.091	1.369	1.347	0.991	1.180	0.922	0.997	0.769
2038	2.090	1.351	1.345	0.984	1.177	0.913	0.994	0.749
年均增幅（%）	-0.90	-3.50	-0.40	-1.86	-0.71	-1.99	-0.99	-3.00

其三，人类支持能力承载状况预测。

由两方案下港区人类支持能力承载状况的数据可知，2022～2038 年，在自然发展方案下，技术进步、社会经济进步承载状况的变化很小，年均降幅分别为 0.36%、0.49%，承载状况略有改善，还有较大的提升空间；管理与建设水平承载状况变化相对较大，年均降幅达到 1.16%。在综合调控方案下，技术进步、管理与建设水平、社会经济进步承载状况均有明显改善，年均降幅分别为 3.47%、3.66%、1.87%。综合调控方案下，港区人类支持能力逐渐由严重超载接近满载状态。其中，技术进步承载状况由 2022 年的 2.362 发展为 2038 年的 1.343，2038 年时较自然发展方案改善 38.62%；管理与建设水平承载状况由 2022 年的 2.221 发展为 2038 年的 1.224，2038 年时较自然发展方案改善 0.53%；社会经济进步承载状况由 2022 年 1.582 发展为 2038 年的 1.170，2038 年时较自然发展方案改善 21.58%。总体来看，综合调控方案对人类支持能力的改善效果非常明显，随着技术进步、管理建设水平提高及社会经济进步，人类支持能力对港区生态承载状况的改善将起到巨大的作用（见表 6.12）。

表 6.12　两种方案下，港区人类支持能力承载状况预测分析

年份	技术进步		管理与建设水平		社会经济进步	
	方案一	方案二	方案一	方案二	方案一	方案二
2022	2.318	2.362	2.186	2.221	1.614	1.582
2023	2.293	2.255	2.150	2.123	1.595	1.520

续表

年份	技术进步		管理与建设水平		社会经济进步	
	方案一	方案二	方案一	方案二	方案一	方案二
2024	2. 275	2. 153	2. 095	1. 975	1. 578	1. 491
2025	2. 262	2. 012	2. 059	1. 860	1. 568	1. 450
2026	2. 251	1. 914	2. 041	1. 798	1. 560	1. 407
2027	2. 242	1. 787	2. 025	1. 699	1. 549	1. 388
2028	2. 234	1. 684	1. 994	1. 603	1. 539	1. 362
2029	2. 227	1. 598	1. 914	1. 555	1. 536	1. 335
2030	2. 221	1. 535	1. 894	1. 464	1. 523	1. 325
2031	2. 216	1. 461	1. 856	1. 392	1. 514	1. 313
2032	2. 211	1. 439	1. 827	1. 341	1. 509	1. 294
2033	2. 206	1. 419	1. 823	1. 299	1. 502	1. 263
2034	2. 202	1. 401	1. 822	1. 294	1. 499	1. 242
2035	2. 198	1. 384	1. 821	1. 258	1. 498	1. 228
2036	2. 195	1. 369	1. 820	1. 231	1. 497	1. 204
2037	2. 191	1. 356	1. 818	1. 232	1. 495	1. 191
2038	2. 188	1. 343	1. 814	1. 224	1. 492	1. 170
年均增幅（%）	-0. 36	-3. 47	-1. 16	-3. 66	-0. 49	-1. 87

本章参考文献

[1] 郭子坚，张娇凤，宋向群，等. 多模式发展的港口生态承载力演变 [J]. 安全与环境学报，2017：358-364.

[2] 蒋晓辉，黄强，惠泱河，等. 陕西关中地区水环境承载力研究 [J]. 环境科学学报，2001：X26.

[3] 冉圣宏，薛纪渝，王华东. 区域环境承载力在北海市城市可持续发展研究中的应用 [J]. 中国环境科学，1998：X26.

[4] 王瑞. 天津港港口环境承载力评价研究 [D]. 青岛：中国海洋大学，2014.

[5] 张娇凤. 港口生态承载力复合评价模型研究 [D]. 大连：大连

理工大学，2016.

[6] 张祺，张娇凤，王文渊．基于系统仿真的港口生态承载力动态评价模型 [J]. 大连海事大学学报，2017，43 (1)：91 - 100.

[7] 张树奎，鲁子爱．基于AHP的港口环境资源生态性模糊评判方法研究 [J]. 水运工程，2009：80 - 82.

[8] 张亚冬，崔凯杰，彭士涛．港口环境承载力概念及其影响因素初探 [J]. 水道港口，2008，29 (5)：372 - 376.

[9] Bendewald M, Zhai Z Q. Using carrying capacity as a baseline for building sustainability assessment [J]. Habitat International, 2013, 37 (SI): 22 - 32.

[10] Castellani V, Sala S. Ecological footprint and life cycle assessment in the sustainability assessment of tourism activities [J]. Ecological Indicators, 2012, 16: 135 - 147.

[11] Ooba M, Hayashi K, Fujii M et al. A long-term assessment of ecological-economic sustainability of woody biomass production in Japan [J]. Journal of Cleaner Production, 2015, 88: 318 - 325.

第7章　区域港口群与环境协调发展综合评价

港口群是经济社会发展的重要基础设施和战略性资源。在低碳经济时代，绿色港口发展已成为当今世界交通可持续发展的重要领域。如何提升港口服务能力，实现绿色可持续发展，对每个港口都具有重要的战略意义。在区域港口群与环境协调发展中，科学评价和政策引导是关键。本节基于DPSIR模型提出构建绿色港口发展评价指标体系，定量分析各指标对于绿色港口的影响。

7.1　港口环境影响评价方法的选取

近年来，围绕着多指标综合评价，其他领域的相关知识不断渗入，使多指标综合评价方法不断丰富，有关这方面的研究也不断深入。目前，国内外提出的综合评价方法已有几十种之多，但总体上可归为两大类。即主观赋权评价法和客观赋权评价法。前者多是采取定性的方法，由专家根据经验进行主观判断而得到权数。如层次分析法、模糊综合评判法等；后者，根据指标之间的相关关系或各项指标的变异系数来确定权数。如灰色关联度法、TOPSIS法等。

7.1.1　熵值法

熵（entropy）是利用概率论来确定信息不确定性的一个量度。设有 n 个待评价对象，m 项评价指标，形成原始指标数据矩阵 $X=(x_{ij})_{n\times m}$，对

于某项指标 x_j，指标值 x_{ij}的差距越大，则该指标在综合评价中所起的作用越大。如果某项指标值全部相等，则该指标在综合评价中几乎不起作用。给定一系列的方案和属性，熵值法能够确定出个属性的客观权重值。

在信息论中，信息熵 $H(x) = -\sum P(x_i)\ln P(x_i)$ 反映系统无序化程度。信息熵越少，系统无序化程度越大；信息熵越大，系统无序化程度越小。某项指标的指标值变异程度越大，该指标提供的信息量越大，该指标的权重也应越大。反之，某项指标的指标变异程度越小，该指标提供的信息量越小，该指标的权重也越小。所以可以根据各项指标的变异程度，利用信息熵这个工具，计算出个指标的权重，为多指标综合评价提供依据。

熵值法的步骤如下：

（1）数据标准化处理

正向指标的理想值为 $\max x_j$，负向指标的理想值为 $\min x_j$。

正向指标的接近度为：

$$X_{ij}^{-} = \frac{x_{ij}}{\max x_j} \tag{7.1}$$

负向指标的接近度为：

$$X_{ij}^{-} = \frac{\max x_j}{x_{ij}} \tag{7.2}$$

由于部分数据在无量纲化处理后仍为负值，为了避免在熵值求权数时取对数无意义，须对数据进行处理。处理方法有功效系数法和标准化法，在此采用标准化法。我们首先将数据进行平移。

$$X_{ij}^{\cdot} = X_{ij}^{-} + 1 \tag{7.3}$$

计算第 j 项指标下第 i 个样本指标值的比重 p_{ij}

定义其标准化值为 p_{ij}：

$$p_{ij} = \frac{X_{ij}^{\bullet}}{\sum_{i=1}^{n} X_{ij}^{\bullet}} \tag{7.4}$$

数据的标准化矩阵为 $p = \{p_{ij}\}$。

（2）计算第 j 项指标的熵值 e 和信息效用值 d

$$e_j = -k\sum_{i=1}^{n} p_{ij}\ln p_{ij} \tag{7.5}$$

$$d_j = 1 - e_j \tag{7.6}$$

式中常数 k 与系统的样本数 n 有关。对于一个完全无序的系统，也就是信息均匀分布时，有序度为零，熵值最大，$e_j = 1$，$p_{ij} = \frac{1}{n}$。此时，

$$e_j = \frac{1}{\ln n \sum p_{ij} \ln p_{ij}} \tag{7.7}$$

（3）定义第 j 项指标的权数 w_j（熵权）

$$w_j = \frac{d_j}{\sum_{i=1}^{n} d_j} = \frac{1 - e_j}{n - \sum_{i=1}^{n} e_j} \tag{7.8}$$

几个指标的权重是由该指标的信息效用值决定的。指标信息效用值越大，对评价的重要性就越大，权重也就越大。

（4）计算 n 中被评价样本的综合得分

$$S_i = \sum_{j=1}^{m} w_j p_{ij} \tag{7.9}$$

S_i 为第 i 个被评价样本的综合得分。

7.1.2 主成分分析法

主成分分析（principal component analysis，PCA），也称主分量分析，最早是由美国统计学家皮尔森（Pearson）在 1901 年的生物学理论研究中引入的。1993 年，霍特林（Hotelling）将此思想应用于心理学研究，并得到了进一步的发展。1947 年，卡胡南（Karhunen）独立地用概率论的形式再次将其研究，其后，莱弗（Laver）将该理论进一步扩充和完善。PCA 是从多指标分析出发，运用统计分析原理与方法提取少数几个彼此不相关的综合性指标而保持其原指标所提供的大量信息的一种统计方法。

在多变量分析中，为了尽可能完整的搜集信息，对每个样品往往要测量许多指标，以避免重要信息的遗漏。然而，以变量形式体现的诸多指标很可能存在着很强的相关性，则信息可能重叠、问题也变得较为复杂。因此，需要用少数几个不相关的综合变量来反映原变量提供的大部分信息。从数学角度来看，这就是降维的思想，把多指标转化为少数几个综合指标。

主成分分析法的具体计算步骤如下：

（1）将原始数据进行预处理

首先，指标的“同趋势化”处理，即将逆指标转换为正指标，使各指标具有同向可比性。其次，指标的“标准化”处理，以消除相对指标与绝对指标在量纲与数量级上的差别。x_{ij} 表示第 i 个样本的第 j 个指标的原始值。

正向指标的理想值为 $\max x_j$，负向指标的理想值为 $\min x_j$。

正向指标的接近度为：

$$X_{ij}^{-} = \frac{x_{ij}}{\max x_j} \tag{7.10}$$

负向指标的接近度为：

$$X_{ij}^{-} = \frac{\max x_j}{x_{ij}} \tag{7.11}$$

X_{ij}表示第 i 个样本的第 j 项指标，$\max x_j$，$\min x_j$ 分别表示第 j 项指标值的最大值和最小值。

用 Z－score 方法进行标准化处理，利用这个方法主要是为了增大数据间的差异性，便于评价，公式如下：

$$x_{ij}^{*} = \frac{x_{ij} - \bar{x}_i}{\sigma_i} \tag{7.12}$$

$$\bar{x}_i = \frac{\sum_{i=1}^{n} x_{ij}}{n} \tag{7.13}$$

$$\sigma_i = \sqrt{\frac{\sum_{i=1}^{n} (x_{ij} - \bar{x}_i)^2}{n - 1}} \tag{7.14}$$

$\bar{x}_i$ 与 σ_i 分别为第 j 个指标的样本均值和标准差。

（2）求特征值及特征向量

用处理后的样本数据阵 $X^{*} = (x_{ij}^{*})$。计算其相关系数，然后求出特征值，最后可得相应的特征向量。相应的计算步骤如下：

$$R = \frac{1}{n}(X^{*}),\ X^{*} = \begin{pmatrix} r_{11} & \cdots & r_{1m} \\ \cdots & \cdots & \cdots \\ r_{m1} & \cdots & r_{mm} \end{pmatrix} \tag{7.15}$$

根据方程$|R-\lambda_j E|=0$，可求得R的m个特征值$\lambda_j(j=1,2,\cdots,m)$。以及相应的特征向量$U_j$。$U_j=(U_{1j},U_{2j},\cdots,U_{mj})(j=1,2,\cdots,m)$。则提取出的成分记为$Y_j=X_j^* U_j$，即$y_j=x_{k1}^* u_{1j}+x_{k2}^* u_{2j}+\cdots+x_{km}^* u_{mj}(k=1,2,\cdots,n;j=1,2,\cdots,m)$。并计算其方差贡献率$v_k=\frac{\lambda_k}{m}$。

（3）确定主成分的个数

一般而言，累计方差贡献率超过80%的前几个主成分，包含了绝大部分的信息，后面的其他主成分就可以舍弃。

（4）确定各主成分的权重

计算被评价样本的得分，以各主成分的方差贡献率作为主成分的权重来计算综合得分。

主成分分析法的优点如下：

（1）在实际问题中，研究多指标（变量）问题是经常遇到的。然而在多数情况下，不同指标之间是有一定相关性的，主成分分析法正是根据评价指标中存在着一定相关性的特点，用较少的指标来代替原来较多的指标，并使这些较少的指标尽可能地反映原来指标的信息，从根本上解决了指标间的信息重叠问题，又大大简化了原指标体系的指标结构。因而，在社会经济统计中，是应用最多、效果最好的方法。

（2）在主成分分析法中，各综合因子的权重不是人为确定的，而是根据综合因子的贡献率的大小确定的。这就克服了某些评价方法中人为确定权数的缺陷，使得综合评价结果唯一，而且客观合理。

主成分分析法的缺点如下：

（1）主成分分析法的计算过程比较烦琐，且对样本量的要求较大。

（2）主成分分析法是根据样本指标来进行综合评价的，所以评价的结果跟样本量的规模有关系。

（3）主成分分析法假设指标之间的关系都为线性关系。但在实际应用时，若指标之间的关系并非为线性关系，那么就有可能导致评价结果的偏差。

7.1.3 层次分析法

层次分析法（the analytic hierarchy process，AHP），它是美国匹兹堡

大学数学系教授，著名运筹学家萨迪于 70 年代中期提出来的一种定性、定量相结合的、系统化、层次化的分析方法。这种方法将决策者的经验给予量化，特别适用于目标结构复杂且缺乏数据的情况。它是一种简便、灵活而又实用的多准则决策方法。自层次分析法提出以来，在各行各业的决策问题上都有所应用。

层次分析法的基本原理：它是把一个复杂问题中的各个指标通过划分相互之间的关系使其分解为若干个有序层次。每一层次中的元素具有大致相等的地位，并且每一层与上一层次和下一层次都有着一定的联系，层次之间按隶属关系建立起一个有序的递阶层次模型。层次结构模型一般包括目标层、准则层和方案层等几个基本层次。在递阶层次模型中，按照对一定客观事实的判断，对每层的重要性以定量的形式加以反映，即通过两两比较判断的方式确定每个层次中元素的相对重要性，并用定量的方法表示，进而建立判断矩阵。然后，利用数学方法计算每个层次的判断矩阵中各指标的相对重要性权数。最后，通过在递阶层次结构内各层次相对重要性权数的组合，得到全部指标相对于目标的重要程度权数。

层次分析法的优点如下：

（1）在有限目标的决策中，大量需要决策的问题既有定性因素，又有定量因素。因此，要求决策过程把定性分析与定量分析有机结合起来，避免二者脱节。层次分析法正是一种把定性分析与定量分析有机结合起来的较好的科学决策方法。它通过两两比较标度值的方法，把人们依靠主观经验来判断的定性问题定量化，既有效地吸收了定性分析的结果，又发挥了定量分析的优势；既包含了主观的逻辑判断和分析，又依靠客观的精确计算和推演，从而使决策过程具有很强的条理性和科学性，能处理许多传统的最优化技术无法着手的实际问题，应用范围比较广泛。

（2）层次分析法分析解决问题，是把问题看成一个系统，在研究系统各个组成部分相互关系及系统所处环境的基础上进行决策。相当多的系统在结构上具有递进层次的形式。对于复杂的决策问题，最有效的思维方式就是系统方式。层次分析法恰恰是反映了这类系统的决策特点。它把待决策的问题分解成若干层次，最上层是决策系统的总目标，根据对系统总目标影响因素的支配关系的分析，建立准则层和子准则层，然后通过两两比较判断，计算出每个方案相对于决策系统的总目标的排序权值，整个过程体现出分解、判断、综合的系统思维方式，也充分体现了辩证的系统思维原则。

层次分析法的缺点如下：

（1）虽然层次分析法较好地考虑和集成了综合评价过程中的各种定性与定量信息，但是在应用中仍摆脱不了评价过程中的随机性和评价专家主观上的不确定性及认识上的模糊性。例如，即使是同一评价专家在不同的时间和环境对同一评价对象也往往会得出不一致的主观判断。这必然使评价过程带有很大程度的主观臆断性，从而使结果的可信度下降。

（2）判断矩阵易出现严重的不一致现象。当同一层次的元素很多时，除了使上述问题更加突出外，还容易使决策者作出矛盾和混乱的判断，使判断矩阵出现严重的不一致现象。例如元素 i 比 j 稍重要，元素 j 比 k 稍重要，根据 AHP 规定的标度有 $a_{ij}=3$，$a_{jk}=3$。按 AHP 一致性矩阵的准则，有 $a_{ik}=a_{ij}a_{jk}=9$，由 AHP 标度 9 的含义为极端重要，这意味着元素 i 比元素 k 极端重要。显然，这一判断不符合常理。

7.1.4 其他方法

（1）TOPSIS 评价法

TOPSIS（technique for order preference by similarity to ideal solution）于 1981 年首次提出的，后来有学者将 TOPSIS 的观念转为应用于规划面之多目标决策问题上。TOPSIS 评价法是有限方案多目标决策分析中常用的一种科学方法。

TOPSIS 评价法的基本原理：在基于归一化后的原始矩阵中，找出有限方案中的最优方案和最劣方案（分别用最优向量和最劣向量表示），然后分别计算出评价对象与最优方案和最劣方案间的距离，获得该评价对象与最优方案的相对接近程度，以此作为评价优劣的依据。其基本模型为：

$$C_i=D_i^-/(D_i^++D_i^-)$$

其中 D_i^- 为评价方案到最劣方案间的距离。D_i^+ 为评价方案到最优方案间的距离。C_i 为样本点到最优样本点的相对接近度。$C_i \to 1$ 时，评价方案越接近于最优方案。

TOPSIS 评价法的优点：

①TOPSIS 法对数据分布及样本量、指标多少无严格限制，数学计算亦不复杂，即适用于少样本资料，也适用于多样本的大系统；评价对象既可以是空间上的，也可以是时间上的。其应用范围广，具有直观的几何意义。

②对原始数据的利用比较充分，信息损失比较少。

TOPSIS 评价法的缺点如下：

①权重 $w_j(1, 2, \cdots, j)$ 是事先确定的，其值通常是主观值，因而具有一定的随意性。

②其所谓的"最优点"与"最劣点"一般都是从无量纲化后的数据矩阵中挑选的。而当评判的环境及自身条件发生变化时，指标值也相应会发生变化，这就有可能引起"最优点"与"最劣点"的改变，从而使排出的顺序也随之变化，这就导致评判结果不具有唯一性。

③该方法同样不能解决评价指标间相关造成的评价信息重复问题。

（2）灰色关联度分析法

1982 年，华中理工大学邓聚龙教授首先提出了灰色系统的概念，并建立了灰色系统理论。之后，灰色系统理论得到了较深入的研究，并在许多方面获得了广泛的应用。灰色关联度分析（grey relational analysis，GRA）便是灰色系统理论应用的主要方面之一。它是针对少数据且不明确的情况下，利用既有数据所潜在之讯息来白化处理，并进行预测或决策的方法。

灰色关联度分析的基本原理。灰色关联度分析认为，若干个统计数列所构成的各条曲线几何形状越接近，即各条曲线越平行，则它们的变化趋势越接近，其关联度就越大。因此，可利用各方案与最优方案之间关联度的大小对评价对象进行比较、排序。该方法首先是求各个方案与由最佳指标组成的理想方案的关联系数矩阵，由关联系数矩阵得到关联度，再按关联度的大小进行排序、分析，得出结论。

灰色关联度分析的优点如下：

①灰色关联度综合评价法计算简单，通俗易懂，数据不必进行归一化处理，可用原始数据进行直接计算。

②灰色关联度法无须大量样本，也不需要经典的分布规律，只要有代表性的少量样本即可。

灰色关联度分析的缺点如下：

①由于与 r_i 有关的因素很多，如参考序列 X，比较序列 X_i，规范化方式，分辨系数 ρ，等等。只要这些取值不同就会导致 r_i 不唯一。

②现在常用的灰色关联度量化模型所求出的关联度总为正值，这不能全面反映事物之间的关系，因为事物之间既可以存在正相关关系，也可以存在负相关关系。而且存在负相关关系的时间序列曲线的形状大相径庭，若仍采用常用的关联度模型，必将得出错误的结论。

③目前建立各种灰色关联度量化模型的理论基础很狭隘，单纯从比较曲线形状的角度来确定因素之间的关联程度是不合适的，甚至可以这样说，依据因素间曲线形状的相似程度来判断因素之间的关联程度是错误的。自然界中的事物是普遍联系、相互作用的，普遍联系和相互作用构成事物的运动、发展。相互联系的因素之间的发展趋势并不总是呈平行方向，它们可以交叉，甚至可以以相反的方向发展。很显然，完全线性相关的序列不仅仅是平行序列，而且它们的相关程度是相等的。总的来说，目前的“规范性”准则欠全面、准确，应该进行修正。

④该方法不能解决评价指标间相关造成的评价信息重复问题，因而指标的选择对评判结果影响很大。

综上所述，可以用作综合评价的数学方法很多，但是每种方法考虑问题的侧重点不尽相同。鉴于所选择的方法不同，有可能导致评价结果的不同，因而在进行多目标综合评价时，应具体问题具体分析，根据被评价对象本身的特性，在遵循客观性、可操作性和有效性原则的基础选择合适的评价方法。

7.2 港口群环境协调发展的评价模型

DPSIR（driving force-pressure-state-impact-response）模型是由 OECD（Origanization for Economic Cooperation and Development）在 1993 年提出的，并为欧洲环境局所采用，其逐渐经历了 PSR 模型和 DSR 模型，最终演化为 DPSIR 模型，即 DPSIR 模型是对前两种模型的补充与完善。最初，PSR 模型强调对问题发生的原因—结果—对策的逻辑关系分析，该框架适用范围较广，目前主要应用于区域流域生态安全评价、健康评价、脆弱性评价和可持续发展评价等。虽然 PRS 模型是清晰地表征系统中因果链的概念模型，但是模型不能把控系统的结构和决策过程，而且指标的选择带有主观性。PSR 模型为人们进行生态安全评价提供了一种思路，指导人们构建指标体系，但是却不能提供解决问题的具体方法。驱动力—状态—响应（DSR）模型最初是在 1996 年的 OCED 和 UN 的环境政策报告中发展起来的，是将 PSR 模型中的压力因素换为驱动力因素，该模型强调环境问题产生的原因、环境质量或环境状态的变化及对变化所作的选择和反应，其环境指标因素较多，但从中找到造成环境问题的根本原因指标很难，更难的是有些指标无法进行量化。最后，欧洲环境署在 P－S－R 基础上添加了“驱动力”和“影响”两类指标构成了 D－P－S－I－R 评价体系，DPSIR 模型在 PSR 模型的基础上增加到 5 个方面。DPSIR 模型在表现复杂系统中各因素之间的关系方向上有比较明显的优势。如在生态安全评价中它反映的是经济、环境、资源之间的因果关系。DPSIR 模型使用范围较广，可以用于不同尺度的生态安全评价、风险评价、可持续评价等，该模型不仅继承了 PSR 模型的优势，也弥补了 PSR 模型的不足，因而被众多学者所应用。

DPSIR 模型是在国际上广泛应用于绿色可持续发展的评价指标体系模型。DPSIR 模型从事物的各个方面去分析问题，在系统整合方面具有综合性、灵活性等优点，有助于环保方案的制定和修正，从而更好地实现绿色可持续发展的目标。作为一种在环境系统中广泛应用的评价指标体系概念模型，DPSIR 模型从系统分析的角度看待人与环境系统的相互作用。它将表征一个自然系统的评价指标分为驱动力、压力、状态、影响和响应五种类型，每种类型又分为若干指标.

在 DPSIR 概念模型中，驱动力（driving force）代表某个事件逻辑关系的初始起因，即引起环境变化的潜在原因，压力（pressure）代表造成某个事件的直接原因，即人类的生存活动对生存环境产生的影响，状态（state）代表承受人类活动的生态安全系统所处的状态，影响（impact）指人类活动前后生态安全系统状态的变化情况，响应（response）代表为了恢复生态安全系统的初始状态，维持人类的正常生活而采取的措施。社会和经济的发展（即驱动力，driving force）会对环境施加压力（pressure）因此，环境状态就会产生变化。这会导致对生态安全系统、人类健康和社会的影响（impact），这种影响又会通过各种行为、措施产生对驱动力、状态或者影响具有反馈作用的社会的响应（response）。模型的结构关系如图 7.1 所示。

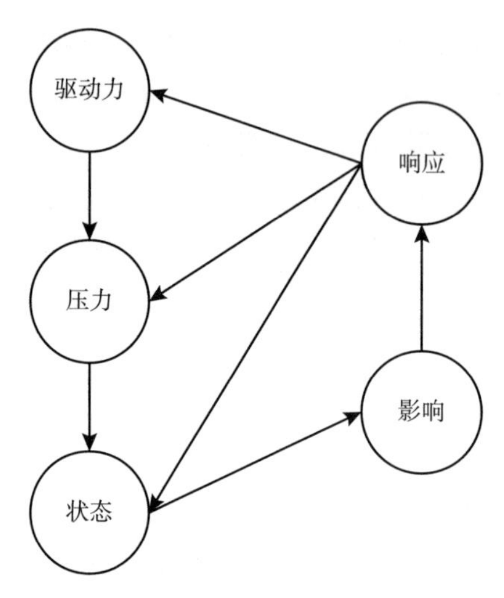

图 7.1 DPSIR 模型关系图

模型能够得到广泛的应用归功于其两大特色：其一，它是基于能够反映环境管理问题的政策目标而建立的指标体系；其二，它以清晰的框架结构表明了各种事物的因果关系，为政策制定者提供了理论依据。

7.3 港口群环境协调发展指标体系的建立

评价指标权重的确定方法有很多，包括统计分析法、层次分析法以及模糊聚类分析法等。其中，层次分析法有操作简单、条理清晰、易于被大众接受等特点，应用最为广泛。基于以上特点，本节采取层次分析法进行评价指标权重的确定。具体步骤如下：

（1）建立评价体系的层次结构。评价体系分为三个层次，第一层目标层是最终目标；第二层准则层是 DPSIR 模型的五种类型指标；第三层是指标层，是评价港口绿色发展的具体评价指标，本节根据国内外绿色港口的建设现状对建设绿色港口的条件进行分析。从生态文明、资源利用体系、港口节能技术及环境、经济发展等四方面总结出绿色港口建设的影响因素，根据这些影响因素，提出涉及绿色港口发展评价的 17 个具体指标，并将指标细化到具体的表现方面，最后在评价指标体系的作用下对港口进行绿色港口规划（见表 7.1）。

表 7.1　　　　绿色港口评价指标体系

目标层	准则层	指标层	数据类型
绿色港口发展评价指标体系	驱动力 B1	港口年吞吐量（C1）	定量
		腹地人均 GDP（C2）	定量
		港口吞吐量增长率（C3）	定量
	压力 B2	单位吞吐量 CO_2 排放量（C4）	定量
		单位吞吐量综合能耗（C5）	定量
		污水排放达标效率（C6）	定量
		废气排放达标效率（C7）	定量
		固体废物回收利用率（C8）	定量
	状态 B3	港区内绿化覆盖率（C9）	定量
		港区内噪声平均值（C10）	定量
		港区内空气质量状况（C11）	定性
	影响 B4	清洁能源使用比重（C12）	定量
		码头 RTG“油改电”能源节约率（C13）	定量
		港口 EDI 使用情况（C14）	定性
	响应 B5	环境监管制度完善程度（C15）	定性
		绿色港口相应机构设立情况（C16）	定性
		员工绿色宣传程度（C17）	定性

（2）构建评价体系的判断矩阵：采用专家打分方法确定各指标权重，指标间重要程度采用萨蒂标度法进行判断，建立判断矩阵。

（3）确定层次权重值：运用 MATLAB 编程的方法求得各指标权重，并检查一致性检验结果，判断权重的合理性。通过上述步骤对目标层判断矩阵进行计算，得到各指标的权重如表 7.2 所示：

表 7.2　　绿色港口评价指标体系权重

准则层	准则层权重	指标层	指标层权重
驱动力	0.1237	C1	0.0169
		C2	0.0295
		C3	0.0773
压力	0.3945	C4	0.1311
		C5	0.1311
		C6	0.0328
		C7	0.0519
		C8	0.0476
状态	0.1237	C9	0.0309
		C10	0.0309
		C11	0.0619
影响	0.1237	C12	0.0247
		C13	0.0495
		C14	0.0495
响应	0.2343	C15	0.0469
		C16	0.1406
		C17	0.0469

7.4 算例研究

本节选取上海港为评价对象，运用评价指标体系对上海港近几年绿色发展情况进行评价。上海港相关数据来源于《交通运输节能减排“十二五”规划》《中国交通运输节能减排与低碳发展年度报告》《上海统计年鉴》及上海统计局官网等。

评价指标包含很多方面，为便于度量，需要对数据进行标准化处理。

对定性指标进行量化处理，根据专家对定性指标的评价，结合当前绿色港口的发展状况，将得到的分数进行标准化处理。

将样本原始数据记为 X_i，标准化处理后得到的记为 Y_i，$Y_i = (i = 1, 2, 3, \cdots, n)$。其中为 n 个变量的平均值，S_i 为 n 个变量的标准差。为便于评价，对计算结果进行处理 $= 100 + 10Y_i$。

根据标准化数据，选取 100 作为评价的基准值，对评价指标相对于基准值的偏离程度进行讨论。评价指标标准数值大于基准值的程度越大，说明绿色港口发展得越好；相反，评价指标标准数值小于基准值的程度越大，说明绿色港口发展得越差（见表 7.3）。

表 7.3　　2018～2021 年，上海港绿色发展评价指标标准化数据

评价指标	2018 年	2019 年	2020 年	2021 年
C1	112.69	112.98	105.77	106.06
C2	111.68	103.99	104.33	111.36
C3	102.29	113.17	106.85	108.61
C4	112.08	103.01	103.62	111.47
C5	109.44	105.66	101.89	101.89
C6	113.22	101.72	105.17	109.77
C7	113.08	101.19	103.56	110.70
C8	107.99	107.99	103.29	112.69
C9	112.47	104.08	108.16	108.16
C10	107.07	107.07	100	114.14
C11	110.55	105.25	102.63	115.76
C12	113.75	101.05	107.40	107.40
C13	106.89	106.89	100.53	114.31
C14	105.92	101.48	105.18	113.32
C15	113.34	103.08	103.08	107.18
C16	108.25	104.13	100	114.44
C17	108.30	101.38	107.84	112.45

根据表 7.2 中得到的评价指标权重，对得到标准化数值进行处理，得到上海港 2018 ~ 2021 年绿色港口发展的情况。

由表 7.4 可以看出，从 2018 ~ 2021 年上海港绿色发展都处于上升状态。2018 年，上海港绿色发展状况较好，2019 年、2020 年，上海港绿色发展进入缓慢状态，2021 年，步入迅速发展阶段。

表 7.4　　上海港 2018 ~ 2021 年绿色港口发展的情况

年份	2018	2019	2020	2021
评价值	109.76	105.17	103.66	112.28

从各指标的权重可知，压力指标权重最大，其次是响应指标，这说明压力指标和响应指标对港口的绿色发展影响较大。在压力指标中，权重最大的指标是单位吞吐量 CO_2 排放量和单位吞吐量综合能耗，反映出绿色港口发展的关键是减少单位吞吐量 CO_2 排放量和单位吞吐量综合能耗。在响应指标中，需要关注港口环境监管制度的完善程度以及员工的绿色理念宣传程度。

接下来从五个指标进行分析，并给出以下对策建议。

（1）压力指标

从表 7.2 中的权重我们可以看出，在准则层中，压力指标占得权重最大，占到了 0.3945，即对绿色港口发展的影响最大。在压力指标中，对绿色港口发展影响最大的指标是单位吞吐量 CO_2 排放量和单位吞吐量综合能耗，二者权重占据了压力指标的 2/3。要减少单位吞吐量综合能耗需要减少 CO_2 排放和加强 CO_2 的处理能力。上海港在废水、固体废弃物的处理方面取得了显著的成就，排放达标率都已经达到 100。因此，减少单位吞吐量综合能耗的关键是减少 CO_2 排放，需要加快港口节能技术的开发，加大资金投入、引进专业技术人才，为节能技术的开发提供便利的条件。增加清洁能源的使用，用天然气、电力等清洁能源代替传统的化石燃料，加快 RTG “油改电” 的进度、加强港口各部门间的电子数据交换。学习和借鉴国外的先进技术，结合自身港口的状况，发展具有自身特色的绿色港口。

（2）响应指标

在准则层中，响应指标的权重为 0. 2343，居于第二位。可以看出响应指标对于绿色港口的发展也很重要。在响应指标中，绿色港口相应机构的设立情况占据最大的比重，达到了 0. 1406。因此，加强绿色港口相关机构的设立同样是港口亟待解决的问题。港口需要不断提高港口绿色管理手段，对员工开展全面的环保教育培训工作，并定期进行考核，提高港区全体人员的环保意识和能力。同时强化监管机制，完善监管部门和人员的工作，制定更加详细的环保评价制度并严格执行。

（3）驱动力指标

驱动力指标、状态指标和影响指标在评价体系中拥有相同的权重，对绿色港口的影响程度相同。在驱动力影响指标中权重最大的是港口吞吐量增长率。上海港是全球海港吞吐量第二大港，但近年来受全球经济低迷影响吞吐量有所下降。需要不断吸引新的货源，扩大腹地辐射范围；充分利用现有的交通线，实现资源配置的优化。

（4）状态指标

在状态指标中权重最大的是港区内空气质量状况，港区内空气质量状况还涉及港口废气处理达标率、港区内绿化覆盖率等因素。港口应继续改善港区内空气质量，在确保废弃物处理达标率的情况下减少成本投入。在港口规划建设中保证绿化面积覆盖率，加强港区环境实时监控，及时调整政策，确保港口发展与生态环境的协调发展。

（5）影响指标

影响指标中影响力最大的指标是码头 RTG“油改电”能源节约率。目前，上海港在码头 RTG“油改电”方面已经取得了一定的成绩，能源平均节约率达到30，以上，总体技术水平达到世界先进水平。实现更高水平的绿色发展目标，需要进一步加快 RTG“油改电”建设，加大电能等清洁能源的使用比重，减少废弃物的产生。

港口的迅猛发展提升了经济效益，但也带来了严重的环境污染等问题。未来，我国港口的建设发展应改变传统港口的运营模式，通过发展建设绿色港口实现环境效益与经济效益共赢的目标。对此，我国港口应不断完善绿色港口评价指标体系，根据评价结果调整优化港口的规划、设计、运营目标，将港口发展与环境保护有机结合起来，为港口的可持续发展奠定基础。

本章参考文献

[1] 曹红军. 浅评 DPSIR 模型 [J]. 环境科学与技术, 2005.

[2] 陈航, 王跃伟. 港城互动关系的评价指标体系构建及对大连的分析 [J]. 港口经济, 2008 (11): 46-48.

[3] 邓雪, 李家铭, 曾浩健, 等. 层次分析法权重计算方法分析及其应用 [J]. 研究数学的实践与认识, 2012, 42 (7).

[4] 郭金玉, 张忠彬, 孙庆云. 层次分析法的研究与应用 [J]. 中国安全科学学报, 2008 (5).

[5] 靳志宏, 杨永志, 杨华龙. 管理运筹学 [M]. 大连: 大连海事大学出版社, 2014.

[6] 刘翠莲, 鞠佳萌. 绿色港口发展评价研究 [J]. 港口经济, 2017 (8).

[7] 刘翠莲, 刘健美, 刘南南, 等. DPSIR 模型在生态港口群评价中的应用 [J]. 上海海事大学学报, 2012 (2).

[8] 刘翠莲, 王璇, 姜大植. 基于 DPSIR 模型的油品码头低碳绿色发展评价 [J]. 上海海事大学学报, 2017, 38 (1): 62-67.

[9] 马文明. 基于主成分分析法和熵值法的我国指数基金综合评价 [D]. 长沙: 中南大学, 2007.

[10] 曲胜业. 基于可持续发展的港口建设项目综合评价研究 [D]. 吉林大学, 2015.

[11] 唐小娅, 薛佩华. 层次分析法在港口发展条件评价中的应用 [J]. 中国科技信息, 2007 (1): 114-115.

[12] 万征, 张文欣, 张缇. 通过主成分分析研究比较港口物流发展趋势——以广州港为例 [J]. 水运工程, 2007 (8): 21-27.

[13] 肖汉斌, 熊玲燕, 陈雯英. 港口物流环境综合实力评价研究 [J]. 港口经济, 2008 (2): 52-55.

[14] 叶潇潇, 赵一飞. 基于聚类分析的长江三角洲港口群可持续发展水平评价 [J]. 长江流域资源与环境, 2016, 25 (S1): 17-24.

[15] 虞晓芬, 傅玳. 多指标综合评价方法综述 [J]. 统计与决策,

2004 (11).

[16] 朱俊敏. 基于熵权和TOPSIS法的宁波舟山港竞争力研究 [D]. 浙江海洋大学, 2019.

[17] Kim S, Chiang B G. The role of sustainability practices in international portoperations an analysis of moderation effect [J]. Journal of Korea Trade, 2017, 21 (2): 125 - 144.

[18] Kim S, Chiang B. Sustainability Practices to Achieve Sustainability in International Port Operations [J]. Journal of Korea Port Economic Association, 2014, 30 (3): 15 - 37.

[19] Kuznetsov A, Dinwoodie J, Gibbs D et al. Towards a sustainability managementsy stemfor smaller ports [J]. Marine Policy, 2015, 54: 59 - 68.

[20] Lee J, Youl K S, Hyunmi J. A Study on the Sustainability of Ports: The Case of SuPorts and PPRISM [J]. Journal of Korean Navigation and Port Reserch, 2016, 40 (6): 413 - 420.

第8章 基于绿色技术的港口群与环境协调治理策略

为解决港口面临的环境污染问题，目前国际上大多港口均要求船舶靠港后使用岸电。这不仅可以减少船舶辅机燃油发电的污染物排放，还可有效降低噪声污染。此外，对船东来说，使用岸电还具有一定的经济效益，合理的岸电价格还可以降低油耗，减少船舶的运行成本。

8.1 船舶岸电技术经济性分析

8.1.1 岸电技术及其应用现状

船用岸电技术（cold ironing）是船舶在停靠港口期间，停止使用船舶本身的辅机发电，转而使用港口岸电电源提供靠港期间所需生产、生活用电（例如通信、照明等）。据IMO相关统计数据表明，全球航运活动带来NO_X和SO_X的排放分别占到全球人为排放量的15%和13%左右，这些污染物通过气候可以影响到周围400公里附近的区域。

尽管大部分此类排放发生在海运排放，但是航运最密集的部分却是在港口区域。相关资料显示，船舶靠港后辅机发电会对港区附近造成严重的污染。但是，若船舶靠港后使用岸电，可使NO_X与SO_X减排率分别达到97%和96%。

近年来，随着对节能减排、环境保护工作的重视程度越来越高，国际上许多港口管理部门规定船舶靠港必须使用岸电。2019年2月，交通部发文《关于进一步共同推进船舶靠港使用岸电工作的通知（2019）》，该通知着力解决岸电推广的突出问题，包括统一岸电标准，促进岸电规范化建设等 5 方面 18 项工作。同年 12 月，交通部再次发文《港口和船舶岸电管理办法》，预示着我国岸电逐步由建设阶段转入了运营使用阶段。

目前，船舶连接岸电系统大体由以下 3 个部分组成。

（1）港口供电系统：使电能从陆上高压变电站供给到靠近船舶的连接点，这里需要完成电压等级的变换与变频，与船舶受电系统不停电切换等功能。

（2）电缆连接设备：连接岸上连接点及船上受电装置间的电缆和设备，必须要快速连接，可安装在港口上、船舶上或驳船上。

（3）船舶受电系统：在船舶上固定安装受电设备，其主要包括船上变压器，电缆绞车等电气设备。

我国港口电网一般为 10kV/50Hz，而船舶根据其类型不同电压等级和频率也各不相同。这就要求港口码头需要配置变压变频装置对岸电电源进行转换，从而适用于船舶供电。同时，为了满足船舶靠港后运行工况的用电，必须正确地选择岸电的容量，应根据靠港后，船舶电力负载计算结果决定。

8.1.2 船舶使用岸电成本效益模型

为对船舶使用岸电的经济效益进行具体分析，故有必要建立船舶使用岸电的成本效益模型，分析船舶使用岸电前后的经济效益。

（1）船舶成本模型：

$$C_{ship} = B_{gk} + C_{sb} \cdot (1 - \beta_{gov}) \tag{8.1}$$

式中：B_{gk} 为船舶使用岸电的总费用；C_{sb} 为船上电力设备的投资改造费用，包括船载变压器、电缆等；β_{gov} 为政府的补贴率。

$$\begin{aligned} B_{gk} &= P_i^{ship} \cdot T \cdot P_{tot} \\ &= P_i^{ship} \cdot T \cdot (p_{sf} + p_{ef}) \end{aligned} \tag{8.2}$$

$$\begin{cases} C_{sb} = CFR \cdot p_k^{gz\_Per} \cdot P_k^{ship} \\ CFR = \dfrac{r(1+r)^{life}}{(1+r)^{life} - 1} \end{cases} \tag{8.3}$$

式中：P_{tot}表示船舶使用的岸电单位总费用，包括岸基电价 p_{ef}和单位功率的服务费 p_{sf}；$p_k^{gz\_Per}$ 为船单位功率改造成本（元/kW）；P_k^{ship} 为 k 类船舶的功率；CFR 表示投资回收系数，通过其可以将设备的一次性投资成本折算成每年的费用支出，r 为基本折现率，$life$ 表示设备的平均寿命。

（2）船舶收益模型：

$$B_{ship} = C_{rl} + C_{pw} \tag{8.4}$$

式中：B_{ship}表示船舶不使用辅机发电而减少的成本，其看作船舶使用岸电的收益。C_{rl}为船舶原本使用燃油的费用，C_{pw}为船舶燃油污染排放的排污费，其计算公式可表示如下：

$$\begin{cases} C_{rl} = P_{total} \cdot T \cdot E_l \cdot p_{rl}/1\ 000\ 000 \\ C_{pw} = p_{dl} \sum_{i=1}^{n} P_k^{ship} \cdot T \cdot F_i/1\ 000/E_{dl\_i} \end{cases} \tag{8.5}$$

式中：E_l 单位电量的燃油耗量（g/kWh）；p_{rl}为单位燃油价格（元/t）；p_{dl}为污染当量的单位排污费用（元/当量）；F_i 和 E_{dl_i}分别为第 i 种污染物的排放因子（g/kWh）和污染当量值（kg）。

（3）船舶成本效益模型：

$$F_{ship} = B_{ship} - C_{ship} \tag{8.6}$$

8.1.3 算例分析

根据相应的改造成本对应的船舶功率，现假定三类船舶的功率以及单位千瓦改造成本分别为：散货船 $P_{bulk}^{ship} = 400\text{kW}$，$p_{bulk}^{gz\_Per} = 1\ 530$ 元/kW；游轮船 $P_{cruise}^{ship} = 800\text{kW}$，$p_{cruise}^{gz\_Per} = 800$ 元/kW；集装箱船 $P_{container}^{ship} = 1\ 200\text{kW}$，$p_{container}^{gz\_Per} = 550$ 元/kW。

其他相关参数设置如下：政府补贴率 β_{gov}：30%，燃油价格 p_{rl}：9 900 元/吨，贴现率 i：8%。船舶燃油污染物当量值 E_{dl_i}和排放因子 F_i 取值如表 8.1 所示。船舶使用辅机发电产生的污染物包括：CO_2、NO_x、有机挥发物（volatile organic compounds，VOC）等。

表 8.1　　燃油污染物当量值和排放系数

船舶辅机燃油污染物	污染当量值（kg）	排放因子（g/kw·h）
SO_X	0.46	0.95
NO_X	0.95	11.80
VOC	0.05	0.53
CO	1.68	16.7
一般性粉尘 PM_{10}	4	0.30
CO_2	5 000	698

（1）最少靠港时间与岸电价格关系

针对某个固定的岸电价格，在船舶分为散货船、游轮船和集装箱船三类的时候，考虑不同船舶成本效益恰好为零时的船舶靠港时间，即为船舶最少靠港时间。

图 8.1 所示为岸电价格 p_{tot} 与不同类型船舶最少停靠时间的关系。此时是将岸电价格从 1.6 元/kWh 上涨至 2.4 元/kWh，再使船舶成本效益 F_{ship} 为 0 时求出船舶对应的临界停靠时间，即确保船舶收益为正值的所需最少停靠的时间。从图中可以看出：

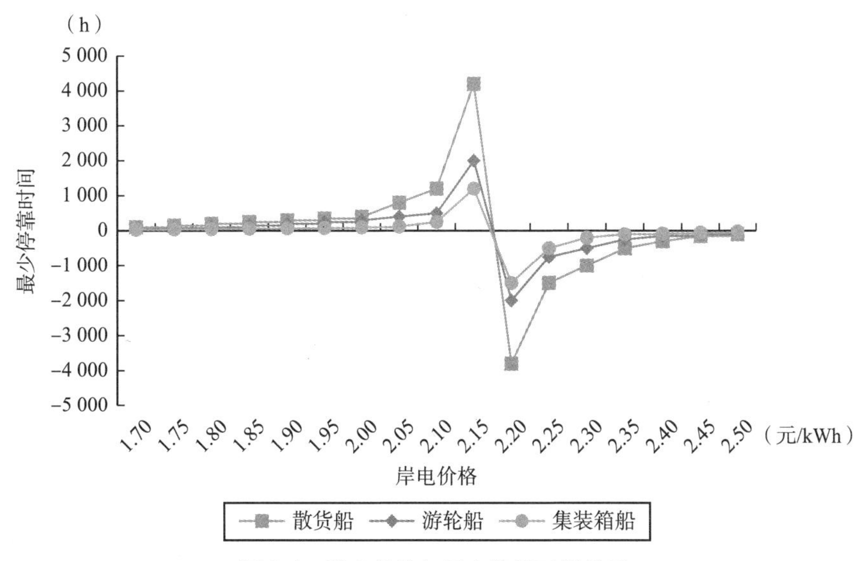

图 8.1　岸电价格与最少停靠时间关系

①最少停靠时间和岸电价格之间的关系有个过零点，此时的零点是个临界值，停靠时间是不允许有负值的，也就是在零点之后的电价是不符合实际的，可以计算出岸电价格必须小于2.177元/kWh的时候才能保证船舶最少停靠时间为正。当岸电价格在正常范围内时（即小于2.177元/kWh），不论是哪种类型的船舶，随着岸电价格的上升，该类船舶的最少停靠时间也在随之上升。这是因为岸电价格反映出了船舶的用电费用，体现在船舶成本效益函数中的成本部分，若要抵消这部分成本需要增加停靠时间以增加船舶收益，虽然此时用电费用也随之增加，但总体的成本效益函数是增加的。

②散货船舶的最少停靠时间最大，游轮船次之，最少的是集装箱船。从船舶的成本效益函数可以看出，在船舶的成本效益函数为零的临界条件下，船舶的功率项被约去，对船舶的成本效益的影响因素只有单位功率的改造成本。因此，不同船舶单位功率的改造成本的大小决定了其相应最少靠港时间的排序。散货船舶的单位功率改造成本最高，其次是游轮船，最后是集装箱船。

（2）靠港时间与船舶成本效益关系

通过上节分析，能够得出船舶临界的停靠时间所对应的岸电价格。下面假设岸电价格固定，考虑不同类型船舶成本效益与停靠时间的关系。其中，岸基服务费 $p_{sf}=1.25$ 元/kWh，岸基电价 $p_{ef}=0.9$ 元/kWh（岸电价格 $p_{tot}=p_{sf}+p_{ef}=2.15$ 元/kWh，该岸电价格的选择符合了之前的分析，即小于2.177元/kWh）；停靠时间 T 从0小时增长到4 000小时。

仿真结果如图8.2所示：当岸电价格固定时，三类船舶的靠港时间与该类船舶成本效益的关系曲线。从图中可以看出：

①当船舶类型一定时，随着船舶年停靠时间的增加，船舶的收益不断增加。这是因为随着停靠时间的增加，节省的油费和获得的环境效益会渐渐大于其岸电设备的改造成本、岸基服务费和岸基电费，船舶开始获得收益。

②当船舶类型不同时，随着船舶功率的增大，虽然船舶的单位功率改造成本在降低，但总的改造费用也是在升高，所以当停靠时间较短时，改造成本过大使得集装箱船的成本效益曲线在最下面。但由于大型船舶的功率最大，一旦停靠时间变长，船舶获得的利益会迅速增大，其节省的燃油费用和获得的环境效益远大于岸电设备改造成本、岸基服务费以及岸基电费等成本。因此，集装箱船的成本效益曲线的斜率最大，游轮船次之，最后是散货船。

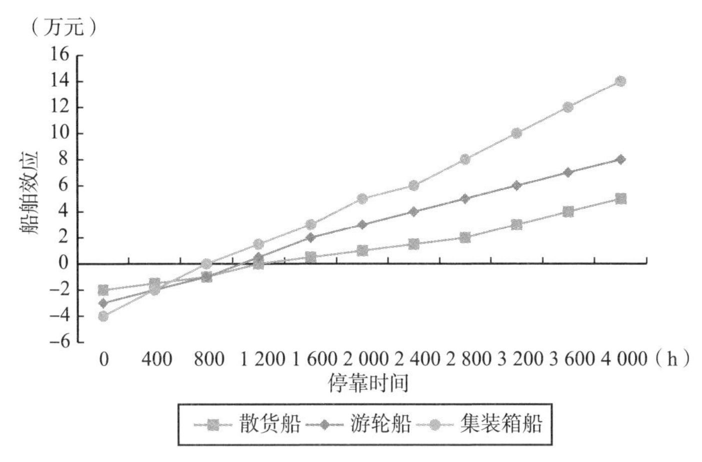

图8.2　停靠时间与船舶成本效益关系曲线

（3）峰谷电价对船舶成本效益的影响

本节中，对于船舶成本效益模型，考虑了岸基电价的峰谷效应的影响，将船舶的靠港时间也同样划分为峰、平、谷三个时段，船舶分别在这三个时间段内都靠港，同时考虑船舶的散货船舶、游轮和集装箱三种不同类型，找出峰谷电价与船舶成本效益的关系曲线。

对于船舶成本效益模型，其中型船舶使用岸电的费用 B_{gk} 为：

$$B_{gk} = P_k^{ship} \cdot [T_f \cdot p_f + T_p \cdot p_p + T_g \cdot p_g] + P_k^{ship} \cdot T \cdot p_{sf} \tag{8.7}$$

T_f、T_p、T_g 分别对应船舶在峰时段、平时段、谷时段的靠港时间；p_f、p_p、p_g 分别为相应的岸基电价。

电网收取的岸基电价和峰谷时段划分如下（见图8.3）：

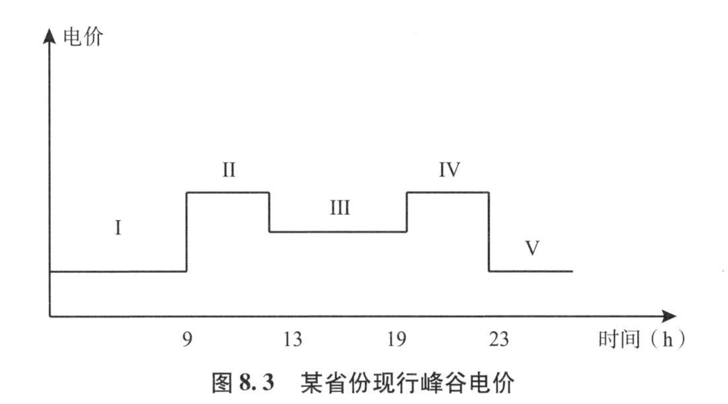

图8.3　某省份现行峰谷电价

高峰时段：9 到 12 点，19 到 22 点，岸基电价 1. 4485 元/kWh；平时段：13 到 19 点，岸基电价 0. 8651 元/kWh；谷时段：23 点到次日 8 点，岸基电价 0. 3917 元/kWh。现考虑多个峰谷电价，如表 8. 2 所示。通常在考虑峰谷电价的时候，一般以峰谷电价拉开比作为一个重要的指标，峰谷拉开比是指峰时电价与平时电价的差值比上平时电价与谷时电价的差值，即：

$$\beta=(p_f-p_p)/(p_p-p_g) \tag{8.8}$$

表 8. 2　　岸基电价　　单位：元/kWh

	峰	平	谷	拉开比 β
电价Ⅰ	1. 4485	0. 8651	0. 3917	1. 207
电价Ⅱ	1. 4235	0. 8501	0. 3867	1. 210
电价Ⅲ	1. 4135	0. 8441	0. 3847	1. 213
电价Ⅳ	1. 3985	0. 8351	0. 3817	1. 216

岸基服务费 p_{sf} 固定为 1. 25 元/kWh，其他数据同第一节，这里设定 $T=3\ 000$ 小时，对于峰谷时段的划分，这里考虑两种场景：

场景一：峰时段 T_f 占停靠时间 T 的 60%，平时段 T_p 占停靠时间 T 的 30%，谷时段占停靠时间的 10%；

场景二：峰时段 T_f 占停靠时间 T 的 10%，平时段 T_p 占停靠时间 T 的 30%，谷时段占停靠时间的 60%；

四种不同的峰谷电价对应的两种不同峰谷时段划分场景下的船舶成本效益如图 8. 4 所示。

从图中可以看出：

①针对单一峰谷拉开比：从场景一来看，船舶停靠的大部分时间都是在峰时段，由于此时的电价较为昂贵。因此，不论是哪种类型的船舶，其成本效益都是负值，也就是此时船舶是亏损的；而从场景二来看，船舶大部分停靠在谷时段，相比于前一种场景，此时的平均电价就较为便宜。因此，对于三种类型的船舶，其成本效益都为正值，船舶出于盈利的状态。从这两个场景的对比可以明显看出，对于每一个峰谷拉开比，都需要合理安排船舶靠港的时间段划分，只有峰时段、平时段和谷时段的停靠时间较为均衡，才能使所有船舶的成本效益为正值，让船舶有利可图。

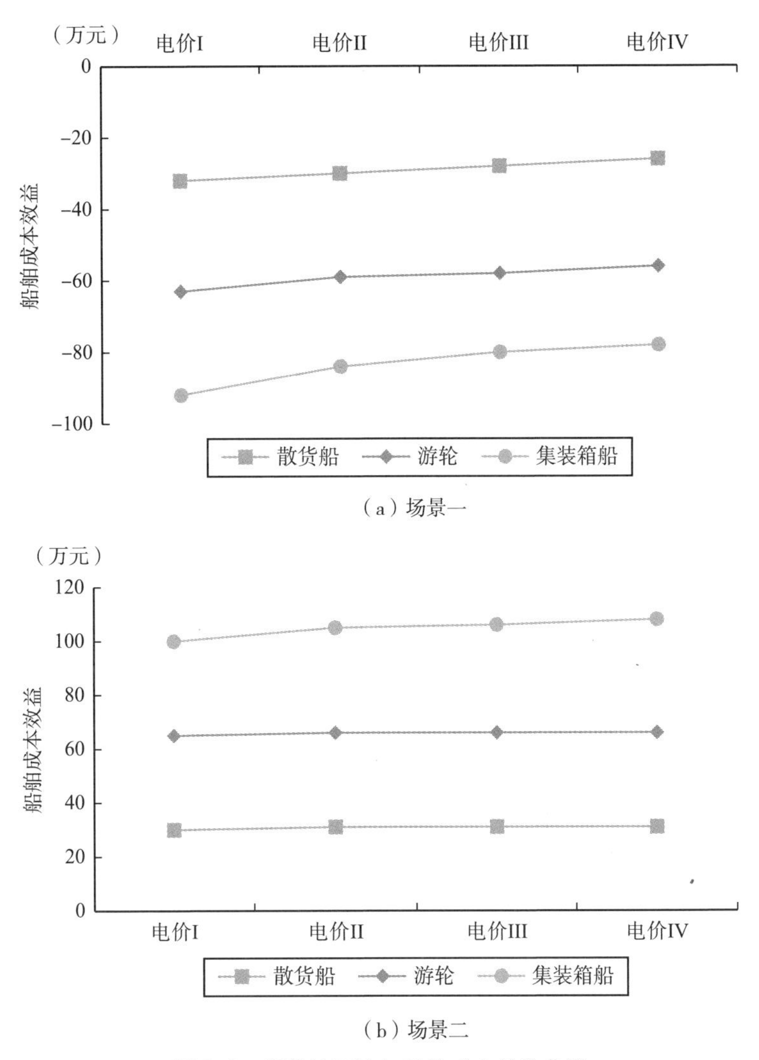

图 8.4　峰谷拉开比与船舶成本效益曲线

②针对不同的峰谷拉开比：不论是哪种船舶类型，随着峰谷拉开比的不断增大，船舶的收益都在不断增大。场景一中由于船舶主要使用峰时段电价，使船舶处于亏损状态，而集装箱船的功率较大，加之较贵的平均电价，使其亏损也是最严重的；而场景二中由于船舶主要使用谷时段电价，使得船舶是盈利的，此时随着船舶功率的增大，船舶的成本效益都是增大的，即散货船的成本效益最低，游轮船的成本效益其次，集装箱船能够获

得最高的成本效益。

8.2 多港区综合能源系统建模

在实际港口规划运营中，由于不同船舶码头的自然环境、地理位置、发展程度以及功能定位不同，大型港口常常会被划分为多个港区。故因资源条件和生产作息的客观规律，不同港区的负荷大小和时序性往往各不相同。例如，游轮码头港区往往在白天负荷较高，晚上负荷较低，而散货船港区负荷则可能正好相反。针对同一港区。当电负荷较高时，热/冷负荷不一定处在高水平，即各类负荷峰谷时段不匹配。因此，若依旧按照各港区能源系统单独规划运行的形式，不可避免地存在设备利用率低，总规划费用高等问题。因此，打破多区域港口综合能源系统（integrated port energy system，IPES）分开规划、独立运行的既有模式，实现多港区协同规划运行，是目前 IPES 亟待解决的问题。

本节提出了考虑能源互联（energy interconnection，EI）多港区综合能源系统协同规划模型。首先，建立包含网络投资成本、互联模型、传输约束等 EI 网络简化模型；其次，构建考虑 EI 多区域 IPES 协同优化的混合整数非线性规划模型，并通过线性化处理将其转化为 0 ~ 1 混合整数线性规划问题；最后，以中国北方某港口为仿真对象，详细讨论了各港区综合能源系统冷热能交互情况与互联电网传输量变化情况，并对港口关键参数变化对多港区协同规划的影响进行灵敏度分析。

8.2.1 多港区综合能源系统架构与规划流程

各港区通过港口配电网，天然气网和上级能源市场相连，各港区内部 IPES 系统架构与单一港区内部架构相类似，并通过多能流港口能量枢纽（energy hub，EH）与用能单元能源局域网内部网络实现连接，而各港区间通过互联电网实现多个 EHs 间的互联互济（见图 8.5）。

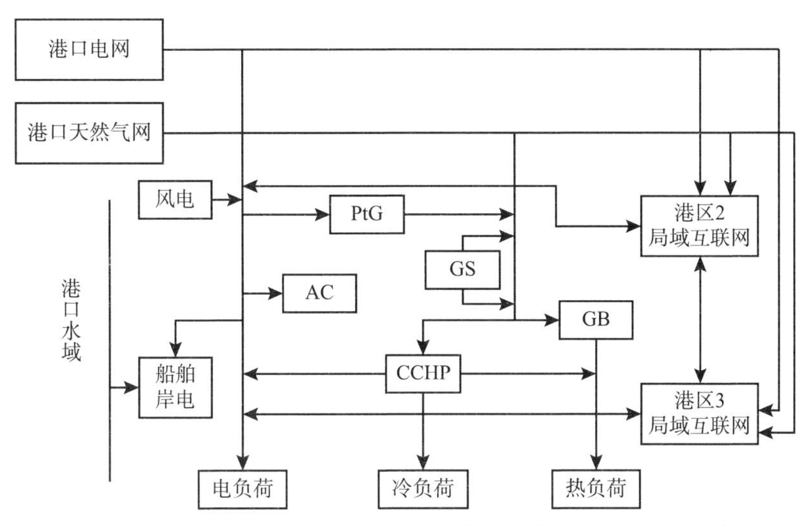

图 8.5　多港区 IPES 基本架构图

（2）规划流程

考虑多港区能源系统实际情况，其规划流程如下：

步骤 1：收集各港区规划相关基础数据，例如多能源负荷数据等；

步骤 2：根据港区的地理位置，负荷类型、资源分布对港口区域进行划分，并采取现场勘查的方式对 EH 进行选址；

步骤 3：建立包含互联电网的多港区 IPES 协同优化规划模型，将各区域多能负荷数据、EH 设备参数以及电力线路参数代入模型求解；

步骤 4：根据优化结果选择 EH 设备及电力线路。

其中，步骤 1、2 为前期准备工作，步骤 4 为优化规划结果的实际应用。因此，本节重点对步骤 3 建立包含互联电网的多港区 IPES 协同规划模型进行研究。

8.2.2　港区间互联电网建模

（1）互联电网投资模型

$$C_{inv}^{Line} = \sum_{j} CFR^{Line} L_{i,j} \omega_{line}^{cap} (\bar{P}_{i-j}^{line}) \tag{8.9}$$

式中：CFR^{Line} 为线路投资回收系数；$L_{i,j}$ 为 EH_i 和 EH_j 之间互联线路的

长度；ω_{line}^{cap}为单位线路的投资成本，其大小与线路传输容量$\bar{P}_{i-j}^{line}$相关。

（2）互联电网传输模型

能量传输单元可实现港区 EH 之间的互联，有效提高系统的经济性与可靠性。其实际送达的电功率表达式为：

$$\begin{cases} P_{i,t}^{EI} = \sum_{j} (P_{i,j,t}^{end} x_{i,j,t}^{Line} - P_{j,i,t}^{start} x_{j,i,t}^{Line}) \\ x_{i,j,t}^{Line} + x_{j,i,t}^{Line} \leqslant 1 \end{cases} \tag{8.10}$$

式中：$P_{i,j}^{start}$和$P_{i,j}^{end}$分别表示在t时刻EH_i首端向EH_j传输的电功率，EH_j向EH_i实际送达的电功率；则在多港区 IPES 中，EH_i实际接收的能源互联总功率$P_{i,t}^{EI}$；$x_{i,j,t}^{Line}$、$x_{j,i,t}^{Line} \in \{0, 1\}$分别表示在$t$时刻$EH_i$是否向$EH_j$传输电功率、$EH_j$是否向$EH_i$传输电功率；在同一条线路中，电能不可以双向同时传递。

（3）互联电网传输功率损耗

$$P_{i,j,t}^{end} = P_{i,j,t}^{start}(1 - \delta L_{i,j}) \tag{8.11}$$

$L_{i,j}$为港区$i(EH_i)$与港区$j(EH_j)$之间距离，δ为电力线路的每公里（%/km）损耗率，该式表示初始传送电能和实际送达电能之间的关系。

8.2.3 计及需求响应和能源互联的 IPES 协同优化模型

将多港区能源系统看作一个整体，建立计及需求响应和能源互联的 IPES 协同优化模型。具体目标和约束条件如下：

与第 4 章单一港区 EH 优化配置相似，本章采用等年值法计算多港区 IPES 协同规划的经济性，以年总规划成本最小为优化目标构建目标函数：

$$\min C_{tot} = C_{inv}^{Line} + \sum_{i} (C_{inv}^{i} + C_{E}^{i} + C_{mat}^{i} + C_{IDR}^{i} + C_{curt\text{-}wind}^{i}) \tag{8.12}$$

式中：C_{tot}为港口所有港区年规划费用总和，包括港区间互联电网投资成本C_{inv}^{Line}、各港区EH_i的投资成本C_{inv}^{i}、能源费用成本C_{E}^{i}、设备维护成本C_{mat}^{i}、IDR调用成本C_{IDR}^{i}以及弃风成本$C_{curt\text{-}wind}^{i}$共五项费用。

（1）能量耦合模型（功率平衡约束）

各港区 EH 电/热/冷能源功率平衡状态如下式表示。尽管能源互联仅改变电功率平衡的表达式，但是由于在 IPES 中，多能源之间相互耦合，故其他能源之间的供需关系也相应会受到影响。

电平衡：

$$L_{i,t}^{ele}+L_{i,t}^{ship}+P_{i,t}^{PtG}=\alpha P_{i,t}^{ele}+\gamma\eta_{cchp}^{ele}H^{gas}V_{i,t}^{gas}+\beta P_{i,t}^{Wind}+P_{i,t}^{EI},\quad\forall t\in T \tag{8.13}$$

热平衡：

$$L_{i,t}^{heat}=q_{cchp,i,t}^{heat}+q_{i,t}^{GB}=\gamma\eta_{cchp}^{heat}H^{gas}V_{i,t}^{gas}+(1-\gamma)\eta^{GB}H^{gas}V_{i,t}^{gas},\quad\forall t\in T \tag{8.14}$$

冷平衡：

$$L_{i,t}^{cool}=q_{cchp,i,t}^{cool}+q_{i,t}^{AC}=\gamma\eta_{cchp}^{cool}H^{gas}V_{i,t}^{gas}+[(1-\alpha)P_{i,t}^{ele}+(1-\beta)P_{i,t}^{Wind}]\eta^{AC},\quad\forall t\in T \tag{8.15}$$

结合第 3 章中各耦合设备模型，将多能源功率平衡表示为 EH 耦合矩阵形式，即：

$$\begin{bmatrix}L_{i,t}^{ele}+L_{i,t}^{ship}+P_{i,t}^{PtG}\\L_{i,t}^{heat}\\L_{i,t}^{cool}\end{bmatrix}=\begin{bmatrix}\alpha & \gamma\eta_{cchp}^{ele}H^{gas} & \beta & 1\\0 & (\gamma\eta_{cchp}^{heat}+(1-\gamma)\eta_{GB})\cdot H^{gas} & 0 & 0\\(1-\alpha)\eta^{AC} & \gamma\eta_{cchp}^{cool}H^{gas} & (1-\beta)\eta^{AC} & 0\end{bmatrix}\cdot\begin{bmatrix}P_{i,t}^{ele}\\V_{i,t}^{gas}\\P_{i,t}^{Wind}\\P_{i,t}^{EI}\end{bmatrix} \tag{8.16}$$

（2）线路能量传输容量约束

$$0\leqslant P_{i,j,t}^{start}\leqslant\bar{P}_{i-j}^{line} \tag{8.17}$$

式中，$\bar{P}_{i-j}^{line}$为互联电网的最大可传输容量，该式表示 EHs 间传输功率不应超过线路最大传输功率。

（3）设备选型约束

$$\sum_{\omega\in\phi^D}\chi^D\leqslant 1,\ \mathrm{D}\in\{\mathrm{CCHP},\ \mathrm{GB},\ \mathrm{PtG},\ \mathrm{GS}\} \tag{8.18}$$

假设每个港区内只有一个 EH，并且在 EH 每类设备最多只能选择新增一个。

（4）其他约束

此外，包括设备容量约束、出力上下限约束、储能约束以及 IDR 约束。

本节所提模型为混合整数非线性规划模型（mixed integer nonlinear programming model，MINLP）。非线性项源于式（8.10）中二进制变量和连续变量的乘积，这将导致模型的求解时间和求解难度增大。在求解此类问题时，一般考虑两种思路。一种是采用启发式算法，如常用的遗传算法、粒子群算法等。但是，这类算法具有一定的自身局限性，求解效率较低，往往即使采用各类改进算法仍不能保证结果的全局最优。另一种是将非线性模型通过数学转换转换为等价的线性模型，从而采用商业求解器去求解。但这种方法缺点也比较明显，即有些非线性模型的转化难度较高，甚至存在无法转换的情况，这时候只能采用前一种方法或者非线性求解器去求解。

为了改善求解效率，本节将 MINLP 问题进行转化，对模型中的非线性项进行线性化处理，使其成为 MILP 问题，从而利用商业求解器 CPLEX 进行求解。具体转换方法为二进制变量乘以连续变量的线性化方法，采用"大 M 法则（Big M method）"将其转化为 MILP 模型。一般方法如下：假设 $x \in \{0, 1\}$ 为二进制变量，y 为连续变量，Z 为 x 和 y 的乘积：

$$Z = x \cdot y \tag{8.19}$$

则，引入 y 的上限值 M，则以上等式可转换为如下一组不等式：

$$Z \leqslant y + (1 - x) \cdot M \tag{8.20}$$

$$-Z \leqslant y - (1 - x) \cdot M \tag{8.21}$$

$$Z \leqslant x \cdot M \tag{8.22}$$

式（8.10）中非线性项通过以上方法转换后，该模型转换为 MILP 问题，便可采用 MATLAB 中 YALMIP 工具包调用 CPLEX 商业求解器对该模型进行求解。

8.2.4 算例分析

本节选取中国北方某大型港口作为研究对象。根据地理位置和供能定位的不同，该港口可划分为三个港区。除了含有临港作业、商业旅游等共性多能源负荷，每个港口区域有特定工作条件的船舶码头，包括建筑面积分别为 25km^2的散货船码头（港区 1），面积为 34km^2的邮轮码头（港区 2）和面积为 41km^2的集装箱码头（港区 3）。假定该港口能源系统可以看作具有多个 EHs 组成的多港区 IPES，其能量传输路径类似于图 8.5 所示。

（1）由于各港区地理位置，功能定位不同，故各港区新能源出力、多能源消耗互不相同。各港区在不同季节的风电出力、多能源负荷以及散货船、游轮船、集装箱船舶使用岸电负荷预测值如图 8.6 所示。

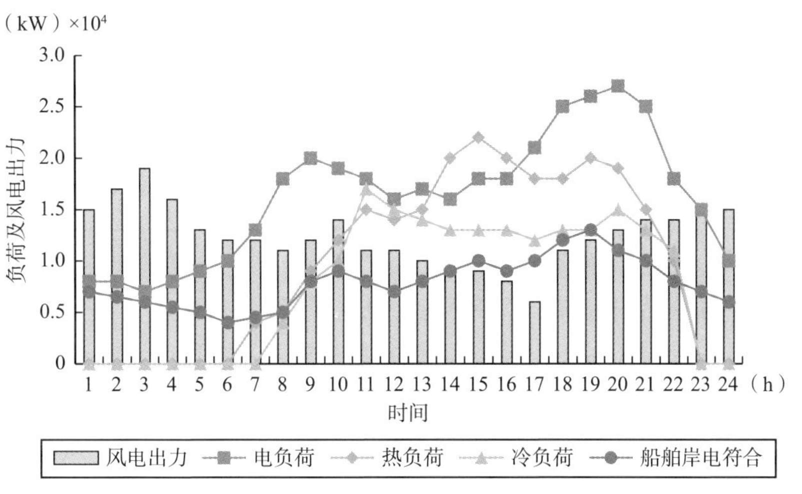

图 8.6　各港区典型日负荷和风电曲线

（2）EH 间联络线的损耗为 0.03%/km，根据电力线路典型型号的造价和容量，单位长度价格和容量的线性关系可表示为：

$$\omega_{line}^{cap} = 0.405\ \bar{P}_{i-j}^{line} + 49.19 \tag{8.23}$$

式中，ω_{line}^{cap}为电力线路单位长度的价格，$\bar{P}_{i-j}^{line}$为电力线路额定容量。

（3）场景设置：

针对下述 5 种场景对多港区 IPES 进行优化配置，如表 8.3 所示：

场景 A：传统港口能源系统分供方式；

场景 B：基于 EH 的港口综合能源系统协同供能方式；

场景 C：考虑综合需求响应（IDR）的港口综合能源系统协同供能方式；

场景 D：考虑能源互联（EI）的港口综合能源系统协同供能方式；

场景 E：同时考虑能源互联（EI）和综合需求响应（IDR）的港口综合能源系统协同供能方式。

表 8.3　场景设置

场景	传统分供方式	综合能源方式	计及 IDR	多港区协同
A	√	—	—	—
B	—	√	—	—

续表

场景	传统分供方式	综合能源方式	计及 IDR	多港区协同
C	—	—	√	—
D	—	—	—	√
E	—	√	√	√

（1）多港区 IPES 优化结果对比分析

各港区 EH 优化配置及年规划费用结果如表 8.4 和 8.5 所示。

表 8.4　　不同场景的规划结果

场景	港区	容量/kW							
		CCHP	GB	PtG	AC	GS	联络线 1－2	联络线 1－3	联络线 2－3
A	Port－1	—	22 000	—	5 350	—	—	—	—
	Port－2	—	21 000	—	8 025	—			
	Port－3	—	16 000	—	8 500	—			
B	Port－1	19 000	8 000	7 000	1 050	2 000	—	—	—
	Port－2	19 000	9 000	12 500	3 468	7 000			
	Port－3	19 500	3 000	0	3 924	0			
C	Port－1	19 000	7 000	7 000	793	2 000	—	—	—
	Port－2	19 000	8 000	12 500	3 093	7 000			
	Port－3	19 500	3 000	0	3 018	0			
D	Port－1	19 500	8 000	0	1 050	0	0	5 692	18 353
	Port－2	19 500	8 000	0	3 449	0			
	Port－3	19 500	13 000	7 000	3 924	0			
E	Port－1	19 000	7 000	0	0	0	4 294	7 830	16 794
	Port－2	19 500	7 000	0	2 978	0			
	Port－3	19 000	11 000	0	3 318	0			

表 8.5　　不同场景的各项费用　　单位：十万元

场景	C_{inv}^{line}	C_{inv}	C_E	C_{mat}	C_{DR}	$C_{curt\text{-}wind}$	C_{tot}
A	—	64. 32	5 008. 34	29. 34	—	238. 90	5 340. 90
B	—	293. 65	3 537. 93	113. 86	—	8. 85	3 954. 29
C	—	290. 60	3 198. 91	110. 76	239. 59	4. 98	3 844. 83
D	5. 34	296. 16	3 230. 30	105. 80	—	0. 00	3 632. 31
E	3. 28	286. 72	2 946. 54	103. 80	221. 65	0. 00	3 558. 99

①场景 A、B 和 C 的比较。

场景 A、B 和 C 之间的比较主要说明多港区分别采用传统各能源系统单独规划方式、IPES 规划方式、计及 IDR 的 IPES 规划方法后，多港区规划运行成本、弃风成本、EHs 优化配置在不同场景下的区别。从弃风成本来看，由于场景 B 和 C 中电转气等转换转置的存在，使得风电利用率得到提升，从而大幅减少了弃风的惩罚成本。若将场景 B 和场景 C 中的弃风成本相比较，可以看出，IDR 对促进多港区风电消纳有一定的促进作用。除计及了弃风成本之外，其他优化结果分析本质上和第 4 章研究内容相类似，因此这里不再赘述。后文重点分析场景 D 和场景 E（即多港区协同）和以上场景的比较。

②场景 D 和场景 B 的比较。

从表 8. 4、8. 5 可以看出，场景 D 中计及 EI 的综合能源规划方式减少了港区 1 和港区 2 中 PtG 和 GS 的冗余配置，使得多港区 EHs 配置得以优化。同时，尽管场景 D 增加了电力线路的投资成本，但是其占总成本的比重仅为 0. 15%，而投资和运行成本大幅降低，促使总成本降低了 8. 14%。此外，该场景中弃风成本为 0，即各港区的风电已被全部利用或转化，说明了 EI 在促进跨港区风电消纳的较大优势。

③场景 E 和场景 B 的比较。

在场景 E 中，同时考虑 IDR 和 EI 对多港区进行协同规划。与场景 B 相比，总成本降低了 9. 99%。从投资成本和能耗角度来看，成本降低更为明显。此外，优化结果显示各港区均没有安装 PtG 和 GS 设备，并且各港区的风电出力已被完全消纳。

④各场景优化结果综合比较。

通过港区间的能源互联互济，可以更好发挥不同港区间的错峰、调峰效益，并降低供能成本和 EH 设备装机容量。与传统能源供应解决方案相比，基于 EH 的 IPES 供能方式（场景 B）可以大幅降低总规划总计划成本（场景 A）。在分别考虑 IDR（场景 C）和 EI（场景 D）后，IPES 的总成本可以进一步降低，同时促进了可再生能源的消纳。但是，EI 带来的效果要优于 IDR。此外，如果同时考虑 IDR 和 EI（场景 E），两者的效果可以叠加，促使多港区 IPES 规划具有更好的经济性。另外，从表 5.3 中可以看出，无论是场景 D 或者场景 E 中，线路投资成本占总成本的比重很小，这也从另一方面解释了为何 EI 可以大幅减少 IPES 的规划运行成本。

（2）多港区 IPES 运行工况分析

在 1：00～8：00，港区 1 和港区 2 的出力富足，但是其白天负荷量比较低。为了满足港区 3 种较高的电负荷需求，多余的电力从 EH1 和 EH2 注入互联网络传输至 EH3。同时，当 EI 仍然不能满足港区 3 的电负荷需求时，剩余部分将从港口配电网直接购电来供应。

在 9：00～22：00，各港区 EHs 中的 CCHP 接近满发，同时 IDR 会抵消的部分电力需求。一方面，EH1 和 EH2 中过剩的电量会通过 AC 转换为冷功率以满足冷负荷需求。另一方面，通过互联电网传输到 EH3，由此可见多种能源之间的耦合互补和多个 EHs 之间的协调互济。在 23：00～24：00，此时段电价处于较低水平，CCHP 将关闭，负荷需求将由风电、电网购电、IDR 共同满足。同时，由于在之前负荷高峰时期的削减负荷，在该时段有大量的反弹负荷出现。

每个港区 EH 的冷负荷需求由 CCHP 和 AC 提供。在 1：00～7：00，港区 1 和港区 3 没有冷负荷需求，该时段电价较低，EH2 中的 AC 作为主要的冷功率应设备。在 8：00 时刻，由于港区 1 中 AC 容量为 0，其冷负荷由 CCHP 满足，而港区 2 和港区 3 则采用 AC 制冷。在 9：00～22：00，港口电价和各港区制冷需求同时增长，因此采用 CCHP 来提供大部分制冷功率，并且当 CCHP 无法最大程度地满足制冷需求时，将 AC 作为备用制冷源。同时，由于冷负荷具有可调性，IDR 有效地削减了冷负荷需求的峰值，实现了能量的跨度转移，进而减少了设备的投资和运行成本。

各个港区 EH 中的热负荷需求由 CCHP 和 GB 提供。在 1：00～8：00，各港区大部分热负荷需求由 EH3 中的 GB 来满足。其中，港区 3 在 2：00～4：00，部分热负荷由 CCHP 供给，这是因为 CCHP 产电的同时制热，具有更好的经济效益。在 9：00～22：00，CCHP 提供大部分热能，若其无法满足热需求，则 GB 作为备用制热源。同样，由于热负荷参与 IDR，起到了削峰填谷的作用。

综上所述，EI 实现了多港区能源系统的协同调度。一方面，通过 EHs 对各区域设备进行统一调度，EI 实现多港区最优工作配合；另一方面，EI 配合 EHs 使不同港区相互独立多能源负荷耦合起来，利用不同负荷规律的互补性，实现多港区多能源间的互联互济，进一步提高整体 IPES 规划运行的经济性。

（3）多港区多场景风电消纳能力对比分析

①不同场景下，风电消纳情况。

为了进一步说明 IDR 以及 EI 对于跨港区风电消纳的影响，将风电渗透率放大至 1.5 倍后，以夏季典型日为例，在综合能源供能场景 B、C 和 D 下分析各港区风电利用率，如图 8.7 所示。

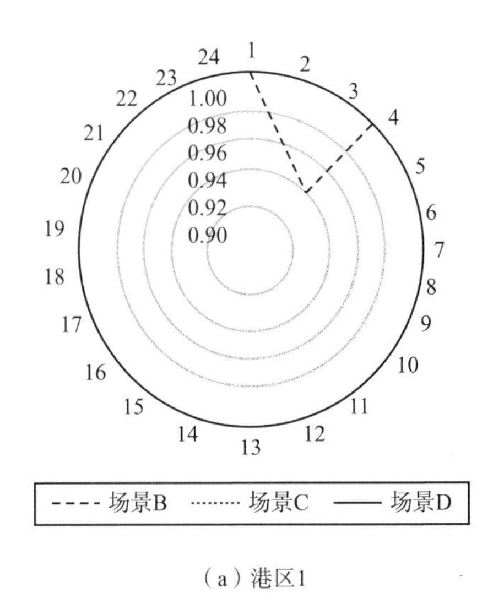

（a）港区1

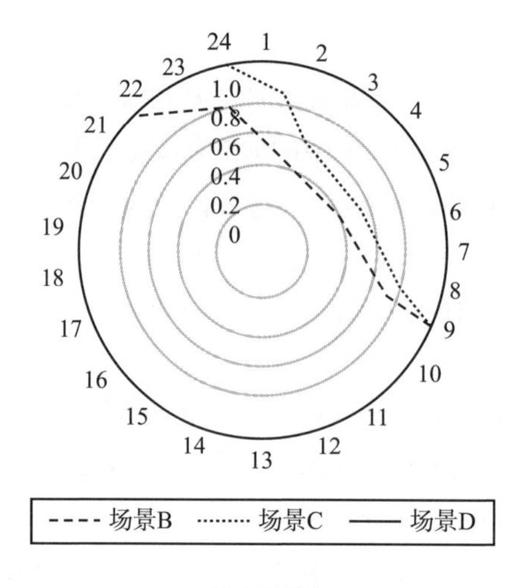

（b）港区2

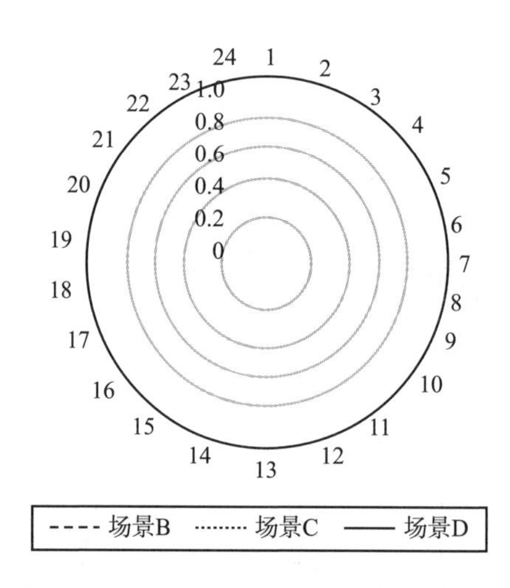

（c）港区3

图 8.7　各港区各场景风电消纳能力对比

在港区 3 中，各场景逐小时的风电利用率均达到了 100%，这是由于各场景均采用综合能源规划方式，一方面港区 3 中多能负荷需求较大，另一方面 PtG 等装置的存在促进了风电的消纳。港区 1 情况类似，除了场景 B 的第三个小时存在部分风电未消纳，其他时刻风电均被利用。然而，在港区 2 中，可以明显看出在分别考虑 IDR（场景 C）和 EI（场景 D），风电消纳率均有不同程度的上升，特别是考虑了 EI 后，风电消纳率达到了 100%。这是因为在协同运行时，港区 2 多余的风电可通过互联电网传输至港区 1 或港区 3，实现了跨区域的风电消纳。

②风电渗透率变化对规划成本的影响。

如图 8.8 所示，随着风电渗透率的增加，多港区 IPES 总规划成本逐渐下降。这是由于本文不计风电的装机运维成本，随着风电出力的增加，其减少了 CCHP 等设备的出力以及港口电网的购电量，从而使得总成本降低。然而，当风电变化率在［-30%~0%］区间内，由于多港区能源互联的存在，各港区风电全部被消纳，暂时不用考虑弃风问题。在［0%~30%］区间，由于风电出力的持续增加，导致弃风成本持续增大，并在 30% 点达到峰值。当风电出力变化率大于 30% 时，弃风成本逐步降低，并在 60% 点降为 0，这是因为 PtG 和储气装置的存在促使（由于 PtG 和储气设备投资成本较高，在风电渗透变化率［0%~30%］区间选择弃风比安装 PtG 设备更为经济）多余的风能被转化为天然气，实现了跨时间的能源存储或利用，从而降低了天然气的能源成本，进一步减少了多港区 IPES 总规划成本。

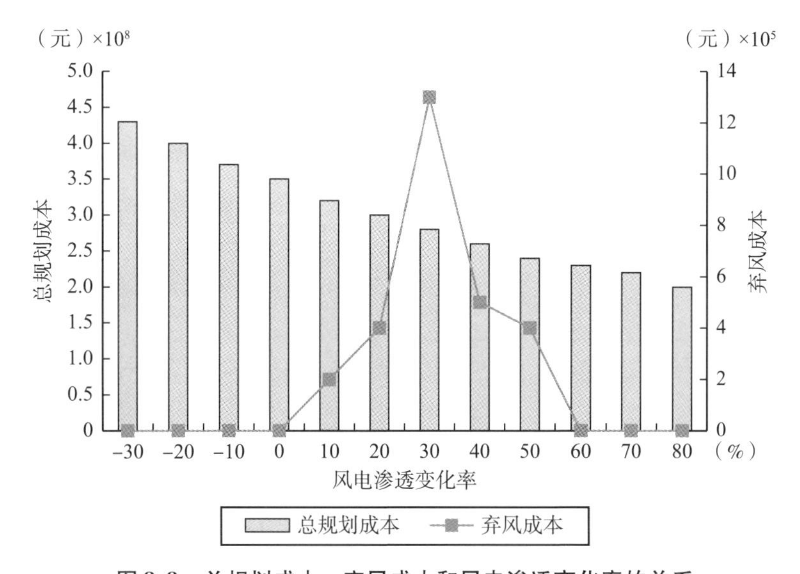

图 8.8　总规划成本、弃风成本和风电渗透变化率的关系

（4）不同参数变化对 IPES 配置结果影响分析

为进一步分析不同参数变化对 IPES 配置结果的影响，本节研究了当港口能源价格、船舶使用岸电行为特性分别变化时，各个 EHs 中 CCHP 容量和年规划总成本的变化。

①能源价格变化。

港口能源市场中的天然气/电力价格往往会发生变化，因此，在 IPES 优化规划中有必要分析天然气/电力价格变化带来的影响。

如图 8.9 和图 8.10 所示，CCHP 的容量随着电价的上涨而增加，而随着天然气价格的上涨而减少［90% ~110%］。但是由于 CCHP 的投资成本较高，这些变化不明显。当天然气价格从 50% 上涨至 70% 时，总成本的变化最大（约 16%）。同时，从图中的折线图可以看出，当电价和气价同比例增加时，总成本对于气价的变化更为敏感。这主要是由于考虑了能源系统间的耦合协同之后，天然气在 IPES 中的高渗透率较高，故气价对总规划成本的影响要高于电价。

②船舶岸电关键参数变化。

船舶使用岸电的行为特性具有较大的不确定性，如靠港时间长短和使用岸电功率大小均会影响到系统的规划运行成本。本小节通过改变船舶使用岸电概率分布函数中以上两个参数的均值，从而对船舶使用岸电对 IPES 系统规划成本的影响进行灵敏度分析。

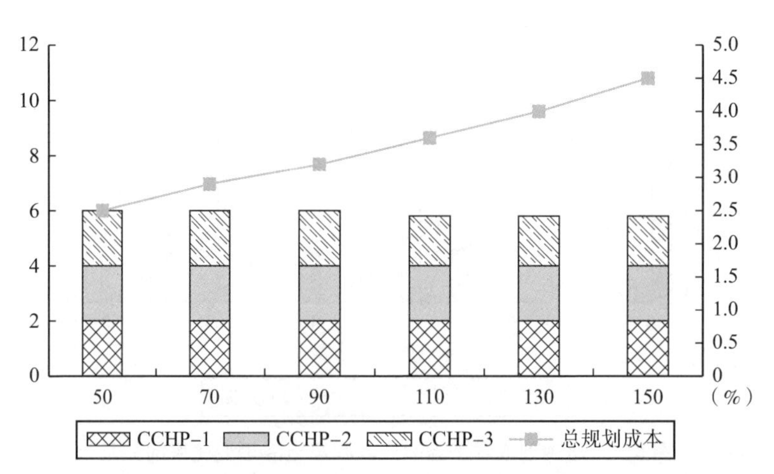

图 8.9　各港区规划 CCHP 容量和总规划成本与天然气价格变化的关系

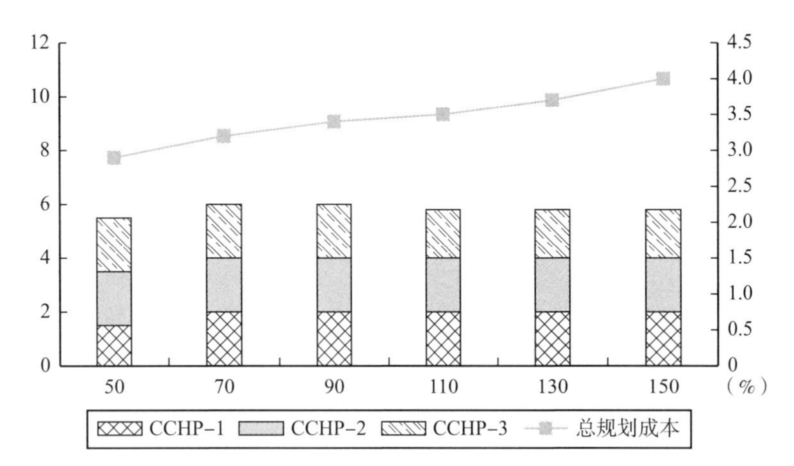

图8.10　各港区规划CCHP容量和总规划成本与电力价格变化的关系

当船舶平均靠港时间和平均岸电功率在初始值的-20%~20%变化时，港口总投资成本变化不大。这可能是由于CCHP等设备的投资成本较高，变化灵敏度较小，此时采用从电网直接购买电力等方式更为经济。而小部分投资成本变化来源于EH中低投资成本设备和能源互联线路容量的变化，但它们仅占总投资成本的比重较小。

可以得出，总规划成本随着船舶平均靠港时间和平均岸电功率的增加而显著上升。这主要是因为船舶使用岸电的不确定性对运行成本的影响较大，且远大于对投资成本的影响，进而导致IPES规划总成本的上升。

本节提出一种考虑EI的多区域IPES协同规划方法。该方法可实现港区间电能互联，可有效解决负荷峰谷时段不匹配、用户冷热电负荷峰谷交错等问题，各港区EH可协调出力，以避免机组容量浪费，从宏观区域角度实现能源的优化调度。本章结论如下。

（1）算例分析表明，本章提出的基于EI的多港区综合能源系统规划方法具备可行性和有效性，可实现多能互补、缓解多港区负荷峰谷时段不匹配、新能源弃用等问题，提高能源利用效率，并最终使得多港区总规划费用降低9.99%。

（2）通过将EI和IDR相比较，EI产生经济效益要大于IDR；若在模型中将两者同时考虑，其对降低总成本的影响可以叠加，并减少了PtG和GS设备的冗余配置。

（3）EI实现了跨港区的风电消纳，突破了单一港区风电消纳的瓶颈，使得风电利用率得到了大幅提升。同时，随着风电渗透率的增加，IPES总规划成本逐渐下降，而由于PtG和GS的存在，弃风成本呈现先上升后下降的过程。

（4）灵敏度分析表明：若改变市场中的能源价格，多港区中CCHP容量变化不大。同时，相较于电价变化，总规划成本对气价的变化更为敏感；此外，船舶使用岸电的不确定性对设备投资成本的影响较小，而运行成本的影响较大，船舶停靠时间和岸电功率的增加导致IPES总规划成本上升。

本章参考文献

［1］方斯顿，赵常宏，丁肇豪，等．面向碳中和的港口综合能源系统（一）：典型系统结构与关键问题［J］．中国电机工程学报，2023，43（1）：114－135.

［2］何大春，黄俊辉，李志杰，等．港口综合能源系统的AHP－模糊综合评价法［J］．上海海事大学学报，2020，41（2）：85－89.

［3］黄逸文，黄文焘，卫卫，等．大型海港综合能源系统物流—能量协同优化调度方法［J］．中国电机工程学报，2022，42（17）：6184－6196.

［4］李琪．我国港口节能减排评介指标体系研究［D］．大连海事大学，2010.

［5］宋天立．计及需求响应的港口综合能源系统研究［D］．南京：东南大学，2022.

［6］郜能灵，王萧博，黄文焘，等．港口综合能源系统低碳化技术综述［J］．电网技术，2022，46（10）：3749－3764.

［7］王飞龙．港口电网电能质量评估及其负荷运行特性分析［D］．安徽大学，2013.

［8］王同帅．我国绿色港口发展研究［D］．大连海事大学，2014.

［9］王维．绿色港口建设措施探讨［J］．中国水运（下半月），2018，18（09）：123－124.

［10］殷林．我国智慧港口建设实践和发展思考［J］．港口科技，

2019 (8).

[11] 赵景茜，米翰宁，程昊文，等．考虑岸电负荷弹性的港区综合能源系统规划模型与方法 [J]. 上海交通大学学报，2021，55 (12)：1577 - 1585.

[12] Hary Geerlings，Ron van Duin. A new method for assessing CO_2 - emissions from container terminals：A promising approach applied in Rotterdam [J]. Journal of Cleaner Production，2010，19 (6).

[13] Kanellos F D. Multiagent-system-based operation scheduling of large Ports' power systems with emissions limitation [J]. IEEE Systems Journal，2019，13 (2)：1831 - 1840.

[14] Zhang J T，Song Y J. Mathematical model and algorithm for the reefer mechanic scheduling problem at seaports [J]. Discrete Dynamics in Nature and Society，2017：1 - 13.

第9章 基于绿色运作的港口群与环境协调治理策略

集装箱多式联运一直是我国大力推进的运输模式。2020年，全国港口集装箱铁水联运量约680万TEU，同比增长31.8%。中欧班列共开行1.24万列，同比增长50%。近年来，随着国家“双碳”目标政策的发布，集装箱多式联运这种清洁、高效的运输模式又成为运输的主攻方向。

9.1 港口腹地集装箱多式联运网络分析

基于实际港口与腹地的集装箱运输系统特点，本节构建了包含腹地城市、内河港口、无水港和沿海港口四类节点以及涉及公路、铁路和水路三种运输方式联运的多级运输网络，详见图9.1。港口与腹地之间运输网络的集装箱流向通常包含：①腹地城市的出口货物通过该网络集运到各沿海港口；②海域到港的进口货物通过该网络疏运到各腹地城市。

9.1.1 港口腹地集装箱多式联运网络特点

该港口腹地集装箱多式联运网络在提供运输服务功能上具有以下几个特点：

(1) 内河港口节点和无水港节点承担着内陆货物的多式联运转运功能，即货物不同运输方式之间的衔接仅可在多式联运中转节点进行；其中，内河港口与沿海港口之间开通有集装箱内河运输航线，无水港与沿海港口之间开通有集装箱铁路运输班列。

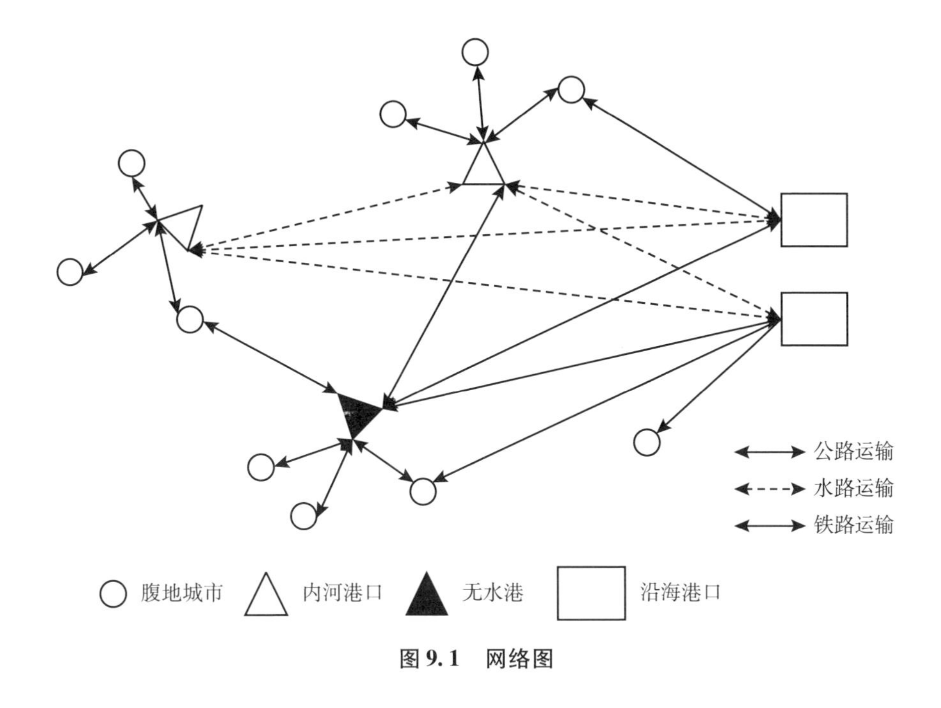

图9.1　网络图

（2）该运输网络还考虑了不同多式联运节点之间的货物运输通道，即部分不同内河港口之间开通有水路运输服务航线，以及部分内河港口由于存在铁路进港设施而与部分内陆无水港之间开通有铁路运输班列的情况等。

（3）相对于腹地城市来说，其产生的货物进出口需求一方面可以通过与沿海港口的公路运输线路直接完成，另一方面可以经由附近的内陆多式联运中转站集中转运完成。

（4）一个腹地城市可以连接多个内陆多式联运中转节点，且内河港口、无水港和沿海港口都存在集装箱操作能力限制。

9.1.2　沿海港口与腹地城市之间的货物运输模式

图9.1描绘了集装箱货物在沿海港口与腹地城市之间通过公路、铁路、水路等不同的运输模式完成的货物运输过程，这些运输模式可以概括为以下三类：

（1）沿海港口与腹地城市之间的直达运输

当腹地城市距离沿海港口较近或者附近没有内河港口或无水港时，该城市产生的货物运输需求往往会通过与沿海港口的公路运输线路直达完成。

（2）经由一个内河港口或无水港的一次中转运输

当腹地城市附近有内河港口或无水港时，该城市产生的集装箱货物运输需求，可以选择通过公铁联运或公水联运的模式完成。它是由腹地城市与附近内河港口或无水港之间的短距离公路拖运阶段和内河港口或无水港与沿海港口之间的长距离内河航线运输或集装箱铁路班列运输阶段构成。

这种运输模式往往适合于沿海港口距离较远的腹地城市货源，因为与公路直达运输相比，这种方式使得腹地集装箱运输需求能以更高效率、更快速和更节约的方式完成，这也同时能帮助沿海港口吸引到更多的腹地货物运输需求。

（3）经由两个不同多式联运中转节点的二次中转运输

在港口腹地运输系统中，多次中转运输往往存在于沿海港口与距离其更远的部分腹地城市之间的运输过程中，此时公路直达运输已经表现出运输成本高、运输时间长以及运输效率低的特点。多次中转运输实现了不同多式联运中转节点之间的连通，同时也能降低运输成本、提高效率，并在一定程度上有助于减轻环境污染。

以出口方向为例，这些远距离的腹地城市产生的运输需求，除了可以通过上述公铁联运、公水联运的一次中转模式到达沿海港口外，也可能会先经由附近的内河港口或无水港完成一次集运中转，然后继续通过内河航线或铁路班列运输到达第二个多式联运中转节点完成集装箱货物的第二次整合，最后通过第三阶段的内河航线或铁路班列到达沿海港口。这种运输模式最终是以公铁水、公水水、公铁铁和公水铁的多式联运方式呈现。此外，在港口腹地运输系统中，考虑到过多次数的货物中转反而会降低货物运输的运作效率和增加多次的装卸转运成本（Saeedi et al.，2017），因此本章仅对一次中转模式和二次中转模式进行考量。

根据现有关于内陆运输中多式联运网络优化方面的研究，大部分主要针对公铁或者公水的多式联运模式（Bouchery et al.，2015），鲜有文献同时考虑公、水、铁三种方式之间的复杂多式联运模式，特别是在水路和铁路运输系统同时存在的内陆区域（Caris et al.，2014）。比如，我国的长江经济带腹地，其部分城市到沿海港口的长距离运输除了公铁联运或公水联运外，可能还存在公铁水、公水铁、公铁铁和公水水等的复杂多式联运模式。因此，图 9.1 描述的港口腹地多式联运网络结构更符合现实中港口腹地集装箱运输系统的实际情况。

9.2 考虑碳排放的港口腹地集装箱运输网络建模的影响因素

本章的研究对象——港口腹地集装箱多式联运网络，是全程集装箱运输链的一个重要组成部分，其网络合理性和服务水平直接影响国际集装箱运输在内陆阶段的运输效率。因此，在第 9.1 节构建的港口腹地集装箱多式联运网络的基础上，结合“双碳”政策以及绿色发展的要求，本章提出影响该网络优化建模的主要因素包括有：运输成本、运输时间、碳排放量、网络的运输供给能力、腹地城市的运输需求波动、碳减排政策与法规等（宋京妮等，2017）。

9.2.1 成本因素

港口与腹地之间的集装箱运输主要通过直达运输模式、一次中转模式和二次中转模式来完成，其运输成本则包含了各节点之间线路上的运输成本和在多式联运中转节点处的转运及堆存成本，除了这些之外，还有由于在运输过程以及在中转节点转运所产生的 CO_2 所需缴纳的碳税。

（1）线路上的运输成本

不同的运输方式具有不同的运输特点，各节点之间的运输成本与选择的运输方式的运输距离、单位运输成本和该段线路上的运输量有关，即货物运输成本 = 运输距离 × 单位运输成本 × 运输量。

（2）在多式联运中转节点处的转运成本

在中转节点处的转运成本是指货物在该节点进行不同运输方式之间的转换时产生的操作成本，这部分成本主要与在该中转节点处的集装箱中转量和不同运输方式间进行转运的单位操作成本有关。即货物的转运成本 = 单位转运成本 × 运输量。当货物进行多次转运时，则货主需要支付多次的转运费用，因此，转运成本对总物流成本的影响不可忽视。

（3）在多式联运中转节点处的堆存成本

对于整合到多式联运中转节点处的集装箱货物，其可能由于等待按固定时间发货的水路航线或铁路班列而需要暂时堆存在内河港口堆场或铁路货场，因此产生了一定的存储成本。这部分成本主要与堆存的集装箱量和单位堆存成本紧密有关。

（4）所需缴纳的碳税

碳税是指针对 CO_2 排放所征收的税。它以环境保护为目的，希望通过削减 CO_2 排放来减缓全球变暖。在整个多式联运运输的过程中，货物在不同运输方式运输中，以及在转运节点进行装卸搬运、中转等物流操作时都会产生一定的 CO_2，这部分的成本主要与产生 CO_2 的多少以及单位碳排放的税率相关。

9.2.2 时间因素

港口与腹地之间的集装箱运输的时间包含了各节点之间线路上的运输时间和在多式联运中转节点处的转运及堆存时间。

（1）线路上的运输时间

不同的运输方式由于行驶速度不同而导致完成运输任务所花费的时间也大相径庭，货物在运输线路上的运输时间与采用的运输方式的运输距离和运输速度紧密有关，运输时间影响着运输的服务水平，继而影响货主对路径的选择。

（2）在多式联运中转节点处的转运时间

在中转节点处的转运时间是指货物在该节点进行不同运输方式之间的转换时所消耗的时间，这部分时间的长短主要与在该中转节点处的集装箱装卸和操作效率有关。当货物进行多次转运时，消耗的转运时间也会更多。因此，转运时间的影响也不可忽视。

（3）在多式联运中转节点处的堆存时间

同样，对于整合到多式联运中转节点处的集装箱货物，其可能由于要等待按固定时间发货的水路航线或铁路班列而有一定的等待期。在此期间，集装箱货物需要堆存在内河港口堆场或铁路货场内，于是集装箱货物在转运时还有这部分堆存时间的消耗。

9.2.3 碳排放量因素

出于对“双碳”政策和绿色发展要求的考虑，运输活动产生的温室效应负外部性之一——CO_2 排放也是货主运输决策中的重要考虑因素。不同的运输方式具有不同的碳排放特点，港口与腹地之间的集装箱运输 CO_2 排放量主要由各段线路上运输过程产生的 CO_2 排放和多式联运中转节点处的转运等物流过程产生的 CO_2 排放构成。

（1）线路上的运输碳排放量

运输碳排放量的大小与该线路上不同运输方式的碳排放因子、运输距离和货运量有关。其中，运输方式的碳排放因子的估算又与不同地区的运输规模、运输距离、采用的运输工具以及使用燃料种类和数量等多种因素息息相关。在低碳发展的诉求下，运输活动产生的碳排放量影响同样不可忽视。

（2）在多式联运中转节点处的转运碳排放量

在中转节点处的转运碳排放量是指货物在该节点进行不同运输方式之间的转换时产生的操作排放量，这部分 CO_2 排放主要与在该中转节点处的集装箱中转量和单位操作排放量有关。当货物进行多次转运时，则转运产生的排放量也会增加。

9.2.4 网络的运输供给能力因素

港口腹地集装箱多式联运网络的供给能力主要包括运输通道的供给能力、多式联运中转节点的操作能力以及沿海港口的容量限制，这些影响因素的具体展开分析如下：

（1）运输通道的供给能力

连接着腹地城市与内陆多式联运中转节点、内陆多式联运中转节点与沿海港口、腹地城市与沿海港口之间的各种运输方式所形成了运输通道。

一方面，不同运输方式都具有一定的运能限制，如集卡运输、铁路集装箱班列运输和集装箱航线运输的运能大小与运输公司规模、班列数量和频次、航线数量和频次，甚至由于天气原因或突发事故等突发情况导致的道路拥堵或航线停摆等因素都有一定关系；另一方面，在上述运输通道中，使用的运输工具包括集卡、铁路集装箱班列、水路集装箱船的数量、大小、装载能力等也会影响运输通道的供给能力大小。

（2）内陆多式联运中转节点的操作能力

内陆多式联运中转节点是承担着内陆集装箱货物的中转和集散，内河港口和内陆无水港处理货物集装箱转运的操作能力由于受到其类型、建设规模、基础设施条件和处理效率等因素的影响，其集装箱操作能力大小会被限制在一定范围内。（Wang X，2016）而在港口腹地集装箱多式联运网络中，这些节点的操作能力限制也会继而影响运输网络的决策内容。比如，当某一中转节点的操作容量趋于饱和时，原本最优选择为在该中转节点进行转运的部分货运量而不得不改变运输模式而选择其他次优的运输路径，从而进一步改变了整个港口腹地集装箱多式联运网络的运输方案。

（3）沿海港口条件、航线能力和操作能力

沿海港口自身的条件包含了硬件条件和软环境。其中，前者指港口地理位置、集装箱泊位、航道、集装箱堆场、装卸设备等，后者则是港口的发展定位、港口对物流、金融、法律和信息等产业的支撑情况等。沿海港口自身条件良好才能吸引到腹地更多的货源，才能进一步提高港口吞吐量。同样，沿海港口所拥有的航线数量、航线能力以及集装箱操作能力都将影响其对腹地货源的吸引力。

9.2.5 腹地城市的运输需求波动因素

由于受城市的经济发展、产业布局、与集装箱运输相关的经济法律政策以及货物生成的季节性特点等多种因素的影响，腹地城市集装箱运输需求的产生具有了波动性，并且这种波动性可能是长期的。

在港口腹地集装箱多式联运网络中，运输需求的波动性也会对网络中货物多式联运路径的选择产生一定的影响。比如，在一定规划期内，城市需求的波动性可能导致需要对港口腹地运输网络进行多频次的设计与规划，这使得网络运输方案结果在某段时间内具有不稳定性从而失去对现实的指导意义。因此，其网络设计需要预先考虑到运输需求的波动性和其可能带来的影响，以防出现短期内重复设计规划以及运输方式运力跟不上而影响货物路径选择等情况。

9.2.6 碳排放政策与法规因素

国家或当地政府针对交通运输业出台的一些政策和法规。比如，政府对内陆多式联运基础设施的发展定位、对沿海港口经营与管理的规范、对运输工具的技术升级和关于其能耗控制等方面的政策与法规制定，都会直接或间接影响港口腹地集装箱运输系统的规划以及发展方向（张博等，2016）。比如，在促进减排方面，国家或当地政府可能会有如下措施：

（1）多式联运政策补贴

由于多式联运在提升运输效率、降低能耗和减少碳排放上相较公路运输具有多方面的优势，政策制定者会加大对于多式联运的政策扶持力度。比如，对多式联运货运工程的政策补贴、对使用多式联运中转站和多式联运运输服务的货主或运输企业进行资金政策补贴等，以此措施可以弥补从事多式联运企业的一部分成本费用，促使他们积极开展多式联运业务。

多式联运政策补贴的措施，一方面提高货主和运输企业使用多式联运的积极性，另一方面也在 CO_2 减排和环境保护方面做出了一定贡献。

（2）碳减排政策实施

低碳经济发展的要求会促进政府采取一些行政管理或经济政策手段去控制 CO_2 的排放量。比如，碳税、碳排放权交易、碳排放限额以及碳税—碳排放限额、碳排放权交易—碳排放限额等混合减排手段。

不同碳减排政策的使用会对港口腹地集装箱多式联运网络设计产生不同的影响；采用同一种碳减排政策，但实施不同的约束力度也会使运输网络设计产生不同的结果。因此，港口腹地集装箱多式联运网络的设计需要对不同政策实施下的网络结果变化进行纵向对比分析，也需要对单一种政策实施下、不同的政策实施水平对网络结果的影响进行横向对比分析。这样，才能更全面地了解引入碳减排政策后港口腹地集装箱多式联运网络结果的变化情况，也能更深入地认识考虑碳排放因素对该运输网络的影响。

综上所述，在港口腹地集装箱多式联运网络中，货主除了要考虑货物运输的总成本、总时间和低碳发展要求因素外，网络的运输供给能力、腹地城市的运输需求波动以及碳排放政策与法规等因素，也都会影响货主的运输决策，这些因素也是其需要考虑的方面。

9.3 港口腹地集装箱运输网络低碳优化决策影响因素

低碳运输强调采取各种措施降低交通运输活动的 CO_2 排放量（陆化普，2009）。当港口腹地集装箱多式联运网络面临低碳发展的要求和减排任务时，网络中多式联运中转站的选择、出海港口的选择以及单一运输方式或多式联运的运输路径选择和网络货流量方案等决策都会受到影响，具体分析如下：

9.3.1 对运输方式和路径选择的影响

运输活动的 CO_2 排放主要来源于运输工具的能源消耗，在几种运输方式中，铁路运输和管道运输产生的碳排放量最低、对环境最友好，而水路、公路和航空运输的 CO_2 排放则较高。因此，在低碳发展的诉求下，铁路运输在港口腹地集装箱运输系统中会显得越来越重要。在面临环境友好的发展诉求下，港口腹地集装箱多式联运网络中货主对运输方式和路径的选择（直达运输、一次中转运输还是二次中转运输），将不再仅仅考虑单一的总运输成本最低或者总运输时间最短，此时还需要加入对环境的影响最小的考量。

比如，如果政府实施碳税或碳排放交易等政策工具，货主除了要付出完成货物运输的运输成本，还需要承担产生的额外的碳排放外部成本，这部分外部成本的增加会促使货主不得不去改变公路运输方式而选择更低碳的运输模式如多式联运方式。而且，这种影响的程度取决于产生的外部成本有多大，往往公路运输产生的外部成本较大，因为其 CO_2 排放比水路和铁路运输方式都要高。

其次，如果港口腹地集装箱多式联运网络面临 CO_2 排放的总量限制，即对网络总排放量具有约束限制时，网络中货主的运输路径选择也会由于碳限制的影响而发生改变。货主需要选择 CO_2 排放更低的运输路径，在完成货物运输任务的同时，不超过运输的排放限制，但这可能会带来运输成本的增加。因此，在这种情况下，排放和成本两目标之间会产生冲突，货主需要在两者之间进行权衡，根据实际情况选择更折中的方案。

9.3.2 对多式联运中转节点选择的影响

本章构建的港口腹地集装箱多式联运网络，在多式联运中转节点上同时包含了内河水运港口和内陆无水港，在多式联运方式上同时考虑了一次中转和二次中转模式。不同的转运节点和不同的转运模式产生了运输成本和运输排放的差异，因此，低碳运输的发展要求不仅会影响货主对于多式联运中转节点选择的影响，也会影响货主对这两种转运模式的选择。

如上一节分析的，铁路运输在低碳发展的要求下会越来越被提倡以及在减排上发挥着重要作用，内陆无水港在提供公铁转运服务功能上也将越来越需要引起关注和重视。在我国现实情况下，港口腹地运输系统中铁路的货运占比依旧不高，随着国家对环境保护越来越重视，内陆无水港基础设施建设的投入以及转运操作能力和效率的提高依旧需要得到大力支持。

9.3.3 对网络货流分配的影响

港口腹地集装箱多式联运网络中，在中转节点容量限制和运输方式能力限制下，腹地城市与沿海港口之间的集装箱货流会依次选择最合理（一般是成本最低）、次合理、第三合理等的路径方案。但在低碳运输的要求下，这些货物流量结构可能会发生改变，因为货主越来越倾向于选择更低碳环保的运输模式，而不仅是成本最低的运输方案，由此则带来港口腹地集装箱多式联运网络中具有碳减排优势的运输路径上的货流量增加。因此，低碳运输的发展要求也会带来最后运输网络货流分配结果的变化。

尽管如此，低碳措施或低碳要求对该网络货流分配的影响程度大小也取决于低碳措施手段实施的力度大小；既有可能出现低碳措施较小力度的实施就会对运输网络流量分配产生一定的影响，也有可能低碳措施实施力度到足够大才能引起运输网络流量分配结果的变化。这些都是港口腹地集装箱多式联运网络中值得深入探索的问题，也需要根据实际情况展开具体的分析。

9.4 港口腹地集装箱多式联运低碳网络优化问题分析

内陆集装箱在运输活动中不仅产生了物流成本，其在经济学上被称为“内部成本（internal cost）或者私人成本（private cost）”；同时，其在运输活动中由于使用燃料而产生 CO_2 气体排放，对生态环境产生了影响，这种影响是运输负外部性的表现之一。

本节的研究出发点是考虑 CO_2 排放因素，因此，本节将从三个不同的低碳视角对港口腹地集装箱多式联运网络优化问题进行展开分析，具体如下。

9.4.1 考虑碳税和碳交易政策影响的优化问题

征收碳税是用经济手段将 CO_2 排放外部性内部化为成本，而这项成本的大小则与运输活动碳排放量的多少有直接联系（周五七等，2012）。碳税政策的实施会增加排放主体的经营成本，其迫使运输企业去选择更低碳的运输模式，以此形成了一种约束条件。在港口腹地集装箱多式联运网络优化中，碳税约束机制的实施一方面会影响运输方式和运输路径的选择、中转节点的选择和货物抵达港的选择等，继而改变整个运输网络的决策优化；另一方面不同的碳税水平约束也可能导致运输网络呈现不同的优化结果。

碳排放交易机制通过允许买卖 CO_2 排放权而使排放主体获得额外收入或需要付出额外的交易成本，从而实现碳排放量的控制，该方式同样将运输活动的 CO_2 排放外部性内部化为了成本，其实施也会影响港口腹地集装箱多式联运网络优化决策中货主运输方式和运输路径的选择、中转节点和货物抵达港的选择（陈玲丽等，2017）。而且，在此机制中，最重要的是如何设定 CO_2 排放权配额和分析不同的碳交易价格水平对港口腹地集装箱多式联运网络优化决策的影响，寻找出合适的网络排放权配额和碳交易价格，促使港口腹地集装箱运输网络能同时实现成本节约和减排效益。

因此，通过引入碳税和碳交易两种碳减排政策工具的视角，碳排放负外部性可以以不同的经济手段内部化为成本，这部分成本也称为“外部成本（external cost）”。这一类优化问题需要根据不同的碳减排政策分别构建包含私人成本和外部成本在内的总社会成本（total social cost）最低的优化模型，并重点分析外部成本的引入对港口腹地集装箱多式联运网络优化的影响。

9.4.2 考虑碳限额约束不确定性的优化问题

碳排放限额约束是一种直接对碳排放总量进行数量限制的约束手段，即规定其不能超过一定的数额。为控制温室气体排放，《联合国气候变化框架公约》《京都议定书》和《巴黎协定》分别先后达成，它们成为国际上具有法律约束力的气候协议，人类正在为应对气候变化共同承担义务，并开展减排的实际行动。在《巴黎协定》的框架下，中国提出到 2030 年单位国内生产总值 CO_2 排放比 2005 年下降 60% ~65%、比 2015 年下降 18%，采取一系列措施有效控制碳排放总量。我国目前许多地方政府也制定了通过设定本地区最大的碳排放量来满足政府设定的碳减排总量的要求。

目前，碳排放限额约束主要运用在国家或者区域的宏观碳排放量控制研究上。比如，全球为减少 CO_2 排放，将减排任务分配给各个国家；我国为实现减排，进一步将减排目标下达到各个省市，对各个省市区域的碳排放量设置限额。根据实际情况设定适当的碳排放限额十分重要，政府设定的碳排放限额过高，这项约束手段对于环境的改善和减排可能没有明显的效果；但如果碳限额设定过低，这可能限制排放主体的正常生产运作和管理活动而不利于其发展，为实现减排而付出的代价过高（李珺等，2019）。碳排放限额的分配方面目前还没有通用的计算方法，已提出的方法主要有按国家或区域的人口分配、按国土面积分配、按 GDP 分配等，但不同行业的碳排放情况千差万别，这些方法并不适合交通运输业中的碳排放限额设置情况。

在港口腹地集装箱多式联运系统中，不同运输方式需要达到一定的减排任务；由于历史数据不全或估算方法有偏差，各运输方式碳排放限额的设定可能出现数据不完整或数据偏见性判断的问题，这使得碳排放限额（即各运输方式上允许的 CO_2 排放量）会具有模糊性特征（Tsao et al.，2018）。因此，考虑碳限额约束的优化问题虽然也是碳排放政策影响下的优化问题，但它不同于上一个侧重经济手段的碳税和碳交易政策优化问题，而是一种侧重于碳排放总量控制的优化建模视角。这一类优化问题需要对碳排放限额进行设定，尤其是各运输方式的碳限额模糊性的建模和分析。

9.4.3 考虑碳排放目标以及需求不确定性的双目标优化问题

不同于上述两类以碳政策影响为视角的网络优化问题，分析 CO_2 排放（即环境目标）和成本（即经济目标）之间的双目标优化建模则是本文研究的第三类有关低碳港口腹地集装箱多式联运网络的优化问题。这类优化问题是直接对碳排放指标进行目标考量，重点分析多目标之间的权衡关系（袁旭梅等，2020）。

在多目标优化问题中，各个子目标通常是矛盾和相互影响的，决策者需要在不同目标之间进行协调和折中处理，使各个子目标都尽可能地达到最优化。求解多目标优化问题的一个有效方式是基于非支配解概念的帕累托最优（Pareto optimality），获得的最优解的集合为 Pareto 最优解，最优解在空间上形成的曲面为 Pareto 前沿面，此方法获得的解并不是唯一的，而是一组或一系列 Pareto 最优解集。

因此，考虑成本和排放双目标建模的口腹地集装箱多式联运网络的优化问题侧重将碳排放看作独立的优化目标，而不是通过经济手段将其转化为成本；而且，经济目标和环境目标之间的权衡关系是这类优化问题的重点研究内容。

本章参考文献

[1] 陈玲丽，郭鹏，韩二东．碳税下基于模糊理论的供应链决策优化模型［J］．计算机集成制造系统，2017，23（4）：860－866.

[2] 李珺，杨斌，朱小林．混合不确定条件下绿色多式联运路径优化［J］．交通运输系统工程与信息，2019，19（4）：13－19.

[3] 陆化普．城市绿色交通的实现途径［J］．城市交通，2009，7（6）：23－27.

[4] 宋京妮，吴群琪，薛晨蕾，等．综合交通运输网络规划研究综述［J］．世界科技研究与发展，2017，39（2）：182－188.

[5] 袁旭梅，降亚迪，张旭．低碳政策下基于区间的模糊多式联运路径鲁棒优化研究［J］．工业工程与管理，2020：1－13.

[6] 张博，刘庆，潘浩然．混合碳减排制度设计研究［J］．中国人口·资源与环境，2016，26（12）：39－45.

[7] 周五七，聂鸣．碳排放与碳减排的经济学研究文献综述［J］．经济评论，2012（5）：144－151.

[8] Bouchery Y，Fransoo J. Cost carbon emissions and modal shift in intermodal network design decisions［J］. International Journal of Production Economics，2015，164：388－399.

[9] Caris A，Limbourg S，Macharis C，et al. Integration of inland waterway transport in the intermodal supply chain：A taxonomy of research challenges［J］. Journal of Transport Geography，2014，41：126－136.

[10] Saeedi H，Wiegmans B，Behdani B，et al. European intermodal freight transport network：Market structure analysis［J］. Journal of Transport Geography，2017，60：141－154.

[11] Tsao Y，Thanh V，Lu J et al. Designing sustainable supply chain networks under uncertain environments：Fuzzy multi-objective programming［J］. Journal of Cleaner Production，2018，174：1550－1565.

[12] Wang X. Stochastic resource allocation for containerized cargo transportation networks when capacities are uncertain［J］. Transportation Research Part E：Logistics and Transportation Review，2016，93：334－357.

第10章　国内外港口群环境协调发展案例分析

10.1　国外港口群环境协调发展案例

港口是连接水陆交通的枢纽，是支撑我国“一带一路”建设的重要节点，也是推动我国经济高质量快速发展的重要载体。习近平总书记多次就港口产业问题发表重要讲话，2019年1月，习近平总书记在天津考察时提出，经济要发展，国家要强大，交通特别是海运首先要强起来。要志在万里，努力打造世界一流的智慧港口、绿色港口，更好服务京津冀协同发展和共建“一带一路”。

改革开放以来，我国港口产业的发展取得了举世瞩目的成就，航线数、服务水平均占世界前位，有力地支撑了我国经济的快速发展。但与此同时，与港口有关的环境问题也逐步凸显，港口是重点能耗单位，港口作业过程中产生的SO_2、氮氧化物、颗粒物等已成为港口城市空气污染物的重要来源。“双碳”背景下，响应习近平总书记的指示要求，积极打造绿色生态港口，加强港口领域污染防治与节能减排已经成为业内的普遍共识。

10.1.1　美国港口群环境协调发展案例

针对全球能源危机与环境退化的问题，国外诸多港口也贡献了绿色港口建设的先进经验。如美国洛杉矶港—长滩港实施“圣佩罗湾洁净空气行动计划”，针对港口船舶、集卡、装卸设备等的能源转换制定了一系列经济补贴；纽约—新泽西港实施“洁净空气措施和港口空气管理计划”，推动航道疏浚、作业设备电气化、船舶发动机改造和车辆更换等。

位于美国加州南部的长滩港是美国重要的集装箱深水港，该港地处通往亚洲的枢纽位置。2005 年，长滩港开始大规模地推进绿色港口建设，提出绿色港口政策（GPP），指导长滩港可持续发展；2007 年，长滩港推行“清洁空气行动计划”，采取措施要求船只减低行驶速度，以有效降低燃料消耗和废气排放，并使用岸电设备，减少船舶靠岸期间的碳排放。自 2008 年开始，长滩港务局还和洛杉矶港务局合作，推出了著名的“清洁卡车计划”，目标是通过逐步淘汰 16 000 辆重污染的卡车，在 5 年内把卡车污染气体总排放量降低 80% 以上。2021 年 8 月 23 日，长滩港宣布世界上第一个全电动、零排放的巨型码头竣工，为更加环保的货运业务开辟了新道路。长滩港在码头设计、发展和运营各个阶段都体现了绿色发展的理念：建设废物的循环利用；积极研发新型的“绿色”技术；采用市面上可利用的环保材料和用品；通过减少废物、能源和水资源的保护计划来减少港口损耗，鼓励使用新能源如太阳能、风能、水能替代传统能源。作为绿色港口的倡导者之一，长滩港在绿色港口建设方面的众多举措不仅促进了长滩港的可持续发展，也为世界各国绿色港口建设提供了借鉴。

自 2008 年联合长滩港实施洁净空气行动计划以来，洛杉矶港在环境管理方面被公议为全球领导者，洁净空气行动计划更新于 2017 年，其提出的目标是：到 2030 年，港口温室气体排放量比 1990 年少 40%；到 2050 年，港口温室气体排放量比 1990 年减少 80%。为此，洁净空气行动计划提出清洁车辆和设备技术及燃料、货运基础设施投资与规划、供应链效率、能源资源规划等四大策略。

（1）制定污染物排放清单，打造绿色低碳港口。洛杉矶港制定科学合理的大气污染物排放清单，定期公布空气质量报告和减排评估报告，并针对船舶、卡车、火车、港口作业船舶和货物装卸设备等污染源制定单项计划，主要措施包括：鼓励船舶使用岸电，实施船减速计划和绿色船舶激励计划等，以减少船的碳排放量；实施清洁卡车计划，通过技术和费率等手段，鼓励车队使用零排放和接近零排放的卡车；与铁路运营商和技术开发商合作研发零排放和接近零排放的铁路机车技术；为港口作业船舶安装洗涤器，或要求港口作业使用清洁燃料；推动货物装卸设备电气化从而降低港口碳排放量。

（2）标准和技术双管齐下，提高全供应链效率。以标准引导港口码头节能减排。例如，实施领先能源和环境设计认证计划，鼓励码头关注环境可持续发展，实现节能减排；借助集装箱码头质量指数评价体系的 80 项绩效指标，为码头改善运营效率提供依据。此外，运用数字化信息技术手段提高全供应链效率，例如，开发港口信息门户网站，打通货主、船公司、海关等之间的数据流，提高供应链的可预测性和可靠性；整合港口卡车预约系统，将卡车进入港区的作业时间缩短至 1h。

（3）广泛开展合作，成为港口减排的领导者，广泛寻求技术合作，在港口、监管机构和行业合作伙伴之间发起技术进步计划，为有前景的减排技术研发和示范应用提供资助，资助重点包括船舶零排放、货物装卸设备零排放、卡车零排放和货运效率提高等技术，积极争取联邦和州政府的资金、政策支持，将港口减排战略纳入联邦或州法规，避免货物流失至其他环保要求较低的港口。与其他利益相关方开展国际合作，与 C40 绿色港口论坛、国际港口协会世界港口可持续发展计划、环太平洋港口清洁空气协作组织、世界港口气候行动计划等国际港口组织合作，共同应对全球气候变化危机并分享先进技术。

美国纽新港口群主要由纽约港和新泽西港组成，位于美国东部，紧邻大西洋，南北长 9.55 公里，东西宽 12.43 公里港口群自然条件优越，水深条件良好，两港分别位于哈德逊河流域的纽约湾和纽瓦克湾。纽约港和新泽西港由于地理位置靠近，经济腹地有所重叠，但两港分属纽约州和新泽西州，历史上曾因此造成利益矛盾导致两州警察发生冲突，之后，两港逐渐意识到两港对立所带来的危害以及资源整合的重要性，于是在 1921 年，两港所在的地方政府共同决定，组建对两港实施统一管理的类似于港务局的联合组织，它具有政府机构和公共机构的双重性质，负责以自由女神像为中心，半径为 25 英里范围内的 25 个交通设施的统一管理。纽约—新泽西港口群合作模式的特别之处是共同组建了跨州际的港务局，跨州际管理与规划两港。纽约—新泽西港务局的主要职责表现在这几个方面。（1）共同建设与维护两港口码头；（2）统一建造、维护两港的公共基础设施；（3）两港信息系统共享；（4）共建港口安全体系。（5）港口发展规划的制定。2017 年纽约—新泽西港务局提出了《30 年港口主要规划》，强调“社区与产业”的发展。在经济建设领域，提出了最大化经济密度；在基础设施领域，提出将基础设施建设满足未来趋势变化；在环境保护领域，提出支持环境质量和减少生产影响；在土地使用方面，提出优化土地使用和促进功能多样化；在社区融合方面，提出成为强大雇主和提高积极影响。

纽新港口群主要从三个方面开展绿色港口建设。一是建立港口环境管理体系（EMS）。引入国际标准规范作为指导标准，评估港口的各项工作对环境造成的显著性影响，便于发现潜在危害根源，及时预警和干预。二是改善港口物流系统。高效铁路疏运系统的建设，大幅降低了集卡排队进入港区所造成的空气污染；政府的环保部门对港区内集卡等运输工具的燃油进行标准控制，确保港区废气排放达标。三是有偿激励船舶减排。曾出台一项针对远洋船队使用低硫燃油的减排激励政策，要求所有挂靠纽约新泽西港码头的远洋船舶参与合作，通过执行改善空气质量战略计划，严格执行港口排污设施的监控，推进“绿色港口”进程。

10. 1. 2　日本港口群环境协调发展案例

日本东京湾港口群占有极好的地理位置。三浦、房总两个半岛合抱，形成了袋状海湾，造就了水深浪小的优良港湾环境。袋状口宽为 8 公里，袋状长为 80 公里。沿东京湾两翼延伸，首尾相连 175 公里，港口密布，工厂林立，形成了日本最大的港口工业区和城市群。在这个著名的港口群中包含着东京港、横滨港、千叶港、川崎港、横须贺港、君津港等六大港口。

日本东京湾绿色港口群是日本较早提出绿色发展理念的大型港口，其提倡通过一系列环保建设来改善港口景观。在绿地规划方面，东京港通过港务局出台的绿色规划措施，对港口公园进行大面积绿地布局，保证了土地利用的绿色与合理。同时，在港口环境建设上，东京港十分注重海岸线景区和临海景观的建设，致力于对岸滩的恢复，对港口的绿化建设。目前，东京港已经完成了绿地公园的建设，与此同时开始进行填海造陆的作业，并加强海域环境的建设，以海洋公园、自然景观、野生动物栖息地等近海景观设施的绿化建设与保护作为工作重心，走上了可持续发展的绿色道路。

日本的各个港口对于绿色港口物流方面高度重视，政府部门及公众环保监督力度大，各港口每年都要提交制定环保及应急计划。各港口针对港口物流活动方面涉及的污染问题都积极采用先进实用环保防治技术去解决，对于港口物流作业时的粉尘污染，采用干、湿两大基本除尘法等先进的粉尘治理方法进行防治。在大气污染防治方面，实现港口的电气化。在废水处理技术方面，港区建有收集闭锁的雨水、生产生活污水集水系统，各种港口废水经处理场的处理后，可循环使用（主要洒水用）或达标排放。在海洋、河流溢油应急处理技术方面，将遥感技术应用于实际。

10.1.3 新加坡港口群环境协调发展案例

新加坡港位于新加坡岛南部沿海，西临马六甲海峡的东南侧，南临新加坡海峡的北侧，是亚太地区最大的转口港，也是世界最大的集装箱港口之一。又称狮城、星洲或星岛。该港扼太平洋及印度洋之间的航运要道，战略地位十分重要。它自 13 世纪开始使是国际贸易港口，目前已发展成为国际著名的转口港。新加坡港是全国政治、经济、文化及交通的中心。

新加坡港作为全球领先的枢纽港和国际海事中心，已 5 次通过亚太绿色港口奖励计划认证。新加坡港的目标是：到 2030 年，碳排放量比 2005 年至少减少 60%；到 2050 年，实现零碳排放。为此，新加坡海事及港务管理局在 2011 年推出绿色海运计划的基础上，于 2022 年发布的《新加坡海运脱碳蓝图：迈向 2050》，从港口码头、船舶、船用燃料油和基础设施、船级社、国际组织、研发和人才培养、低碳意识等七大领域展开行动。

（1）拥抱自动化和数字化，打造绿色低碳码头。新加坡港采用更清洁的能源以及自动化和数字化技术打造未来低碳港口，除了全面推进港口设备电气化、要求港口辅助作业船舶逐步采用清洁能源、开发绿色建筑、扩展光伏发电等常见措施外，还积极采取以下措施：推行数字港口单一窗口，缩短船舶和车辆在港作业时间，以减少废气排放；采用智能车队系统，优化车辆行驶路线，避免急刹车和过度加速，从而实现生态驾驶；采用港口智能电网和智慧能源系统检测港口设备的能源使用效率，并根据不同电力需求选择最优能源组合，从而优化能源效率。

（2）集聚人才和技术项目，成为全球低碳海运研发枢纽。新加坡海事及港务管理局承诺为海运脱碳研发活动提供 8 000 万美元资金支持，在 5 年内催生约 20 个技术项目，培训逾 100 名研究人员、科学家和工程师，另设风险投资基金提供资金支持。此外，新加坡的高等院校和研究中心等通过推动尖端研发来丰富海事创新生态系统。例如，新加坡南洋理工大学下设海事能源与可持续发展卓越中心，开展全球领先的可持续海事能源转化研究；美国船级社、挪威船级社等均在新加坡设立知识中心，推动海运脱碳。不同身份的行业参与者针对电气化、可持续能源、减排措施、未来海洋燃料等多领域开展研发合作。

（3）构建绿色融资生态系统，发展绿色海事金融中心。依托新加坡 20 多家船舶融资银行和新加坡交易所，新加坡海事及港务管理局和新加坡金融管理局采取一系列措施吸引航运企业将新加坡作为绿色融资的首选地。新加坡海事及港务管理局联合新加坡交易所制定碳排放核算和报告指南，实现碳排放核算方法标准化，从而为航运企业获得绿色融资提供支持；新加坡金融管理局推出绿色和可持续发展相关贷款补助计划，用于支付航运企业因申请绿色贷款而发生的咨询费用；与技术研发企业合作，建立绿色航运数据生态系统，帮助投资者衡量航运企业的碳减排能力；与银行合作开发碳交易市场，探索在海运领域开展碳交易，通过广泛合作将新加坡打造成为亚洲乃至全球领先的绿色海事金融中心。

（4）以产业化思维探索绿色航运技术商业可行性

从全产业链角度，广泛征求新加坡港务集团等港口运营商、新加坡国立大学等高校研究机构以及当地部分财团意见，通过试点项目测试新能源在港口码头、国内港区船舶以及新加坡籍集装箱船的技术可行性、运营和商业可行性，并制定岸电、港区船舶等相关国家标准。依托新加坡高端航运为金融服务业的发展基础，规划成立新加坡海事金融枢纽港。

10.1.4 荷兰港口群环境协调发展案例

鹿特丹港位于莱茵河与马斯河河口，西依北海，东溯莱茵河、多瑙河，可通至里海，有“欧洲门户”之称。港区面积约 100 平方公里，码头总长 42 公里，吃水最深处达 22 米，可停泊 54.5 万吨的特大油轮。二战后，随着欧洲经济复兴和共同市场的建立，鹿特丹港凭借优越的地理位置得到迅速发展。1961 年，吞吐量首次超过纽约港（1.8 亿吨），成为世界第一大港，此后一直保持世界第一大港地位。鹿特丹年进港轮船 3 万多艘，驶往欧洲各国的内河船只 12 万多艘。鹿特丹港有世界最先进的 ECT 集装箱码头，年运输量达 640 万标准箱，居世界第四位。鹿特丹港就业人口 7 万余人，占全国就业人口的 1.4%，货运量占全国的 78%，总产值达 120 亿荷兰盾，约占荷兰国民生产总值的 2.5%。鹿特丹港区服务最大的特点是储、运、销一条龙。通过一些保税仓库和货物分拨中心进行储运和再加工，提高货物的附加值，然后通过公路、铁路、河道、空运、海运等多种运输路线将货物送到荷兰和欧洲的目的地。

鹿特丹港 2020 年港口前景规划的思路是基于以下六个概念：（1）一个多功能和综合港口，能为装卸、拆箱、加工和运输提供充足的地域和设施，还能进行其他业务。比如，工业、物流、海运和贸易；（2）一个能持续发展和创新的港口；（3）一个智能化的港口；（4）一个快捷、安全的港口；（5）一个有吸引力的港口；（6）一个清洁、环保的港口。与此相适应的有这五个工作重点：（1）在西部建设“玛斯平原垦地二期”（从北海填海造地），用于集装箱、化学工业和其他新的加工业，“玛斯平原垦地二期”将成为具有多式联运基础设施的高标准的能持续发展的地区；（2）把东部的港区改建成一个混合区（城市港），用于港口办公、住宅、工作。2010 年，当“玛斯平原垦地二期”竣工后远洋集装箱作业将移至“玛斯平原垦地二期”，这将使该地区改建成混合的港口和都市区成为可能；（3）尽可能有效地利用港区，建立多用途区域和创新的智能大楼，集中办公，共享设施；（4）解决地区和国家在基础设施能力和质量方面的瓶颈，特别是 A15 公路，同时尽可能有效利用现有设施，并鼓励使用驳船和铁路；（5）以创造性的环保方法，在玛斯河北岸开发有吸引力的住宅区，在南岸进一步增加工业活动，同时北岸各住宅区和活动区都有各自特定的通往南岸的交通通道。

作为欧洲第一大港，鹿特丹港于 2004 年加入欧洲生态港口认证体系，成为该体系的长期会员，并已 5 次通过该体系的港口环境审查认证。鹿特丹港的目标是：到 2030 年，实现 CO_2 排放量减少约 55%；到 2050 年，实现 CO_2 中和。为此，鹿特丹港务局制定了以效率和基础设施、新型能源系统、新型原材料和燃料系统、可持续物流链为四大支柱的可持续发展战略。同时，鹿特丹港与政府机构、商业部门、非政府组织和学术界联合制定了“三步走可持续发展”战略。在节能减排方面，鹿特丹港逐渐将燃煤发电厂改为燃气发电厂，减少了炼化领域的碳排放。

（1）集聚创新型企业，发展循环经济。鹿特丹港务局在港口工业园区引入有利于循环经济发展的创新型企业，合作开发新型循环价值链。例如，Porthos 项目计划捕获港口码头排放的 CO_2，将其储存于北海枯竭的天然气田，并铺设大量管道和电缆，利用 CO_2 的余热为港区附近的住宅建筑和商业建筑供暖；吸引回收利用类企业在鹿特丹港附近集聚，引导雀巢、壳牌等知名企业投资建设生物燃料工厂，打造欧洲规模最大的生物燃料产业集群。

（2）投资氢能建设，打造欧洲氢枢纽。在荷兰国家氢能计划的支持下，鹿特丹港务局与公私部门合作，提出氢能发展路线图，设想将鹿特丹港建设成为未来西北欧氢气进口、生产、分配和使用的国际枢纽和重要能源港，并得到政府支持。鹿特丹港划定 24 平方千米的港区土地建设欧洲最大的绿色氢气工厂，并集聚研发和制造氢燃料电池和氢燃料卡车的企业，布局运输、生产、制造、应用等全产业链，从而将鹿特丹港打造成为欧洲氢枢纽。该项目计划每年储存 250 万吨 CO_2。2020 年 7 月，鹿特丹港加入氢能理事会，正与各合作伙伴合作，实现绿色氢气的生产，并在港口综合体中引入大型氢气网络，使鹿特丹港成为制氢、进口、应用和向其他欧洲西北部国家运输氢气的国际枢纽，推动鹿特丹港能源转型，实现低碳绿色发展。

（3）保护港口生态，实现自然和谐。鹿特丹港务局将自然和生物多样性发展纳入 2030 年港口发展愿景，从而保护鹿特丹港独特的生态系统，相关内容包括：在港区开发和基础设施建设过程中，以自然为设计理念，考虑植物、动物与人类活动之间的平衡；在港区未开发地开展生态管理和监测，防范物种入侵；鼓励建造绿色屋顶，为当地物种提供庇护。

10.1.5 澳大利亚港口群环境协调发展案例

悉尼港，东临太平洋，西面 20 公里为巴拉玛特河，周边两面是悉尼最繁华的地区，主要由悉尼港区和波特尼港区组成，位于澳大利亚 NSW（新南威尔士州，New South Wales）东部。悉尼港是政府所有的州立型港口，经营者在港区的管理下所具有经营权，所有权与经营权分离政府享有所有权，经营者享有经营权并服从港方管理。悉尼港是最早的具有绿色发展理念的港口之一，从水体质量、空气质量、噪声控制、生物多样性、垃圾管理、危险货物管理、环保教育及培训 7 个方面实施“绿色港口指南”（Green Port Guidelines）。澳大利亚制定了十分全面的环境保护法律法规，严格的法律法规对悉尼港产生了积极的约束作用。在每个环境问题下，悉尼港口公司设定了减少环境影响的目标，一套评估标准，并提出了每个组织需要考虑的可行措施。每项措施还根据其潜在的环境效益、易于实施和总体投资回报进行评估。该指南使用一般定义进行这些评估。这些指南还确定了满足获得绿星认证所需要求的方法，绿星认证是澳大利亚常用建筑物的设计、建造和运营评级系统。完整的指南手册中包括一份清单，任何申请新开发项目或新活动的组织都必须提交给悉尼港口公司。该清单要求每个申请人说明每个问题项目是否已得到解决，以及他们计划如何解决它或为什么没有解决它。如水体质量方面，多种港口活动都可能造成港口水体污染。例如，船舶生产/生活废水的排放、陆地雨水/废水的排放、船/岸溢油事故等，悉尼港充分认识到这些活动对港口水体环境带来的威胁，为此采取了应对措施。针对船舶生产/生活废水，悉尼港积极采取多种措施来加强船舶管理。例如，在船舶加油过程中采用防漏技术；派专业人员对危险品（油、气和化学品等）作业进行现场监督。针对陆地雨水/废水，悉尼港安装雨水收集处理装置，雨水经处理后能够达到澳大利亚饮用水标准，然后再用于花园浇灌和卫浴冲洗，节水可达 45%。2003 年，悉尼港在其波特尼港区安装了 3 套此种装置，后来又在全港范围内推广。针对船/岸溢油等突发事故，悉尼港组建了一支装备先进的应急队伍，每年至少要举行 3 次应急演练。2007 ~2012 年，悉尼港对环保要求非常高并依法开出了数以百计的环境污染罚单，举报了 10 多起与港口污染有关的案件。提高员工的环保意识是建设绿色港口的重要方面，近些年悉尼港有近 500 人次参加环保专业培训，总学时超过 3 000 学时，覆盖面广，基本上每名员工都参加了培训。建设绿色港口不单单是港口的个体行动，需要包括政府和社区在内的多方共同参与。悉尼港积极与政府合作。例如，配合

NSW 实施相关运输法规、检验检疫法规、危险货物管理法规等。

此外，悉尼港还积极与社区合作。例如资助社区教育、资助悉尼航海博物馆建设等悉尼港在绿色港口建设方面做得非常成功，成为其他国家绿色港口学习的典范。

10.2　我国港口群环境协调发展案例

中国港口是衔接双循环、服务新发展格局的重要枢纽节点和战略资源，像一串串发光的珍珠，镶嵌在沿海沿江漫长的岸线上，发挥着地尽其用、联通世界、创启未来的范本作用。

港口群绿色低碳方面，我国港口与世界发达国家港口处在同一水平。进入 21 世纪以来，特别是党的十八大以来，港口的绿色低碳发展，在发展理念转变、政策体系完善、技术标准制定、技术创新应用、“龙头”港口企业示范引领等方面持续发力，取得积极成效。截至 2022 年 5 月，以洋山四期集装箱码头和国能黄骅煤炭码头为代表的 53 家港口企业（集装箱和专业干散货码头）获得“中国绿色港口”称号。中国港口在绿色低碳方面总体上与世界发达国家港口处在同一水平，在某些方面处于领跑地位，以实际行动为应对全球气候变化作出中国贡献。

港口群协调发展方面，则是以内部港口之间合理的布局分工和功能定位为基础的，而单个港口良好的发展状况不能保证在港口整合后依然有良好的发展情形，港口整合过程需要以整个系统的整体利益最大化为出发点；港口整合并不是为了消除港口之间的竞争，相反，港口之间的竞争与合作是同样重要的。竞争是市场经济实现资源优化配置的有效途径，是提高港口服务的动力，也是市场实现优胜劣汰、优势企业拓展市场的方式。在加强港口之间合作的同时，必须要维护港口之间公平合理的竞争机制，在竞争的基础上加强港口之间的合作。港口之间加强合作可以共享信息资源、共同处理环境、安全问题，各港口根据自己的竞争优势，扬长避短，相互协助，实现区域总体利益最大化。

10.2.1 环渤海港口群环境协调发展案例

从自然要素禀赋去考虑，环渤海三省一市建有多个大型海港，发挥着重要的航运枢纽作用。众所周知，渤海是我国内海，属于半封闭海，水动力差。据估算，整个渤海海水的循环周期，最短也需要40年。在“双碳”背景下，绿色港口建设重任在肩。

下文将以环渤海港口群中的天津港、黄骅港以及曹妃甸港为例，探究港口绿色低碳建设的新方向。

（1）天津港

2021年10月17日，历时21个月建设的天津港北疆港区C段智能化集装箱码头正式投产运营。这是全球首个“智慧零碳”码头，以全新模式为世界港口智能化升级和低碳发展提供了样本。

天津港自2019年来，逐步攻克全堆场轨道桥自动化升级改造、无人驾驶电动集卡车队规模化运行、传统集装箱码头全流程自动化升级改造技术，探索出传统港口自动化建设的中国方案。C段智能化集装箱码头是20万吨级集装箱码头，可满足当前全球最大集装箱船舶作业，设计年吞吐量250万标箱（见图10.1）。

图10.1　天津港北疆港区C段智能化集装箱码头

这座码头通过首创的“智能水平运输系统”将场桥、岸桥等码头关键设备串联起来，实现全生产要素信息实时交互，基于 AI 科技，自动得出最优装卸方案并指挥各台设备，效率比传统码头提升约 20%。

天津港积极推进绿色运输，加大绿色能源开发建设力度。顺利并网发电的北疆港区 C 段码头智慧绿色能源系统是我国港口首个“风光储荷一体化”智慧绿色能源项目。实现了绿电 100% 自主供应、全程零碳排放。两台 4.5 兆瓦风力发电机组和总装机容量 1.43 兆瓦的光伏系统并网运行，为 C 段码头打造了绿电供给体系，每年节约标煤约 7 340 吨，减少 CO_2 排放约 2 万余吨。

不仅如此，近年来，天津港主动调整运输结构，推广矿石与煤炭“满载来、满载走”的绿色运输模式，打造“公路转铁路 + 散货改集装箱”双示范港口。作为我国北方重要的煤炭下水港口，如今的天津港煤码头实现了煤炭铁路集港运输，大幅降低了运输车辆尾气排放和扬尘污染。

由电动智能水平运输机器人、无人驾驶电动集卡、电动集卡、氢燃料电池集卡组成的清洁能源水平运输车队在天津港投入生产运营。与同等运力的燃油集卡相比，单机每百公里减少燃油消耗 50 千克、减少碳排放 155 千克。车队运行一个月减少燃油消耗 279 吨、减少碳排放 865 吨，实现北疆港区 C 段码头装卸作业全流程零碳排放。“十四五”时期，天津港还将大力推进零碳港区、零碳港口建设，加大对绿色能源开发建设力度，重点推进防波堤集中式风电和港区内分布式风电、光伏发电系统建设，预计新增绿色能源装机容量近 500 兆瓦。

在协同发展方面：作为京津冀及三北地区的海上门户，天津港是距离雄安新区最近的出海口，更是“一带一路”的重要节点。天津港把发展置于京津冀协同发展大局中，全面增强辐射带动能力，助力内陆腹地经济高质量发展。目前，天津港与“一带一路”共建国家港口的集装箱航线，已由 2019 年的 30 余条增加到 50 多条，同全球 200 多个国家和地区的 800 多个港口有贸易往来。其中，与“一带一路”沿线港口贸易货物占比超过六成。在口岸单位的支持下，天津港努力优化通关流程，大力推进港口集装箱业务办理单一窗口和天津“关港集疏港智慧平台”建设。目前，天津港进口提箱时间最短仅需 1.5 小时，出口货物抵达港口即可装船出口，有效提升了作业效率，降低了进出口企业的物流成本。

（2）黄骅港

1986 年 8 月，黄骅港港口建成投入运营，主要出口的商品是烟煤、石油焦和焦炭，进口商品包括铁矿、焦煤、锌矿、锰矿、烟煤和海水淡化设备等。由于煤炭港口存在起尘机理复杂、起尘环节多且分散的特点，再加上北方冬季洒水受限等诸多行业治污难题，当时的煤尘漫天、污水横流。几十年过去了，黄骅港人填海造地、挖沙造港，更换种植土、抬高地面、控制返碱、选择抗盐碱植物……历经艰苦卓绝的奋斗，这里发生了天翻地覆的变化。这个曾经“晴天一身灰、雨天一身泥”的传统煤港摇身一变，成为花园式的智能港口。

渤海湾西岸穹顶处，河北沧州黄骅港煤炭港区海风阵阵。来自晋北的运煤专列陆续抵达港口，长长的车厢被定位车牵引至入港第一站：翻车机房。巨大的“O”形转子四翻式翻车机张开怀抱，一次“抱”住 4 节车厢翻转，20 秒便可将车厢带车轨整体翻转 160 度左右。随着煤炭倾泻而下进入地下料仓，翻车机两侧喷出细密水雾，迅速抑制翻腾欲起的煤尘。仅仅数秒，320 吨细煤便卸载完毕，而作业区外依旧清洁如初。

“车厢一翻转，煤尘飞上天。”以前，翻车机房是煤炭港口的“污染大户”。如今，新技术的应用使得本应飘扬的煤尘被微米级的细密水雾包裹，有效抑制了污染的产生。这里的机房一共有 4 台大型翻车机，平均每台每小时卸煤约 8 000 吨，一年可卸 1 亿多吨，翻车机房始终保持洁净。

作为煤炭大港，扬尘污染是困扰港口发展的根本性难题。如何化解这一难题？黄骅港有自己的办法：依托智能化，打造全流程抑尘系统。

在打牢港口基础作业工艺的基础上，黄骅港通过搭建港内大数据平台、网上业务大厅、智慧生产平台等信息化项目建设，推动港口向智能化方向迈进，有效提升了港口装卸质量和效率，为黄骅港综合大港建设注入新的活力。

黄骅港把坚持绿色港口建设作为港口转型升级的重点方向，强化港口污染防治，扎实推进港口和船舶污染防治攻坚。推行清洁生产，提高大宗散货作业清洁化水平；推行清洁低碳用能体系，港口作业机械和运输车辆推广使用清洁能源；推进已建码头岸电设施改造，新建码头工程同步设计、建设岸基供电设施，提高岸电使用效率；完善船舶污染物船港城之间收集、接收、转运、处置的衔接和协作。日前，黄骅港煤炭港区 19 个已投产泊位全部完成岸电安装，标志着港区提前完成交通运输部交通强国建设试点任务，率先在国内实现码头高压、低压岸电综合布局全覆盖。黄骅港不断加大软硬件投入，建立健全各项环保机制，积极打造“绿色港口”。港口通过堆场防风网、压舱水回收、干雾除尘、翻车机洒水改造等环保项目，实现了煤炭装卸全过程抑尘，并运用多种手段治理含煤污水，建立起覆盖全港区的生态治理体系。

在协同发展方面，河北省提出向海发展、向海图强的战略部署，为沧州市确定了“加快沿海经济强市建设”的奋斗目标。为努力在沿海经济发展方面取得更大成效，沧州市推进港产城融合发展，以港带产、以产促城、港城融合、产城共兴，推进港产城高质量融合发展，加速黄骅港转型升级，打造现代化综合大港，着力打造滨海特色样板城市。

黄骅港加快建设现代化综合服务港、国际贸易港，打通雄安新区出海便捷通道，推动港口运输功能向海陆双向辐射、多式联运集成、区域协同发展枢纽港转变。深化与上海港、宁波港对接，努力开辟更多集装箱和外贸直航航线，完善港口功能和集疏运体系，实施石衡沧港城际铁路和曲港、邯港等重大交通项目。特别是黄骅港集疏运体系项目建成后，将实现沧港铁路和朔黄铁路、邯黄铁路连接贯通，共同组成煤炭、铁矿石、铝矾土、有色矿等大宗散货到鲁北、冀中南、山西、陕北、内蒙古等地的高效低成本物流通道，实现港口货物“公转铁”“散改集”，强化海铁联运，完善港口功能，成为助推港口转型升级的有力支撑。

一旦有了突破口，科技创新的能量就会迸发出来。皮带机洗带装置、堆料机臂架洒水技术、煤粉制饼工艺、现场清扫自动化……一系列科技环保成果如雨后春笋层出不穷，最终实现港口带动区域经济绿色低碳发展，并与科技创新形成正向良性循环。

（3）曹妃甸港

曹妃甸港作为我国“北煤南运”的重点港口，承担着国家能源保供的重要任务。每天都有大量的煤炭、铁矿石、LNG 等大宗商品在这里“上岸”，使得其成为我国北方重要的能源、原材料大港。

曹妃甸港区所在地是通过吹沙填海方式造就的新型工业基地，一定程度上改变了海洋鱼类的生存环境。因此，华能曹妃甸港口有限公司全面启动了渔业生态修复、增殖放流工作，积极与地方渔政部门进行对接，选择适合曹妃甸海域水生环境的经济物种。通过严格的招投标方式，选择优质种苗供应商，采用人工繁殖的方式，在每年封海前进行近海放养，减少人为捕捞，有效保证了种苗成活率。同时，邀请相关部门加强放流监督，既要保证放流数量和苗种质量，也要防止外来生物入侵和基因污染，保证放流苗种符合环保要求，提高放流效果。

不只修复海洋生态，还要治理岸线环境。为让繁忙的码头岸线变为“绿洲”，华能曹妃甸港口有限公司平整土地、改善土质、大面积种植耐盐碱植被。通过这类措施，华能曹妃甸港不仅做到了节能减排，打造绿色智慧港口，而且实现了生产提效、服务提升。

在国投曹妃甸港，随着起动无人化、生产管理系统、智能排产系统等生产智能化关键项目全面联动运行，先进的生产技术真正发挥了包括环境保护在内的综合效能。其中，在智慧码头建设中，智能监测感知系统可对港区粉尘、风速、风向、温湿度、货物状态等数据进行监测，实时掌握环境数据，加强全天候气候监控，为港区环保和恶劣天气持续生产提供决策支持。同时，智能生态运营平台，以“一体化”管控为理念，将含水率测量与除尘系统结合，实时调整洒水除尘策略，将环保设备与生产设备运行状态相关联，根据环境、煤质、生产信息综合进行环保设备的闭环管理，可实现复杂工况下全公司环保设备的集中智能管理，提升港口环保应对能力。

不仅如此，在华能曹妃甸港口有限公司，世界煤码头卸车能力最大的翻车机配套采用了先进的干雾抑尘系统，根据煤炭特性和含水率，精准洒水抑尘，接卸万吨列车仅需 1 小时完成，且不给环境造成任何粉尘污染。同时，皮带机同步装有干雾抑尘系统，结合皮带秤流量和煤炭扬尘特性，对皮带载煤合理喷雾，实现皮带转运环节无扬尘、无污染，来煤水分不超标。堆场采用先进的多级智能抑尘系统，配合全封闭防尘网，构成粉尘多维治理体系，实现多点洒水、精准喷雾，及时、有效进行抑尘。采用国标技术建设投用的环渤海煤码头首个岸电工程项目，实现了靠港船舶零油耗、零排放、零噪声，可降低船舶靠泊期间污染物排放、改善港口环境质量，具有很大的社会效益。

10.2.2 长三角港口群环境协调发展案例

近年来，长三角港口群按照“绿色港口建设行动”有关要求，把绿色理念贯穿港口规划、设计、建设、维护、运营、管理全过程。以生态优先，绿色发展为引领推进黄金水道绿色化建设。加强促进区域联防联控，在港口设施建设、岸电、粉尘综合治理和清洁能源、新能源推广方面多策并举，优化能源消费结构、节约和循环利用资源，加强港区污染防治，推进港区生态修复和景观建设，创新绿色运输组织方式，提升绿色港口节能环保管理能力。进一步实施船舶排放控制区管控措施，加快岸电设施推广和应用，推广 LNG 动力内河船舶应用，提高港区非道路移动机械清洁能源使用率，全面落实港口、船舶污染物的规范接收处置。积极应对国际海运和港口环保领域新要求。

长三角港口群协同发展是应对环境新态势的必要措施。在国家层面，长三角一体化发展上升为国家战略，为长三角港口群发展带来了新的发展机遇，也提出了新的更高要求。具体表现：一是长三角港口群协同发展要立足于国家战略高度；在区域层面，随着区域发展一体化的深入发展，港口集群式发展已成为主要发展态势。具体表现：一是港口群协调发展成为许多国家航运发展的重要趋势；二是港口群与城市群相互依托，相互促进带动；三是长三角港口群协调发展成为建设长三角世界级城市群的关键。在港口层面，随着信息技术革命的推进和网络信息化的发展，港口本身发展呈现新的发展态势。具体体现：一是世界航运船舶大型化，对港口水深条件要求不断提高；二是航运呈现标准化、智能化发展态势；三是便利化、低碳化成为全球航运发展新潮流。

以上海港为例，为缓解环境保护与港口发展之间的矛盾，实现港口可持续发展，2005 年初，上港集团在我国率先开展绿色港口建设规划方面的研究，将绿色低碳意识和理念纳入港口发展的总体战略中。2013 年，正式启动创建绿色港口的工作，通过在港口实施一系列的节能减排举措，上海港在绿色港口创建方面，取得了良好的发展。近年来，上海港在创建绿色港口的发展过程中，实施的举措包括：环境管理体制、绿色港口发展规划、节能减排技术的应用和自动化码头建设等几个方面。

在节能减排技术方面，洋山四期自动化码头在建设上应用了远程操控桥吊、全自动轨道吊、全电驱动 AGV、智能调度系统、第二代港口船舶岸基供电、节能新光源和太阳能辅助供热等先进技术。先进技术的应用使洋山四期码头在节能减排、环境保护等方面相对于传统集装箱码头具有更突出的优势，也为建成零排放的绿色码头奠定坚实基础。

此外，上海港持续进行更新柴油动力集卡，淘汰黄标车，进行 LED 照明节能改造，研发混合动力拖轮，对气电混合 RTG、油电混合 RTG 进行技术改造等一系列节能减排举措，使得港口老旧装备不断更新和改造，绿色装备和绿色技术在港口得到推广应用。2020 年，上海港绿色动力 RTG 比率达到 87%，主要生产装备使用清洁能源的比例达到行业领先水平。

而在管理方面，上港集团作为上海港公共码头运营商，通过建章立制与科学管理，推进能源管理体系发展，将环境管理纳入日常经营管理流程中。在能源管理方面，上港集团将能源消耗纳入年度预算目标中，并设有严格的能源管理考核机制，成立预算领导小组和工作小组，定期评价预算执行情况，确保预算目标的实现；近几年，不断加强油品的集中管控和用油管理信息化，实现对主要装卸设备的实时管控，能够有效保障港口油品的质量和控制能源的使用；同时对港口工作人员进行专业培训使得能源管理队伍的专业化水平进一步提高。这些举措推动了上海港经营生产与资源环境的协调发展，对建设绿色港口具有重大影响。

10.2.3 珠三角港口群环境协调发展案例

珠三角港口群是广东地区综合交通运输网络体系的重要枢纽。港口群已经基本形成以深圳、广州港为干线港，由汕头、珠海、惠州、东莞、中山、阳江、茂名等为支线港，珠江水系上众多小型码头为喂给港的港口网络体系。港口群凭借毗邻港澳的地缘优势和世界级制造业基地的雄厚基础，通过航运发达的珠江水系，联合铁、空等其他交通网络为广东及国家经济发展做出了巨大贡献。

深圳、广州等港口成为建设绿色港口的领军者。以科学发展观为指导，深圳港为适应港口转型升级和国际国内环保形势要求，大力推进港口节能减排，以集装箱吞吐量作为考核港口经营的经济指标，以港口码头栖息的水鸟种类和数目作为其环保考核的生态指标，实现港城协调发展，成效显著。广州港集团也对其下南沙、新沙、黄埔和内港港区进行了生态保护示范区、清洁示范区等环保功能定位，并不断探索节能减排的新途径，尤其是对新建的南沙港投入巨资进行“油改电”、码头绿色照明、集装箱应用 LNG 加气站等各项设施与技术升级改造。

下文将主要以广州港为案例，介绍其在建设与发展绿色港口方面的措施。

由于港口建设的大规模发展带来了环境的负面效应。对此，广州港积极贯彻上级部门各项精神和要求，出台《广州港绿色港口建设指导意见》《2018 年绿色港口实施方案》《广州港口船舶排放控制作战方案（2018 ~ 2020 年）》等各项绿色港口相关规章制度，2019 年，出台《广州市港务局关于印发广州港口船舶排放控制补贴资金实施方案的通知》，对港口企业及船舶使用清洁能源的航运企业给予一定的经济补贴，引导各相关企业主动参与到绿色港口建设之中，极大地促进广州绿色港口建设进程，拟对全省港口推行绿色低碳方案，对珠三角生态港口群的建设提供政策上的保障。

具体措施方面，广州港全力推进散货码头挡风抑尘墙建设、皮带机密闭系统改造、实施干雾喷淋、使用抑尘剂、安装粉尘浓度在线监测仪等，控尘抑尘水平不断提升；全力推进岸电建设，现有港作船舶专用码头及驳船装卸作业码头已全部配套了岸电设施，186 个泊位已具备提供岸电能力；积极推广 LNG、电力等清洁能源，集装箱码头 RTG “油改电” 覆盖率达 100%，建设光伏发电项目，购置一批 LNG 集装箱牵引车、电动叉车、电动通勤车辆等，不断扩大应用节能灯具比例；不断提高环保科技水平，自主研发滚装船装卸汽车理货信息系统、综合物流智能管理平台等科技项目，新建集装箱自动化码头，所辖的港航环保公司检测试验室获得广东省质量技术监督局颁发的 CMA 资质证书，提高了广州港环境监测技术能力。

不断提升防范环境风险能力，依托港航环保公司，建立了 3 个防治船舶污染海洋环境联防体，建设多个快速移动仓库，共享防污物资和器材，提高了广州港整体的应急反应速度与效率；不断优化集疏运条件，大力发展推动水水中转业务。2019 年，广州港“穿梭巴士”内外贸航线达到 67 条，完成集装箱运输 182.3 万 TEU，开通水水驳船直线 160 多条，覆盖珠三角、广西、海南等地区，珠江水系驳船集装箱运输网络不断完善；不断优化产业布局，太古仓码头改造“退二进三”原貌开发成为广州“城市客厅”，黄沙码头现已发展成为全国最大规模的水产品批发市场，大沙头码头已成为广州市珠江游客集散中心和最大的珠江游船“母港”，内港港区、黄埔洪圣沙码头已退出装卸作业，老新港公司已退出煤炭散货作业，码头作业布局不断优化升级。

10.2.4 东南沿海港口群环境协调发展案例

东南沿海港口群主要服务于福建省和江西等内陆省份部分地区的经济发展，对满足对台“三通”的需要。结合 2021 年 1 月福建省交通运输厅印发的《福建省沿海港口布局规划》，东南沿海港口群包括福州港、厦门港、泉州港、湄洲湾港四个港口，共 25 个港区。

以厦门港为例，从 2010 年起，厦门港务集团共投入 6 亿多元，用于绿色港口项目建设，包括了环境保护基础设施建设与改造、节能减排项目建设、绿色技术装备应用、智能物流信息系统建设、生产工艺系统优化升级等，实现了节能、降耗、环保、减污、增效的绿色良性循环。

（1）加强环境保护，建设绿色生态港区

建设船舶防溢油设施，加强对船舶防溢油设备设施的配备工作。购置固体浮子式、PVC 围油栏等船舶防油污设备，增强船舶溢油防治能力；新建码头在设计施工时均要求建立防溢油相关设施、防溢油监测系统。加大港区粉尘污染防控力度。对于散杂货码头投资设立空气质量检测站，实时跟踪港区空气品质的变化；通过使用喷淋设施、建设防尘网、港区绿化隔离带、库内堆存、加盖篷布等措施，减少码头粉尘污染，有效降低总悬浮颗粒物、烟尘等指标。做好污水处理和中水回用工作，厦门港务集团各码头均建设了不同处理能力的污水处理设施。化工品码头配置化学品洗舱水处理设施。该设施采用气浮—厌氧—好氧—活性炭过滤组合工艺，污水处理能力可满足停靠船舶的使用需求。

（2）落实绿色港口建设措施

厦门港从 2015 年就开始启动岸基供电设施项目建设工作，引导具备接入条件的船舶使用岸电，并按照《厦门市靠港船舶使用岸电管理暂行办法》对船公司予以补贴。此外，码头企业还对使用岸电的船公司在装卸费率上予以适度优惠。

在节能技术改造方面，厦门港务集团组织成员企业进行节能技术改造，包括大型设备能量回馈技术改造，提高了能源效率，对传统的龙门吊在“油改电”的基础上使用储能锂电池替换小功率发电机组，利用电力进行转场，在其他的内燃机械上推广使用电动空调等。港区高杆灯照明采用 LED 光源，远程智能控制，实现了高杆灯的自动控制、自动检测和自动报警，使港口高杆灯由“固定时间开关灯”的静态开关方式转变成“能够根据生产作业情况和天气变化自动开关灯”动态管理模式。

在推动清洁能源使用上，为提高清洁能源占比，优化能源消费结构，厦门港务集团积极推进太阳能光伏发电系统应用项目，现已建成投入使用两座小型太阳能发电系统，年发电量超 50 万 kWh。厦门港务集团制定了电动汽车充电基础设施总体规划，并按近期和中远期两个阶段分步实施。目前港区已建成充电桩 15 座，计划初期建成 200 座车辆充电桩。

通过这些措施，厦门港务集团在实施绿色港口建设过程中，依靠信息技术手段，结合智慧港口建设，通过提升社会物流效率，实现绿色港口生态圈，同时积极参与国家电力改革试点，把改革的红利回馈到绿色港口建设中来。

本章参考文献

[1] 何浩波，朱诗亮，常津．数智化绿色港口体系建设［J］．中国港口，2022（11）：54－56.

[2] 林宇，刘长兵，张翰林，等．国内外绿色港口评价体系比较与借鉴［J］．水道港口，2020，41（5）：613－618. DOI：10.3969/j.issn.1005－8443，2020.05.017.

[3] 唐骁．国外绿色港口经验借鉴［J］．时代金融，2015（27）：153，155.

[4] 王铠，李英发．绿色港口建设发展研究综述［J］．中国航务周

刊，2023（10）：45－47.

［5］张国金．美国纽新港建设管理经验对武汉新港的启示［J］．长江论坛，2018（1）：22－26.

［6］张娜．国外绿色港口发展战略及对上海港的启示［J］．集装箱化，2023，34（5）：1－5. DOI：10.13340/j.cont，2023.05.001.

第11章　政策建议

11.1　推动资源合理配置，促进陆海统筹协调发展

推动以港口为关键枢纽的全供应链绿色低碳协同发展。统筹布局内陆港和组合港，大力发展集装箱铁水联运，继续深入推进集装箱水水中转。推进大宗散货“公转铁”“公转水”，提高铁路、水路等绿色运输方式的比例。谋划布局国际绿色低碳燃料加注中心，提升我国沿海港口 LNG、甲醇、氢能等低碳零碳排放燃料的加注服务保障能力，充分发挥港口作为综合交通运输枢纽关键节点的作用，协同推进航运业及道路运输业脱碳行动。鼓励港口企业与航运公司协同推进运输船舶低零排放燃料应用，携手打造国内“绿色航运走廊”。推动区域港口群绿色低碳协同发展。环渤海湾、长三角、粤港澳大湾区三大世界级港口群，进一步优化港口设施功能布局和集疏运通道规划，节约集约利用岸线资源，推进港口船舶污染联防联控，系统谋划新能源清洁能源供给体系，加快区域内部绿色低碳协同发展，为全国港口绿色低碳发展发挥示范引领作用。加强部省联动，强化数字赋能，合力推进绿色低碳协同发展。加强结构优化，实现能效提升。全面梳理整合港口资源，推动货主码头向公共码头转型、传统码头向智慧码头转型、通用码头向专业化码头转型，进一步提升岸线利用效率。按照“宜水则水”“宜路则路”“宜铁则铁”的原则，加快运输结构调整，优化港口集疏运体系，充分发挥水路、铁路等绿色运输方式的优势，稳步提高大宗干散货铁路、水路集疏运比例，减少公路运输产生的碳排放和对城市

环境的影响。

11.2 加强港区排放监控，完善港口排放清单编制

（1）针对港口企业开展碳足迹核算

碳足迹是指企业机构、活动、产品或个人在其生产或生活过程的全生命周期中直接或间接产生的碳排放总量。港口碳足迹驱动因素是实现碳减排最基本的工作之一，对明确和完善降低港口碳排放的方向和具体策略具有非常重要的作用。当前，我国港口行业尚未核算全行业碳排放，港口企业也并未进行港口碳足迹的测算。港口企业应开展碳足迹测算，了解影响港口碳排放的主要因素，如能源结构、技术水平等，并针对性地采取有效的减排行动，促进港口低碳绿色发展。

（2）明确港口行业碳中和目标及路径

当前，国际上部分港口企业已实现碳中和，同时，设定碳中和目标正在成为国际港口业可持续发展的趋势，而我国港口企业在这方面的认识和行动都明显不足。目前，我国石油、化工、煤炭、钢铁、电力、汽车等行业都宣布了各自的碳达峰和碳中和计划和路线图，在“3060”碳达峰碳中和目标背景下，港口行业作为高碳排放行业，应积极响应国家政策号召，设置港口行业阶段性碳减排目标，制定碳中和目标及实现路径，以应对气候变化，实现可持续低碳发展。

（3）构建和完善港口企业进行港口环境管理体系

我国大部分港口企业都制定了环境管理体系，但都存在不同程度的问题。港口企业应根据自身规模、吞吐量、业务范围等因素，完善其环境管理体系，将环境管理纳入日常经营管理流程中，健全环境管理组织架构，规范环境管理操作流程；严格能源管理，加强能源集中管控和能源使用管理信息化；对主要装卸设备进行实施管控，控制港口能源使用；并加强对港口工作人员的专业培训，提高环境管理队伍的专业化水平。

11.3 完善绿色港口发展政策，健全节能减排机制

加强顶层设计，实现规划引领。立足“双碳”战略和交通强国建设需求，由交通运输主管部门牵头制定港口行业“双碳”工作行动计划或实施意见，制定与国家“双碳”战略目标时间节点、具体任务举措相匹配、可支撑的港口低碳或“零碳”发展实施路径，明确时间表、路线图，科学制定港口低碳发展、装备发展、设施发展、技术发展、低碳标准、港产城融合等相关规划，提升节能降碳规范化、科学化、数字化水平，为“近零碳港口”建设提供引领和指导。

加强统筹协调，实现多方共治。加强政策支持，保障项目资金和合理用海、用地需求，强化部门沟通协调，形成推进“近零碳港口”建设部门协同会商机制。创新港口绿色发展投融资机制，引入社会资本参与港口低碳建设，形成政府主导、企业主体、社会参与的齐抓共建合力。稳步推进港口碳排放监测统计核算标准、碳排放限制标准以及相关装备设施技术标准的制修订，完善港口低碳发展考核评估体系。

11.4 推动产业结构升级，大力发展低碳清洁产业

推动以清洁低碳能源体系为核心的港口减污降碳协同发展。以终端用能电力化、电力来源绿色化为重点，推动减污降碳协同增效。推进多能互补的港口分布式可再生能源微电网推广应用，力求港口与新能源融合发展，有条件的港口实现清洁能源自洽。协同发展改革、生态环境、能源等部门形成联动机制，为港口风电、光伏、氢能、储能等新能源清洁能源基础设施的建设提供政策保障。“政产学研金服用”协同创新，开展低碳、零碳、负碳关键技术科研攻关。积极开展低碳、近零碳港口创建行动。绿色低碳化过程中，高度关注与港口安全生产之间的关系。推动港口绿色低

碳技术和标准国内外协同发展。强化国家层面技术标准建设，通过 IMO（国际海事组织）、ISO（国际标准化组织）、APEC（亚太经合组织）等国际组织，推动中国标准国际化，为全球港口绿色低碳发展的技术和标准贡献中国智慧和中国方案。依托亚太港口服务组织（APSN）的亚太绿色港口奖励计划（GPAS）机制、国际科技合作基地、国际港航科技联盟等国际合作与交流平台，加强绿色低碳港口建设中国经验和方案的交流共享。

11.5 提升港口信息化水平，赋能绿色高质量发展

目前，我国港口向智慧港口转型正处于起步阶段，各港口建设程度和发展节奏不同，但面临的共同问题仍是信息化建设不足的瓶颈。通过对一些国外先进港口信息化现状的分析，总结出以下一些可用经验。

（1）统一标准是信息共享的基础

基础性数据库的建设要统一规划，使各港口、各部门以及国家级的信息中心之间的数据库信息共享可以畅通，避免各行其是、彼此脱节、重复录入数据等现象，达到低投入、高效用的效果。统一标准是互联互通、信息共享、业务协同的基础，这种功能性的发挥既体现在单项技术的标准化，同时也体现在一整套完整的信息标准体系。由此看来，统一的港口信息标准体系，是保证港口不同部门和主体之间的数据精准的基础。对各部门、各主体已建的数据库进行标准化，对新建的数据库设定统一的标准联结，整合成统一标准的信息库。例如，天津港一站式对外服务平台津港通，将海关、国检等监管单位与码头各企业的数据基于统一的标准进行互通，为使用信息平台的用户增加了新的便捷式流程，并且利用更加安全、简单的方式，去执行电子化的业务功能。

（2）建立健全信息资源共享规章制度

信息共享相关立法是各主体信息共享成功的前提。信息资源应该是国家、公民同时享有的，并不应该存在独立垄断的情况。在保证国家利益、公民利益的前提下，相关的信息资源应当在各主体间充分共享。各部门、

各主体独家占有的信息资源应该通过规范的规章制度，促使其必须提供出来流通共享，如此才能促成整个社会信息资源的传播。应尽快制定下发关于港口信息共享的管理制度，用法律法规、政策规定等形式加以确定。要站在顶层设计的视角下，站在全国互联和全网互通高度，开展有效的建章立制工作，建立一套周密完善的共享法规体系，保障信息资源拥有者的权利和义务，协调各自的利益关系，同时带来保密性更好的平台空间。各级政府对港口信息化建设和制定地方政策时，要充分考虑不同层级、不同部门、不同主体的信息化特点，利用政策的调节、指导和干预的作用，规范政府信息资源共享的活动和行为。

（3）完善行业规范

跨部门、跨主体信息资源共享，并非一个部门可以独立完成的，可以说这是需要长期建设的一项社会工程。按照当前的建设模式来看，任何港口领域的信息整合，都需要首先确立一整套完整的行业规范，为信息共享提供基础框架。宁波港研发的EDI数据交换平台在统一了口岸单位和码头企业的港口运作规范体系后，为不同部门、不同的客户带来更加便捷的服务。当港口货物运输客户将规范的信息资料上传至该系统后，与之相关的码头、船公司、船代、海关、边检、海事、国检等相关主体都将可以获取完整的信息。同时，各主体将各自处理的货物信息也输入该系统通过电子数据交换服务，规范的信息将全部在系统中流通展现。由于统一了行业规范，宁波港的区域输送能力得到了明显的提升，除实现了一站式申报外，还增加了海铁联运中转、国际中转等几十项增值服务功能。

（4）信息化为绿色发展提供全链条支撑

信息化赋能绿色化的本质是充分利用各领域数据，通过海量数据的综合应用优化机器和生产过程效率，提高能效，降低排放。信息化为提高绿色发展中的设备连通性、生产高效性、施策精准性提供全链条支撑。

一是数字技术提高物理世界连通性，建立绿色化发展信息采集反馈的闭环通道。物联网技术利用二维码、RFID、各类传感器，获取物理世界中无处不在的信息，并通过5G、互联网等各类异构网络，实现机器与机器之间、机器与人之间高效的信息交互，为生产过程绿色智能优化闭环建立数据双向流动的通道，实现实时的、精细化的设备管理、生产控制，有效降低能耗和碳排放。

二是信息化行业解决方案提升能源使用效率，以数据价值挖掘赋能绿色化。信息化解决方案通过打通技术、数据、行业知识的链条，以终端数字技术实时采集得到的监测数据，基于应用场景的虚拟化模型，优化能源使用和生产运行方案，促进生产过程高效化、低碳化。从细分行业看，信息化解决方案是工业、交通、建筑等主要排放部门实现绿色发展的重要抓手。在工业领域，工业互联网作为垂直领域信息化的整体解决方案，不仅助力单一企业实现研发设计、生产制造、物流运输、回收利用等各环节的信息化追踪监测分析，实现按需供给、高效生产，减少碳排放，实现企业节能增效。同时，基于企业间的数据打通实现产能共享、要素共享，提高产业链上下游资源利用效率，降低行业碳排放。在建筑领域，分布于建筑楼宇内外墙、空调系统、电梯系统的5G、传感器等模块，优化建筑设备运行，降低空转率，减少能耗与排放。在交通领域，城际高速铁路、城际轨道交通、充电桩网络结合人工智能、大数据、云计算等技术应用，可极大提高交通流运转效率，减少资源消耗，提高系统安全性和可持续性。据中金公司测算，数字技术可大幅降低物流空载率，减少全年无效行驶里程 1 472 亿公里，减少 CO_2 排放量695.08 亿千克。

三是信息化提高碳排放监测管理精准性，是绿色发展政策落地和企业碳资产管理优化的有力支撑。目前，我国正在启动全国碳交易市场，数字技术将极大提高碳交易过程中碳核算的实时性和精确性。以碳排放核算的在线监测系统为例，物联网、云计算、大数据等数字技术将有力支撑该监测系统运行的数据采集、记录、传输、处理，进而通过数据模型分析，帮助企业更好规划碳配额。另外，在绿色金融服务行业，物联网、区块链、大数据等数字技术帮助金融机构形成企业碳排放实时监测网络，识别真正的“绿色”企业，提高金融支持准确性。对于政府而言，通过能源与碳信息监测管理，可助力不同层级政府及时掌握“碳达峰”“碳中和”目标的完成进度及趋势预测等信息，为政府部门减排政策科学决策提供依据。数字技术还可在生态系统健康管理、固碳潜力评估、固碳选址优化以及提升碳捕集封存效率等方面提供支撑，提升碳汇潜力。

11.6　释放港口整合效能，实现港口集约节约发展

推进港口资源整合是促进港口提质增效升级、化解过剩产能、优化资源配置、完善功能布局的重要举措，对于推动交通强国建设、建设国际一流港口、服务经济社会发展具有重要意义。资源整合与区域港口一体化工作是“十三五”时期港口转型发展的重要内容。2017 年，我国港口资源掀起新热潮，跨行政区域港口资源整合成为我国港口行业发展的新方向。尽管我国港口资源整合已经有丰富实践经验并取得初步成效，但新形势下仍然存在一些问题亟待解决。

（1）做好省级层面的港口整合规划

由各省政府主导，抓紧编制省级层面的港口规划，为港口资源整合提供上位指导，充分发挥规划的引导和控制作用，以此为依据落实港口自然资源增量调整和增量控制问题，实现港口自然资源的优化配置，制定区域港口一体化发展方案，实现港口资源的统筹。

设置省级港口主管部门。将市级港口管理职责上收至省级政府层面，成立省级港口主管部门，重点解决好港口资源整合过程中市级政府利益不一致的核心问题。省级港口主管部门由省委、省政府授权，履行省级经济管理权限，主管港口发展相关工作，如统筹海岸线综合管理、协调港口关系、推进港口一体化发展工作，在省级港口集团成立后，主管省级港口集团工作，根据“统一管理、分级审核”的原则开展工作。

成立省级港口集团。港口资源整合应该是市场化过程，不能过度依赖于政府调控，否则会导致港口企业参与积极度不高，造成资源效率配置低下。因此，成熟的港口资源整合应该以市场运作规律为导向，以资本为纽带，以政府宏观调控为手段，充分发挥港口企业的主动性和积极性，在区域内已有港口企业的基础上成立省级港口集团，作为港口资源整合平台，科学合理地完成对区域内港口资源的整合。

（2）加强港口资源整合的配套机制体制建设

我国港口发展已经由垄断经营进入市场化发展阶段，在港口飞速发展

同时也积累了一些问题，对港口资源整合造成了影响。为保证港口资源整合的顺利进行，有必要加强港口资源整合配套机制体制建设。

完善法律法规，规范港口资源整合。目前，我国港口管理方面的最高法是《港口法》，而港口法中只对“一城一港”做出要求，并未对省级层面的港口资源整合做出明确规定。国家层面，建议完善港口管理的法律法规，为港口资源整合提供法理依据；省级政府层面，建议出台港口资源整合的指导性意见，为港口资源整合提供支撑。同时，要完善和优化港口管理体制、建立严格的港口规划审批机制和长效问责机制，为港口资源整合做好制度保障和组织保障。

发挥政府监管职能，创造健康有序的市场环境。我国大部分港口的泊位都由公用码头和业主码头组成，很多港口都存在大量的小、散、弱的业主码头和一些不具备营业资质的黑码头，这些码头采取低价竞争策略抢占货源，扰乱市场秩序，公共码头往往无法与其竞争。为优化市场环境，政府部门要充分发挥政府监管职责，清理非法经营者，建立健康有序的市场环境，保障港口资源整合有序进行。

加强岸线管理，统筹岸线资源利用。建议省级港口主管部门制定和督促落实港口岸线综合管理工作的政策措施和管理制度。一方面，完善码头岸线使用审批制度，严格控制新岸线的投入，处理好岸线存量和增量之间的关系，实现岸线资源的优化配置；另一方面，设计合理的岸线有偿使用制度，以奖优罚劣原则增加岸线使用成本，倒逼低效岸线占用企业退出，降低港口资源整合难度。

完善统计调查制度，提高信息化水平。港口企业完善统计调查制度，对每一货种吞吐量数据都做出详细统计，争取将最真实的吞吐量数据上报至主管部门，从而为港口资源整合时的业务优化调整提供依据。与此同时，加强信息化建设，将港口统计数据联网，做到数据的共享，提高参与资源整合各港口的决策水平。

（3）充分借鉴成功经验逐步释放整合效能

目前，国内外均形成了丰富港口资源整合经验，也有成熟的港口资源整合模式可供我国正处于港口资源整合的省份参考。在国外，纽约—新泽西港为组合港的发展提供了宝贵的经验，日本东京湾内港口资源整合以及德国和汉堡港港口资源整合，为区域内港口资源整合提供了参考；在国内，交通部发布《浙江强力推进区域港口一体化改革经验》，明确提出我国港口资源整合要学习浙江一体化经验，真正实现港口资源的深度整合。

港口资源整合是一项耗时长的系统工程，加上涉及利益主体多、协调难度大，很难一步完成，因此建议采取循序渐进的方式逐步实施港口资源整合。当前我国港口市场化程度还不高，应当充分发挥省级港口主管部门的主导作用，严格按照全国港口布局规划，制定本省港口发展规划，对区域内港口合理定位和分工，推动省级港口企业的形成，负责港口资源整合相关事务；当港口市场化程度逐步成熟后，应当淡化省级港口主管部门的主导作用，发挥市场的资源配置作用，鼓励更多国有企业或民营资本（港口企业或码头运营商）参与区域港口资源整合。发展时序上，首先实现“一港一城”逐步过渡到“一省一城”最终达到跨区域港口资源整合，充分释放港口群势能。

11.7 推动港口能源转化，构建低碳港口用能体系

2021年3月，习近平总书记在中央财经委员会第九次会议上提出，实现碳达峰、碳中和是一场广泛而深刻的经济社会系统性变革，要把碳达峰、碳中和纳入生态文明建设整体布局，拿出抓铁有痕的劲头，如期实现2030年前碳达峰、2060年前碳中和的目标。挪威船级社（Det Norske Verutas - Germanischer Lloyd，DNV - GL）于2020年7月发布的报告《港口：通往欧洲的绿色门户——港口成为脱碳中心的十次转型》指出，到2050年，港口的总用电量将增长10倍以上，其中至少70%来自可再生能源，而现在这个比例仅为5%。因此，港口行业实现碳达峰、碳中和不仅是国家能源战略布局调整的需要，也是行业转型发展的需要。

从碳达峰到碳中和，发达国家有60～70年的过渡期，而我国只有30年左右的时间。这意味着，中国温室气体减排的难度和力度都要比发达国家大得多。要实现这一目标需要各行各业拿出适合自己的措施，加快研究、及早实施，为使目标落地作出积极努力。

（1）认真调研，分析研判

各港口应该全面地开展碳排放数据调查、收集和分析，提出科学的达峰路径建议方案，并系统建立碳达峰、碳中和数据体系，以满足国家、行业、地区对碳排放数据监测、报告与核查的具体要求。基础调研包括国家（地区）要求、行业要求和企业自身的碳减排基础。通过对基础调研信息的分析，确定碳达峰的边界范围，并选择适合企业的核算方法，对温室气体排放进行量化，并对未来排放趋势进行预测。

（2）分类施策，重点突破

针对港口经营、港口物流、港口建设、港口服务、港口地产、资源开发和资本运作等多个领域，综合考虑各港口面临的形势，加强前沿性技术研发，围绕重点方向开展长期攻关。在实施过程中以绿色港口建设为重点，不断加强现有绿色低碳技术推广应用，支撑产业绿色化转型快速推进。

（3）确定范围和边界

"双碳"目标和路径要以近年历史数据进行分析和判断，并对未来碳排放进行预测，以短、中、长期3个阶段进行排放趋势分析。基于模型预测，开展预评估，计算基准情景的排放总量，分析与达峰目标的差距，考虑提出在低碳情景和技术突破情景下采取的达峰路径和措施；分析每类技术的成熟度、减排贡献度、经济可接受性、法规完备性等因素，优选各阶段减排技术；分析达峰路径和措施，筛选适用于不同阶段的技术手段，编制达峰路线图。

（4）采用的参考标准及指南

在开展各港口及分、子公司码头温室气体排放核算时，可参考ISO 14064-1及国家应对气候变化主管部门公布的企业温室气体核算指南/标准的相关要求核算企业温室气体排放量。各沿海和内河港口企业均可参考国家发改委发布的《陆上交通运输企业温室气体排放核算方法与指南》核算企业温室气体排放量，并编制企业温室气体排放报告。港口企业的直接碳排放源主要来源于化石燃料，如汽油、柴油、天然气和煤炭等燃烧排放；主要能耗设备为装卸设备、吊运工具、运输工具及设施等，温室气体种类主要为二氧化碳（CO_2）；间接碳排放源主要包括外购电力和热力的使用。

（5）广泛采用光伏发电、风电、太阳能

首先，应考虑提高清洁能源和可再生能源在港口的使用比例。要优化港口能源利用，降低以化石燃料为主的柴油、汽油的消耗和来自化石燃料的电力，结合港口的资源禀赋，优先在港口利用分布式光伏、分散式风电。支持港口企业开展既有设施节能改造，大力推广应用节能新产品、新技术。

（6）对流动机械、拖轮进行电气化改造

流动机械、拖轮电气化是未来发展的必然趋势。结合目前作业区域以及未来港区的整体规划，可以设计以换电型式作业为主，整车动力系统及电池系统可结合不同车型与设备的需求，实现换电系统的通用化，减少换电站的建设成本和管理成本。

（7）氢能源的应用

氢能源的清洁度高，能源利用效率高，具有适合在重载、长距离、长时间运行的设备上使用的特点，既可广泛应用于传统领域，又可应用于新兴的氢能车辆以及氢能发电。预计到2050年，氢能在中国能源体系中的占比约为10%，氢能需求量接近6 000万t。在今后的发展中，应该坚持战略引领，实现氢能及燃料电池产业有序发展。

（8）港口船舶岸电系统

“接岸电”是指船舶靠港或者锚泊期间，停止使用船舶柴油发电机，改用陆地电源向船载电力系统供电，从而达到“零油耗、零排放、零噪声”，有效减少船舶污染物排放。船舶靠港使用岸电是减少船舶靠港期间大气污染物和二氧化碳（CO_2）排放的有效措施，也是促进水运行业减污降碳、绿色转型发展的重要抓手。各港口集团应进一步加大岸电建设力度，提升岸电技术水平，提高接电效率，并且加强与船公司沟通，引导船公司主动接驳岸电，提高岸电使用率，为绿色低碳港口建设作出更大贡献。

11.8 加强绿色港口理念宣传，构建良好发展环境

充分发挥港口企业的主观能动性，加强对港口作业人员绿色理念的宣

传与培训，鼓励港口企业与政府、科研院所合作，培养具有创新能力的绿色港口建设管理专业人才，制定阶段化的绿色转型方案。

提高港口服务人员的环保意识是建设绿色港口的重要方面。随着“绿色港口”的推进和环保法规的逐步完善，需要逐步提高港口服务人员的环保意识，使其自觉地参与到绿色港口的建设过程中。首先，采用多种形式的宣传教育方法，如：利用港口新闻媒体和港口信息简报、宣传板报等传媒形式，定期或不定期邀请专家举办节能知识讲座以及安排职工参加节能减排知识培训等教育方式，开展节能有奖竞赛、有奖征文等教育活动，加强对港口服务人员的环保宣传教育，使他们真正意识到环保的重要性。其次，在宣传教育的同时，还需要建立港口区域环境污染举报、投诉和奖惩机制，对危害绿色港口建设的行为要坚决予以惩处。

可借鉴纽约—新泽西港的发展经验，定期对港口减排效果以及资金投入情况进行评估，找到影响港口减排效果的关键点，确保港口减排措施的有效性和经济性的平衡。通过建设港区绿化带、港口生态园区、规范港口作业活动、改造港口作业设备等方式，减少港口对城市环境的影响，践行绿色发展理念。

本章参考文献

[1] 曹亚丽．典型区域船舶及港区大气污染物排放清单及特征研究［D］．上海大学，2020.

[2] 戴倩．考虑碳排放的港口腹地集装箱多式联运网络优化研究［D］．武汉理工大学，2023.

[3] 郭瑾．低碳港口形成机理及投资优化研究［D］．大连海事大学，2020.

[4] 宋天立．计及需求响应的港口综合能源系统研究［D］．东南大学，2020.

[5] Ayfantopoulou，G，Tsoukos，G，Stathacopoulos，A，Bizakis，A，Gagatsi，E. Greener Port Performance Through ICT. In：Stylios C，Floqi T，Marinski J，Damiani L.（eds） Sustainable Development of Sea – Corridors and Coastal Waters. Springer，Cham，2015.

[6] Duan，X，Xu，X，Feng，J. Research of the Evaluation Index Sys-

tem of Green Port Based on Analysis Approach of Attribute Coordinate. In: Shi Z, Goertzel B, Feng J. (eds) Intelligence Science I. ICIS 2017. IFIP Advances in Information and Communication Technology, vol 510. Springer, Cham, 2017.

[7] IMO GHGs study 2020.

[8] Munim, Z H, Saha, R. Green Ports and Sustainable Shipping in the European Context. In: Carpenter A, Johansson T M, Skinner J A. (eds) Sustainability in the Maritime Domain. Strategies for Sustainability. Springer, Cham, 2021.

[9] Zis, T P V. Green Ports. In: Psaraftis, H. (eds) Sustainable Shipping. Springer, Cham, 2019.

[10] Zu, Q, Yan, J. Innovation Framework for Green Ports. In: Zu, Q, Tang, Y, Mladenovic, V, Naseer, A, Wan, J. (eds) Human Centered Computing. HCC 2021. Lecture Notes in Computer Science, vol 13795. Springer, Cham, 2022.